増加する雇用労働と
日本農業の構造

堀口　健治・澤田　守　編著

筑波書房

まえがき

　日本農業の構造は激しく変化しつつある。個人経営体（販売農家）の世帯員で農業に従事する者の多くが高齢化しつつ急速に減ってきており，農業経営体は顕著な減少を示している。結果として，耕作放棄地が増加し，農業生産が全体として縮小傾向にあることは周知の通りである。

　だが，他方で，通年雇用（常雇い）が農業でも広がり始め，農業は，農家世帯員だけではなく，雇われ労働力によっても支えられてきていることが知られるようになった。しかも，雇われ労働が，量的に増加するだけではなく，経営者と並ぶだけの力量を持つ幹部職員が増え，質的にも拡大してきているのである。また雇われは，農林業センサスで把握される常雇いや臨時雇いだけではなく，派遣や委託・請負等を含め，多様に展開してきていて，それらの動きを受け，生産を拡大する農業経営が，個人経営体および団体経営体ともに，多く表れていることに注目したい。

　こうした雇われ労働力をさらに取り入れ農業生産を伸ばすことで，農業経営体の大半を占める個人経営体の急速な減少を抑制することができる。農業で所得の確保を目指す個人経営体が雇われ労働を積極的に受け入れることで，経営が強化され農業生産の一層の拡大が軌道に乗ることになるからである。

　そのことは後継者等，家族員を農業により戻すことにつながる。

　団体経営体が，雇われ労働力を受け入れて生産規模を拡大したり質的充実を図るのと，個人経営体も基本的に同様なのである。

　そのためにも農水省の青年就農給付金制度（その後の農業次世代人材投資資金）の大胆な拡大が必要になっていることも強調しておきたい。

　農業雇われがどの程度に増えているのか，また，それは法人を主とする団体経営体（組織経営体）に多いのか，家族経営を主とする個人経営体（販売農家）にも広がっているのか，傾向を見る必要がある。農林業センサス等がその方向をある程度示しており，個人経営体では，従来，臨時雇用（季節雇用とも）が主であったが，常雇いが入り始めていることもわかる。また多くの団体経営体では，常雇いも臨時雇いも，ともに増加しているのが2015年センサスまでは明示的であり，

その後も，2019年の構造動態統計や2020年国勢調査が，その傾向が維持されていることを示している。

しかし常雇いには，任期の定めがない正職員から，任期のある人，またパートタイマーだが実質的に常勤とみなされる人など，いろいろな人が含まれている。また派遣会社から農家に派遣される労働者や必要なときに農協等に委託すれば請負で来てくれる労働者もいる。こうした多種の労働者がそれぞれどのくらいかは今の統計では十分に把握できないものの，その方向については本書で確認できる。

第1部では，項目を立て，事象をできるだけ把握するようにした。外国人を含めて，農業で雇われる労働力の総体や，政策が支援する雇われ労働者の増え方など，わかるようにした。

第2部は，人を雇用する法人経営等について，各種の事例を広く対象にして具体的に述べ，農業にみる雇用の在り方の特徴などがわかるようにした。

本書作成のきっかけは，2020年3月に刊行された一般社団法人全国農業会議所・全国新規就農相談センター『農業法人における人材育成・労務管理　事例集』だが，報告書の作成に関わった研究者に，コロナ禍の影響を含め，対象事例をあらためて見直してもらい，原稿にしてもらった。

第3部では，家族経営の事例を載せた。家族経営が出発ではあるが，すでに常雇いが多くなっており，雇用型経営に該当する事例も含めてある。また家族経営の場合は，通年雇用するだけではなく，必要な期間だけに労働力にきてもらう形が法人経営よりも多く，そうしたケースも紹介している。

なお第2部は，先述の『事例集』の方式にならい，実名ではなく仮称で統一してある。しかし，第1部，第3部では表記を了解いただけたところは実名にしている。やや不統一の印象を持たれるかもしれないが，ご理解いただきたい。

本書は多くの農業経営者，関係者のご協力を得てまとめられている。あらためてお礼を申し上げたい。

堀口　健治

目　次

まえがき ……………………………………………………………… ［堀口　健治］……iii

第1部　農業従事者の減少下で重みを増す雇用労働力 ………………………… 1

第1章　自営農業従事者の減少・雇用労働者の増加にみる農業の構造的変化
…………………………………………………………… ［堀口　健治］……2

第1節　兼業の農業従事者減少の2000年代から基幹的農業従事者も縮小する
2010年代へ ……………………………………………………… 2

第2節　既存農業従事者の減少・新規就農者の動向そして人材投資事業に
みる政策支援 …………………………………………………… 4

第3節　雇用労働者の重みと増加している内容 ……………………… 13

第2章　農業労働力の変化と雇用労働，経営継承の動向 ……… ［澤田　守］……27

第1節　統計からみる農業労働力の変化 …………………………… 27

第2節　2020年センサスにおける農業労働力の変化 ……………… 28

第3節　農業継承の動向 ……………………………………………… 40

第4節　農業労働力の確保，経営継承に向けて …………………… 45

第3章　農業雇用支援政策の効果と定着への課題
―農業雇用労働力市場の性格の視点から― ［堀部　篤］……48

第1節　農の雇用事業をめぐる課題 ………………………………… 48

第2節　農の雇用事業の実施内容と実績の推移 …………………… 48

第3節　労務管理・人材育成の推進 ………………………………… 52

第4節　雇用就農資金の仕組みと変更点 …………………………… 55

第5節　農業労働市場の性格と定期昇給 …………………………… 57

第6節　雇用労働の定着に向けて …………………………………… 60

第4章　農業における外部委託・請負の実際と役割 ……… ［今野　聖士］……63

第1節　農業が外部委託・請負を要する背景と分析視角 ………… 63

第2節　農業における外部委託・請負の拡大とその背景 ………… 65

第3節 農業における外部委託・請負の現状 ……………………………… 68

第4節 外部委託・請負を支える労働力供給（支援）の組織的取り組みの
　　　方向性—地域的需給調整の深化の方向と必要性— ……………… 76

第5章 農業における労働者派遣の実際と役割 ………………[高畑　裕樹] 79

第1節 農業における派遣労働力の重要性と課題 ………………………… 79

第2節 労働者派遣事業の概要 ……………………………………………… 79

第3節 農業における労働者派遣の実際 …………………………………… 81

第4節 農業における労働者派遣事業の役割と今後の展望 ……………… 87

第6章 農業従事外国人労働者の大きさとその役割 …………[軍司　聖詞] 90

第1節 コロナ禍そしてコロナ以降の外国人の動向 …………………… 90

第2節 外国人農業労働力調達制度の現在 ……………………………… 91

第3節 外国人農業労働力調達データの現在 …………………………… 95

第4節 農業で増加する雇用への需要を埋める外国人労働力 ………… 96

第7章 農業にみる労務管理・人材マネジメントの特徴と課題
　　　…………………………………………………[入来院　重宏] 103

第1節 農業における労働基準法の適用除外事項と実際の適用 ………103

第2節 優良事例 …………………………………………………………111

第2部 常雇に依存し発展する法人経営と人材マネジメント ………121

第8章 長期的視点に立った従業員の人材育成の取組
　　　—北陸地方の稲作法人を対象に—………[澤田　守・田口　光弘] 122

第1節 稲作法人における従業員の育成 …………………………………122

第2節 Y社の概要 …………………………………………………………122

第3節 Y社の従業員の採用・募集 ………………………………………124

第4節 Y社の採用方法の特徴 ……………………………………………124

第5節 Y社の人材育成の特徴 ……………………………………………125

第6節 地域農業への貢献と従業員育成 …………………………………130

第9章　豪雪地帯における安定的な正職員雇用
　　　　—明確に用意しているキャリアパス— ················· [堀部　篤] ····132
　第1節　豪雪地帯で正職員を採用するには ································· 132
　第2節　A社の経営概況 ··· 132
　第3節　A社の組織体制と労働条件 ··· 133
　第4節　A社の人材育成とキャリアパス ····································· 135
　第5節　豪雪地帯における正職員安定雇用の要因 ··························· 138
　第6節　多様な労働力の組み合わせと正職員のキャリアパス ················· 140

第10章　野菜と加工場の組み合わせで拡大を続ける大規模法人
　　　　—職場での外国人と日本人の組み合わせ— ··········· [堀口　健治] ····141
　第1節　野菜生産と24時間稼働の加工場を経営する大規模法人 ·············· 141
　第2節　従業員規模とその構成 ··· 142
　第3節　D社の働く人の直近の構成 ··· 149

第11章　構成員が稲作・正職員の若者が転作を担う農事組合法人
　　　　·· [堀口　健治] ····151
　第1節　農事組合法人G農場の仕組み ······································· 151
　第2節　正職員の役割と報酬等の位置付け ··································· 155
　第3節　検討している課題 ··· 159

第12章　従業員の確保および定着を目的とした待遇の改善
　　　　—北陸地方の大規模施設園芸作法人を対象に—
　　　　··· [飯田　拓詩・堀部　篤] ····160
　第1節　施設園芸作経営における人材育成とF社の特徴 ····················· 160
　第2節　F社の経営概況 ··· 161
　第3節　トマトハウス部門の作業環境と業務分担 ··························· 162
　第4節　F社の労働力構成 ··· 165
　第5節　正職員及びパート・アルバイトの採用と待遇 ······················· 166
　第6節　他産業の待遇を考慮した条件によるF社の人材確保 ················· 169

第13章　正職員への客観的な技術評価の仕組みによる正職員同士の人材育成の実現
　　　　　—九州地方の大規模施設園芸作の事例を対象に—
　　　　　　　　　　　　　　　　　　　　　　　　　[飯田　拓詩・堀部　篤]……171
　第1節　正職員同士の人材育成の必要性とL社の特徴 …………………………171
　第2節　L社の経営概況と労働力構成 ………………………………………………172
　第3節　L社の作業環境と作業技術の平準化 ………………………………………173
　第4節　生産部門正職員の労働条件と人材育成 …………………………………175
　第5節　L社による正職員同士の技術指導の実現 ………………………………177

第14章　観光農園の積極的拡大と支える雇用労働力
　　　　　—大規模化でパートから正職員依存に移行—………[堀口　健治]……179
　第1節　観光農園の拡大・安定化—父が起こしたサクランボ観光農園の
　　　　　抜本的な量的・質的拡大 …………………………………………………179
　第2節　雇用労働力の状況と定着への工夫 ………………………………………182
　第3節　観光農園の長期化による周年の仕事づくりと正職員を主力とした
　　　　　勤務体制 ……………………………………………………………………186

第15章　多様な正職員業務の能力育成における人材育成と評価への紐づけ
　　　　　—九州地方の果樹作法人を対象に— …………[飯田　拓詩・堀部　篤]……188
　第1節　果樹作経営における人材育成の特徴とK社の取組み …………………188
　第2節　K社の沿革と現在の経営概況 ……………………………………………190
　第3節　正職員の業務内容と人材育成の取組み …………………………………191
　第4節　正職員の労働条件 …………………………………………………………194
　第5節　取組みの効果と今後の課題 ………………………………………………198
　第6節　K社の人事評価の特徴と有効性 …………………………………………199

第16章　大規模採卵経営による高度な品質管理と労働環境整備
　　　　　—東北地方の養鶏法人を対象に— ……………[鈴村　源太郎]……200
　第1節　地域の農業概況と労働市場の特徴 ………………………………………200
　第2節　（有）F養鶏場の経営概況 …………………………………………………202
　第3節　組織構成と事業内容 ………………………………………………………203

第4節　作業環境の課題と改善方策 ……………………………204

第5節　雇用条件と人材育成の考え方 …………………………205

第6節　総括 ………………………………………………………208

第17章　養豚経営における人材育成の取組と効果

　　　　―九州地方の養豚法人を対象に― ………………［澤田　守］……210

第1節　養豚経営における人材育成 ……………………………210

第2節　養豚法人S社の概要 ……………………………………211

第3節　従業員の労働環境 ………………………………………211

第4節　S社における人材育成の特徴 …………………………212

第5節　S社における人材育成施策の効果 ……………………216

第18章　酪農多角経営による地域交流拠点化の動き

　　　　―四国地方の酪農法人を対象に―

　　　　　……………………………［鈴村　源太郎・大原　梨紗子］……219

第1節　近年の酪農をめぐる環境変化 …………………………219

第2節　H牧場の経営概況 ………………………………………223

第3節　労働力構成と雇用の状況 ………………………………226

第4節　周辺地域と共生し，活性化を目指す取り組み ………229

第3部　雇用労働力を取り入れ展開する家族経営 ………………231

第19章　家族経営を量質ともに支える正社員の役割 ……［堀口　健治］……232

第1節　山形県米沢市の株式会社・野菜農園EDENの経営展開と若手正社員 ……232

第2節　熊本県大津町の株式会社・なかせ農園の生産拡大とそれに貢献する

　　　　正社員 ……………………………………………………235

第20章　長野県高冷地野菜地帯での外国人雇用の変化と工夫

　　　　―技能実習生と派遣の産地間移動特定技能外国人との混在―

　　　　　………………………………………［軍司　聖詞・堀口　健治］……240

第1節　B事業協同組合の外国人受け入れの経緯 ……………240

第2節　秋帰国の8か月1号実習生タイプのみから2号移行で3年働く

　　　　実習生タイプの出現 ……………………………………242

第3節 さらに加わった・必要な期間だけ働く特定技能1号派遣外国人 ……244

第4節 タイプ別にみた農家のコロナ対応 ……244

第5節 22年5月の時点での状況 ……248

第21章 家族経営の規模拡大を支えてきた外国人労働力

　　　 ……………………………………………[堀口　健治・軍司　聖詞] ……249

第1節 水田経営と野菜作経営の大規模化による農地の増加と大規模経営が
集積する八千代町 ……249

第2節 大規模な普通作経営と野菜作経営の特徴 ……251

第3節 借入地の増加と技能実習生増加との同時進行 ……253

第4節 農家事例に見る経営の変化 ……255

第22章 組合員農家の農繁期雇用に外国人労働力を取り入れた鹿児島の工夫
―農協等請負方式および派遣の特定技能1号に取り組む農協―

　　　 ……………………………………………[軍司　聖詞・堀口　健治] ……260

第1節 農協等請負方式および派遣の特定技能1号の外国人 ……260

第2節 農協請負方式と派遣の特定技能にも取り組むJAそお鹿児島の事例 ……262

第3節 県下初の農協請負型に取り組むJA鹿児島いずみの事例 ……265

あとがき ………………………………………………………[澤田　守] ……271

第1部　農業従事者の減少下で重みを増す雇用労働力

第1章
自営農業従事者の減少・雇用労働者の増加にみる農業の構造的変化

堀口　健治

第1節　兼業の農業従事者減少の2000年代から
　　　　基幹的農業従事者も縮小する2010年代へ

　農外の仕事にも出る農業従事者を世帯員として，複数有する兼業農家が多数で
あった20世紀後半の日本の農村は，外の仕事が主である農業従事者が2000年代に
入って劇的に減り，大きく変わることになる。農外の仕事と農業の仕事とを組み
合わせることで農家を支えてきた同居家族員が，外の仕事に専念して家を離れる
か，家にいても家業である農業の後継者や協力者にならない傾向が明瞭になって
きたからである。

　表1-1によれば，ｂの「非農業が主の農業従事世帯員」は，95年ではａの基幹
的農業従事者（仕事が主で自営農業に主に従事した世帯員）の2倍近い484万人
がいた。これが10年では249万人と95年の半分（95年を100とすると51）になり，
基幹的従事者の205万人に近づく。その後も減少が続いて15年，20年では基幹的
従事者の数を下回るようになった。基幹的従事者の農業を助ける家族員が，他の
仕事も兼ねながら同居する日本の兼業農家，その兼業農家が農村で多くを占める
構造が崩れてきたのである。20年センサスの自営農業従事日数別にみると，基幹
的従事者は年に100日以上の農業従事階層に主に属し，「非農業が主の農業従事世
帯員」は99日階層以下に主に属するとみられるが，しかし年間3分の1以下の従
事日数であるものの彼らは農繁期を主に働くことで，農業でも重要な役割を果た
していた。その世帯員が20年では113万人と95年次のそれの4分の1弱にまで減っ
ている。

　その分，世帯内での基幹的従事者の役割は大きくなる。農家当たりの農業従事
人数で見ると，95年では基幹的従事者1.0人に対して，「非農業が主の農業従事世
帯員」が1.7人もいた。これが20年では1.3人，1.1人と逆転する。農家当たりの農

表 1-1　販売農家と農業従事者の推移

	1995 年	2000	2005	2010	2015	2020
販売農家	265 万戸（100）	234（88）	196（74）	163（62）	133（50）	104（39）
農業従事者数（a+b）	740 万人（100）	686（93）	556（75）	454（61）	340（46）	249（34）
基幹的農業従事者数（a）	256 万人（100）	240（94）	224（88）	205（80）	175（68）	136（53）
非農業が主の農業従事者数（b）	484 万人（100）	446（92）	332（69）	249（51）	165（34）	113（23）
農家当たり（a+b）数	2.8 人	2.9	2.7	2.8	2.6	2.4
農家当たり（a）数	1.0 人	1	1.1	1.3	1.3	1.3
農家当たり（b）数	1.7 人	1.8	1.6	1.5	1.3	1.1

資料：各年次の農林業センサスより。
注：1）2020 年のみ販売農家ではなく個人経営体（個人＝世帯で事業を行う経営体）である。ただし1戸1法人は
　　　含まない。
　　2）従事者も 2020 年は個人経営体の従事者である。

業従事者（a＋b）が95年の2.8人に対し20年は2.4人に縮小し，その中での基幹的従事者の重みが大きくなっているのである。

　しかしその基幹的従事者の総数も10年代に入って減少が目立ち始めた。95年では256万人おり10年でもその8割（95年を100とすると80）が維持されていたが，15年175万人，20年136万人と95年対比68，53と急減してきている。しかも減少率は，10年代前半（10～15年）は5年前対比15％だが，後半（15～20年）は22％と，さらに強まっているのである。

　この人数の減少は農業の維持に大きく影響する。20年では基幹的従事者1人と非農業が主の農業従事者1人，すなわちほぼ二人（数字としては正確には計2.4人でうち1.3人が基幹的従事者）を持つ販売農家が農業を担う農家として残っている。家としての農家には，20年で3.4人の世帯員がおり，そのうち農業に従事しない家族員が1人いるが，農業に従事するのが平均的にほぼ二人になってきたのである。家族経営といわれながらも，自営農業に従事する家族員は極めて少なくなってきた。

　なお販売農家（耕地面積30 a 以上あるいは過去1年の販売金額が50万円以上）と個人経営体（世帯で事業を行う経営体で耕地面積30 a 以上か作物により一定の外形基準以上）を農林業センサスではそれぞれ使っているが，ほぼ同じ数としてみることができ，これらは家族経営としての農家を表す数値としてとらえることが出来る。主として家族員で農業を支えるという家族経営，ここでは販売農家をそれとしてみているが，その数が，表1-1に見るように，05年以降，95年対比で，農業従事者数の減少とほぼ同じ比率で減っていくのがみてとれる。農家当たりで

見ると，従事者総数が減少する中で，農業従事者2.4人前後を確保できている農家が15，20年では残っていて，それらは基幹従事者を1.3人有している。逆に言えば，農業従事の家族員数が少なくなる中で基幹従事者はより重要になっているので，その基幹従事者がいなくなればすぐに家として離農の危機が迫る時代になったということである。基幹従事者が引退すると，代わりになる人がいないので，家族経営ではあるが即座に離農せざるを得ない。経営の存続にとってギリギリの人数になっているのである。

　以下で年齢の要素を入れながら，さらに従事者の動向を確認しておきたい。

　なおこれらの課題については多くの先行研究があるが，ここでは15年農林業センサスを分析した『農林水産省編』(2018) をあげておきたい。本稿の第1部1，2章に関わるもので指摘はほぼ重なるといえる。しかし本稿の特徴を述べておけば，今や販売農家は家族経営の再生産単位としてギリギリの人数にまで落ち込んでいること，それに至るスピードは速く，その背景に兼業従事者の20世紀後半の減少に続き基幹的農業従事者の10年代以降の急減があることを明らかにした。平均的に言えば，基幹的従事者と兼業従事者の二人組み合わせを確保できない販売農家は離農を迫られている。この家族経営を強化するにはまずは家族員の農業への関りを強化することであり，片手間の農業従事を専業化したり，新たに農業従事に加わる家族員を迎える方向が期待される。機械化も経営の強化にとって大事な手段であるが，機械化の多くがオペレーターとともに補助員も必要とするので，必要な従事者数を劇的に減らすわけではない。そして強調しておきたいのは，人を雇用しての強化という方向があることを指摘しておきたい。伝統的に農繁期等に雇用する臨時雇は今も大事でその役割があるが，さらに常雇を入れることで家族経営を強化するという方向が生まれている。その状況は第3部で確認し，組織経営体の雇用だけではなく，家族経営での雇用による強化の方向もみることにしたい。

第2節　既存農業従事者の減少・新規就農者の動向そして人材投資事業にみる政策支援

1）農業に従事する者の10〜20年にみる急速な減少

　ここではまずは自営農業従事者の動向を把握しておこう。

表 1-2　農業従事者のコーホートによる10年間の増減数　　　(単位：千人)

	人数計	15~19	20~24	25~29	30~34	35~39	40~44	45~49	50~54	55~59	60~64	65~69	70~74	75~79	80~84	85~
2010年	4,536			1,303						1,425			1,381		427	
				↘ △484						↘ △379			↘ △814			
2020年	2,494	62		819						1,046			567			

資料：各農林業センサスによる。

　表1-1のａ＋ｂである農業従事者について，**表1-2**で年齢別に動きをみてみよう。手法はコーホートを使い，10年センサスの年齢階層の人数と10年（10歳）経過した20年センサスの年齢階層の人数とを比較する。10年後の年齢階層の人数が10年前の10歳若い階層の人数と比べ，増えていれば他からの参入が10年の間にあったと考え，減っていれば他への転職やリタイアがこの10年で起きたとみるのである。なお中間の15年センサスは，農業従事者の人数は分かるが年齢区分が表示されていないので，コーホート分析はできない。

　表に見るように，453万6千人から249万4千人へと10年間で204万2千人減り，ほぼ半分になっている。それも「10年次の15 ～ 49歳→20年次の25 ～ 59歳」の期間で後継者就農とみられる増加，「10年次の50 ～ 64歳→20年次の60 ～ 74歳」の期間で定年帰農とみられる増加，が通常はみられるはずなのに，表ではともに減少している。次の**表1-3**で基幹従事者では後継者就農や定年帰農による増加をみることになるが，あるはずのそれらの増加を飲み込むほどに，「非農業が主の農業従事世帯員」の減少が極めて激しいことを物語っている。**表1-2**にみるようにそれぞれの期間の減少は48万4千人，37万9千人である。「10年次の65 ～ 79歳→20年次の75 ～ 89歳」の期間はリタイアによる81万4千人の減少である。これらの3つの減少の合計に10年次の80歳以上層の42万7千人が10年後には従事せず減少なのでこれを加え，その合計から20年に15 ～ 24歳層に加わった6万2千人を差し引くと，この10年間で減った204万2千人に一致する。

　そして農業従事者の中の基幹従事者だけを同じ手法で見たものが**表1-3**である。まず上段の10 ～ 15年の5年間の変化をみると，「10年次の15 ～ 49歳→15年次の20 ～ 54歳」の期間の後継者就農による増加が3万7千人，「10年次の50 ～ 64歳→15年次の55 ～ 69歳」の期間の定年帰農による増加が9万1千人，そして「10年次の65～84歳→15年次の70～89歳」のリタイアによる減少が36万1千人となっ

表 1-3　基幹的農業従事者のコーホートによる５年間の増減数　（単位：千人）

	人数計	15~ 19	20~ 24	25~ 29	30~ 34	35~ 39	40~ 44	45~ 49	50~ 54	55~ 59	60~ 64	65~ 69	70~ 74	75~ 79	80~ 84	85~
2010年	2,051			217						581			1,188			65
						↘37					↘91				△361	
2015年	1,754	1		253						672			827			
2015年	1,754			177						444			1,047			85
						↘20					↘25				△351	
2020年	1,363	1		197						469			696			

資料：各農林業センサスによる

ている。だが，下段の15～20年の同じ５年間の変化をみると，同じように後継者の就農そして定年帰農の年齢層で増加がみられるが，しかしその増加が２万０千人，２万５千人と少ない。前５年と比べ増加分が減り，しかも高齢者のリタイアにみる減少は前５年とほぼ同じ35万１千人なので，これらを含む後期５年間の減少は39万１千人と前期５年間の29万７千人の減少数をかなり上回っている。減少がより大きくなっているのである。

２）新規就農者は一定数みられるがやや減少傾向

　この自営農業者の減少傾向に対して，就農するものの動きをみてみよう。図1-1は07年から始まった新規就農者調査の結果を示すもので，調査自体は50歳以上の就農者も調査しているが，うち49歳以下の就農者数を図示したものである。14年から17年の４年間は40歳代以下（すなわち49歳以下）が毎年２万人を超えていた。農水省は，新規就農者育成総合対策事業等で，23年までに40歳代以下の農業に従事する者を増やし40万人を達成する事業目標のもと，政策を行って来ている。このためには毎年２万人以上の若者が継続的に就農することが必要だとしていたのだが，その目標を上回っていたのである。

　２万人という数字は，すでにみてきた基幹的農業従事者の年当たりの減少数，例えば表1-1から計算して15年から20年の間で毎年７万８千人の減少だから，この数字と比べるといかにも少ない。しかも雇用労働者も含む数としての２万人という目標だから，基幹的従事者の減り方からみてきわめて少なく，これらの減少を十分に補う数字ではもともとないのである。

　農水省の計算は13年の「農林水産業・地域の活力創造プラン」に基づくもので

（単位：千人）

図1-1　49歳以下の新規就農者数の推移（就農形態別）

あり，フランスの青年就農給付金の仕組みを日本に導入する際の根拠になる数字である。この仕組みは堀口（2019a）で細かく述べているが，2万人目標の根拠は以下のように説明されている。日本全体で，土地利用型作物は約30万人いればその水準を維持できる。なぜなら基幹的従事者1人が10ha耕作すると仮定しているからであり，日本の農地全体の8割の294万haがこの人数で耕作されるとする。なおここでの基幹的従事者には雇われ者も含まれている。また野菜・果樹・畜産等は，主業農家（農業所得が主で，年に60日以上自営農業に従事する65歳未満の世帯員がいる農家）約54万人（1戸に基幹的従事者が2人いると仮定）と法人の基幹的従事者約6万人とを合わせて約60万人が生産を支えるとしている。この総計90万人の基幹的従事者が，最低，必要だと計算し，これを安定的に確保するためには，その中の20〜65歳代の年齢層で40万人が確保されるべきと計算したのである。そしてこのことから平均して毎年2万人の40歳代以下の青年が新規に就農し農業を継続していくことが必要であり，青年就農給付金（その後の農業次世代人材投資事業）を政府が出して確実に数を確保する必要があると考えたのである。

　基幹的農業従事者は20年次で136万人働いており，年齢を重ねながらも多くが日本農業を今後も支えて行くことは期待されている。しかし，リタイアする基幹的従事者を同じ数だけ補充することはできていない。15〜20年の間で年平均7.8万人の基幹的従事者が減少していることは上述したが，15〜20年の間の新規自

営農業就農者は50歳以上を含めた総計では4万（20年）〜5万1千人（15年）のレベルである。しかも今の基幹的従事者の減少がスピードを上げて進行している以上，今から，今後を想定して若者の必要な補充数の確保，それも必要な最低を上回る数はしっかり確保しておきたい。その2万人の目標である。ただしこの2万人という数字は，一人当たり可能な耕作面積を大きく見積もったうえで，それを維持できる最低の必要補充数として計算されたものだからギリギリの数字である。

　食料・農業・農村基本計画の20年閣議決定で，参考資料に載っている「農業構造の展望」の30年の農業就業者（基幹的農業従事者，常雇い及び年間150日以上農業に従事する役員等の合計）のイメージは，「活力創造プラン」とほぼ同じで，2万人を新規就農者として期待するのは従来と同じである。

　この2万人という目標が17年までは達成されていた。同年の国会で当時の安倍首相は，アベノミクスの成果として4年間毎年2万人以上の水準が達成されたのを，自慢したのである。この時の2万人の新規就農の内訳は，「新規自営農業就農者」（親元就農）が10.1〜13.2千人，「新規雇用就農者」（常雇が対象）6.0〜8.2千人，「新規参入者」（新規独立就農）は2.5〜2.7千人である。学卒後に後継者としてすぐに親元に戻るのは少ないが，他産業や他の農業経営等で雇われた経験を経たのちに戻る親元就農の数は多い。「定年帰農」は今も多いが，40歳代以下で雇用先を辞めて親元に戻り農業従事する人の数（新規自営農業就農者）は，新規雇用就農や新規参入も含む新規就農の中では最大の数を占めている。

　しかし49歳以下の新規就農者の数は18年には19千人に落ち，それ以降は19年19千人，20年18千人と減り続けている。その中では，親元就農である新規自営農業就農者の減り方が大きく，新規雇用就農者と新規参入はそれほどでもないのが特徴である。図に載っていないが，21年は18.4千人，内訳は雇用が8.5千人と自営就農の7.2千人，参入2.7千人を上回った。

　なお新規就農者調査は50歳以上のそれも調べていることはすでに述べたが，20年だと新規就農者の50歳以上を含む合計数は5万4千人である。49歳以下はそのうち1万8千人に過ぎない。だから多くが50歳以上の就農であり，定年帰農とみられる50歳以上の新規自営農業就農者は3万2千人もいる。これらの年齢層に加えて，未だ帰農しない後継者に就農を促進する政策が成功すれば，現況の維持に

近くなる。しかし新規就農者の合計数は15年の６万５千人が10年以降のピークであり，そのうち５万１千人が，49歳以下の１万３千人を含む，新規自営農業就農者である。これらの新規自営農業就農者が16年以降は，49歳以下も50歳以上もいずれも減少傾向にある。この減少傾向を抑え，支援政策を強化して定年帰農者や後継者就農の増加に成功するなら，多くの経営を離農させることなく維持できる可能性は残っているといえよう。

3）就農者を増やす政策の内容と成果

　若者の確保に最も効果的な政策は，就農するものへの直接的な支援である。それは，就農準備や経営開始時の早期の経営確立を支援する資金の交付であり，また農業が持つリスクへの対応や自立できるまでの生活費の支援である。国として就農者を直接に支援する政策はメッセージ効果も大きい。

　具体的には政策として12年に始まる青年就農給付金の制度導入が大きい。これは安倍元首相が自慢した２万人を超える新規就農者数達成にその効果が表れている。政策としては好評で，受け取る人の評価だけではなく，就農者を支援する自治体や地元からみても大いに推進するだけの効果ある事業だとみなされている。だが，表1-4の３段目の欄に示されているように，新規採択数は，この制度が12年に導入されるのを待っていた人もあるので１年目は多かったものの，それ以降

表1-4　農業次世代人材投資事業の出身別交付人数推移

（単位：人）

		2012年度	2013年度	2014年度	2015年度	2016年度	2017年度	2018年度	2019年度	2020年度
準備型	非農家	1,133	1,410	1,459	1,567	1,555	1,495	1,407	1,131	1,026
	農家	574	785	951	910	906	847	769	625	526
	合計	1,707	2,195	2,410	2,477	2,461	2,342	2,176	1,756	1,552
経営開始型	非農家	2,407	3,642	4,829	5,334	6,008	6,369	6,229	6,156	6,077
	農家	2,701	4,248	5,261	6,296	6,310	6,303	5,269	4,597	3,979
	合計	5,108	7,890	10,090	11,630	12,318	12,672	11,498	10,753	10,556
新規採択	準備型	1,707	1,331	1,490	1,463	1,531	1,394	1,301	885	963
	経営開始型	5,108	3,184	2,938	2,593	2,282	2,130	1,968	1,915	1,868
44歳以下	新規自営農業就農者	9,300	8,880	10,630	10,070	9,390	8,400	・9,870	・9,180	・8,440
	新規参入者	1,960	1,880	2,450	2,320	2,210	2,410	・3,240	・2,270	・2,580

資料：農林水産省資料より筆者作成。なお下欄の44歳以下の新規自営農業就農者および新規参入者は『新規就農者調査結果』（各年版）より。

注：44歳以下の新規自営農業就農者および新規参入者の2018年以降は49歳以下で表示されるようになったために「・」を付けて区分してある。

は傾向的に減少してきている。なお表の上段にある準備型と経営開始型の数字は，2年間の準備型，5年の経営開始型，これらの支給を受けている人の数がすべて含まれるので傾向がわかりにくく，毎年の新規採択数がわかるように3段目にその数を示しているが，その数が減っているのである。

　中身を見てみよう。制度としては当初から準備型と経営開始型の2種類がありいずれも国の資金である。準備型は，これは導入先のフランスにはない日本独自の制度で，就農のための準備期間の資金である。ただし，これを受けるには1年ないし最長2年で終えたのちに，必ず就農することを約束するもので，守らないと全額を返金しなければならない。農家出身者も非農家出身者も区別なく受けることが出来て，県にある農業大学校や認められた教育機関での授業料とその間の生活費に充てることが出来る。指導農業士等の先進経営での実践的な研修のやり方も認められている。これは就農のための訓練期間に該当すると想定されるもので，そのために生活費も含まれており，年間150万円が支給される。また期間を終えたのちに，雇われ就農でも受けることが出来るので，雇用就農を考える若者にはありがたい。リスクを考えて新規独立参入より雇用を優先する傾向が強い現代の若者にも合致している。

(1) 600万円という所得制限の導入 [1]

　その新規採択数が準備型では19年以降の減少が顕著である。これは19年春に突然導入された，前年の所属家庭の総所得が600万円を超える人は応募資格がない，という規定の導入が原因である。

　多くの人が希望する大学生の奨学金であれば所得の多い世帯に制限をかけることはありうる。しかしこの資金はリスクがあることを知りながら就農を決意した人を応援するものであって，誰でもが希望するものではない。奨学金とは全く性格が異なる。就農希望者の意見の聴取や自治体等との協議がなされずに，制度を変えることが最近行われ続けているが，これはその典型である。経営開始型にも適用されるので，転職して農業に新規参入する例でみれば，退職金が制限に引っかかってしまう恐れが大きい。入口のところで就農を考える人を少なくしてしまうメッセージになっている。

　採択数としては圧倒的に多い経営開始型，自治体が勧めて就農者が決意を固め

農地を手当てしたり準備していたにもかかわらず，4月に600万制限が適用され資金をあきらめたケースが，これを導入した19年には多かった。大学校に入って退学せざるを得ないとか，経営を開始したが資金が出ないとなって農業から離れる等，混乱が起きたのである。

　毎年150万円の支給，これが5年間続いたそれまでの制度の下で，実際に新規独立参入した以降の収入とコストの実際を調べる（例えば政策金融公庫による受給者の聞き取り調査等）と，初年度だけでなく赤字が5年続くケースが多くようやく6年目で自立している。農業は開始から自立に時間がかかるビジネスであることが知られている。それにもかかわらず，4，5年目の支給額を減らす改定を導入したりして，いかにも受け取りすぎかのようにみられていることを受給者は感じている。これでは受給を遠慮するだけではなく，就農の気持ちを萎えさせてしまう。

　なお経営開始型は，リスクが大きい新規独立就農をイメージしているが，親元就農でも親の作物とは異なる部門を新設して自分の経営部門を持つ場合には150万円は受け取れる。親の経営を助けるだけではリスクは少ないが，自分の部門を持つ場合はリスクがあるとして支給対象になっているのである。表にあるように農家出身者も経営開始型を多く受けているのはそのためである。しかし地域によっては親の作物とは異なる作物の選びようがない場合があるので，支給対象にならず，就農を決意しても経営開始型の150万円を受けとれない。親元就農が新規就農者の中で最も多いことは認識されているが，この制限があることで後継者の就農選択に影響し，もっと多くてよいはずの親元就農者を減らすことになっている。

(2) 22年度予算要求で起きた問題ある改定

　人材投資資金の仕組みを大幅に変えることが22年8月の概算要求でも起きた。新規就農者育成総合対策で236億円という農林水産予算に占める重要な事業であることは同じだし，40代以下の農業従事者の拡大（23年までに40万人）という事業目標も変わっていない。だが名称も仕組みも大きく変えた内容が示されたのである。

　資金面の支援で49歳以下の新規就農を促進するとして，大型固定投資に最大

１千万円の無利子融資を用意し，その償還金用に国と地方が負担する補助制度を新設するとしたのである。ただし従来の経営開始型とほぼ同じ額の年間150万円強を最長３年間，受けることも可能とし，その場合，補助付きの融資は500万円を限度とすることにした。なお研修への支援として，最長２年，年に最大156万円を助成するとした。これは今までの準備型の年150万円・２年間の仕組みとほぼ同じである。

　しかしこれは困った。狙いがはっきりしないうえ，定着していた経営開始型が大事なのか，また大型投資を想定する借り入れが大事なのか，不明であった。さらに浮かび上がった問題は，21年までは全額国費で行われていたものが，地方公共団体が半分負担する内容が示されていたので，これには知事会等から強力な反対の意思表示がなされた。他の仕組みへの疑問等も提示され，異例であるが，21年12月の「農林水産予算の概要」で修正がなされた。

　まず準備型，経営開始型，農の雇用事業（この制度はのちに説明する）に該当するものはすべて国費負担の従来の仕組みに戻った。だが経営発展への支援としては，県が機械・施設等の導入を支援するならば，その２倍額を国が出し，本人は４分の１負担になるとした。認定新規就農者（新規参入者および親元就農で親の経営に従事してから５年以内に継承したもの）への上限１千万円の固定投資・４分の３補助金が，新設の制度として残ったのである。狙いは就農者に早期に大型投資をさせることと今まで人材投資資金の対象にならなかった親元就農への大型補助の新設であるようだ。なお経営開始資金として年150万を受ける従来の経営開始型は残ったが，これを受ける場合は，新設補助金は上限500万円になる。なおこの経営開始型を受けなくても大型新設補助金は受けることが出来るようにしたので，経営開始型を受けることが出来ない親元就農への配慮である。

　しかしもともと就農に間がない認定新規就農者に大型新規投資としての１千万円もの機械・施設，家畜導入，果樹改植等を求めるのはリスクが大きく，従来のように実際に使われている無利子・無担保の青年等就農資金の仕組みを改善する方がよいし，経営の発展の仕組みにかなっている。経営開始型を受けることが出来ない親元就農者への明示的な助成だが，これは別途，考えるべき課題である。

　そしてこの新設補助金の資金を出すためだが，経営開始資金は，額が150万円で従来と同じだが，対象期間が５年から３年に縮小されてしまった。これは深刻

な問題であり，経営開始型の効果を大きく減じるものである。自立に年数がかかる農業ビジネスなのに，である。ということで，修正された12月予算の仕組みでも，応募者を増やし新規採択者数を増加させるという本来の目的に貢献せず，むしろ，予算は確保したが応募者の減少が心配される。

　なお表の最下段に44歳以下（18年以降は49歳以下）の新規就農者のうちの新規自営農業就農者と新規参入者の数を載せておいたが，経営開始型の新規採択の数と比べるとその数を大きく上回る水準である。自力で参入する数が大きいことは望ましいことだが，事情により受けることができずにやむを得ず自力で参入していることも想定される。抜本的に参入者を増やすためにも，より多くの人が受給できるように，支援策の改善と工夫が求められるところである。

第3節　雇用労働者の重みと増加している内容

　自営農業者の急速な減少をとめるには，可能性として大きな数である既存農家の後継者候補の就農を増やすことが大事である。また家族経営の増加には，新規参入に関心ある者がさらに多く参入することであり，それへの期待は上述のように依然として大きい。これは強調してよいことである。

　一方，減少する自営農業従事者に対して，雇われ労働者が，最近，増加していることへの注目は，それと並んで強調されてよい。それも，自由な職業選択の結果として農業での仕事を選ぶ若者の増加だから，大いに強調されてよいことである。非農家の出身者だけではなく，農家出身者も，農業で雇われることを選択する動きがみられる。彼らの考えは単なる腰掛の就職ではなく，キャリアアップの期待も含めて，農業という職種を「就活」として選んでいることに注目したいのである。

　だがその数は多くはなく，新規就農調査結果（2020年）でいえば，新規雇用就農者の総数は約1万人であり，新規自営農業就農者の4万人の4分の1でしかない。ただしこれに，近年，急速に増えている外国人労働者や自営農業をやめ他の農業経営に雇われる人を加えると，その数は注目に値する大きさになる。しかも増加のスピードは速く，21年では雇用が1.2万人，自営が3.7万人と変化してきている。

　そのため，その傾向を量と質の両面で正確に把握することが，今，求められて

いる。以下で，農業で雇われる人の全体の動きを明らかにしたい。また本書の2部，3部では，雇われる仕組みの実際と，経営内での彼らのキャリアアップも含めて，農業経営とそれを担う雇用労働者の経営への貢献の仕方等を，実際の事例をみることで明らかにしたい。

　農業といえば，家族経営が，そして自営農業従事者の動向が，関心の主たる対象になってきたが，これに加えて，雇われ労働者が農業生産の根幹になる動きを，正確に把握しておきたい。先行研究としては松久（2016）があげられる。農業における雇用の研究では早くから詳細に研究を進められていて，この論文では経営組織別にも，また国勢調査等も使いながら，最近の農業での雇用，特に常雇の増加に着目している。その趣旨は本稿とほぼ同じだが，本稿は，組織経営体だけではなく販売農家での雇用にも着目し，さらに臨時雇の重要さにも触れながら，10年代以降の農業での雇用の重み，その増加の動きを把握する。

1）組織経営体の増加と農業で働く者の推移

　前節までは家族経営を主たる対象に自営農業従事者を検討してきたが，経営者や役員に加え，雇用する従業員により，農業がビジネスとして営まれる法人，これをまだとらえていないので，検討することにしたい。

　ここでは00年代に増加してきた組織経営体の数を把握する。組織経営体は主に法人化した組織を集めたものであり，会社や農事組合法人の他に農協等の各種団体経営体も加わるが，主たるものは会社の中の株式会社および農事組合法人である（2015年農業センサスでは組織経営体の中で株式会社は6割，農事組合法人は2割）。農業経営体に占める数としては，組織経営体は極めて少なく，圧倒的に多い家族経営に対してその数％でしかない（15年では販売農家133万に対し組織経営体は3.3万）。しかし組織経営体は規模を急速に増やしてきた経営が多く，農業生産額や利用する農地の全体に占める割合は，経営体数のシェアを上回ってはるかに大きい。15年で1戸1法人を除く家族経営全体の経営耕地は284万ha，これに対し組織経営体のそれは53万haなので組織経営体がその合計に占める割合は16％である。うち借入耕地面積をとると，それぞれ76万ha，38万haなので33％とさらにシェアが大きくなっている。家族経営の強みは所有農地を継続することで一定の経営耕地の確保が先行することが強みだが，今では農地市場が借り

手優位の状況になっているので，大胆に借地を借り受け一気に規模を拡大できる優位性が組織経営体にはむしろできつつあるといってよい。

　組織経営体の中で，もともと家族経営であったものが規模を拡大する途中で法人化したものが多いが，家族経営が，近年，法人化したものは「1戸1法人」とよばれ急速に増加していることが確認できる。しかし組織経営体には入れないで，15年までの農林業センサスでは家族経営体に入れていた。組織経営体は，すでに法人化していた組織経営体や地方公共団体等の組織経営体，さらに非法人の組織経営体で構成されていたのである。

　それが20年センサスでは，従来，家族経営体に含んでいた1戸1法人を組織経営体に組み入れ，名前も組織経営体から団体経営体に変えた。これらの1戸1法人は，家族員が経営の担い手として多数であるとして，後継者のみを経営者とすることなく，複数の経営者で分業体制を強化し，規模を拡大して競争力を強めることになる。

　なお既存の家族経営体は個人経営体という名称に変更している。

　団体経営体は，もともと家族経営だったものがすでに法人化し年数を経たものが多いが，新規に法人として農業を始めた経営や他の業界から参入した者，さらには集落営農が法人化したものもあり，多様である。なお20年センサスでは39千

表1-5　常雇と臨時雇を雇い入れた販売農家・組織経営体の数と雇い入れた人数の推移

	2000年	2005	2010	2015	2019
販売農家数	234万戸	196	163	133	115
・常雇を入れている戸数	2.4万戸	2.1	3.2	4	5
常雇の数	6.2万人	6.1	7.1	10	10.4
1戸当たりの人数	2.6人	2.9	2.2	2.5	2.1
・臨時雇を入れている戸数	59.6万戸	46.9	41.2	27.4	29.4
臨時雇の数	－	214.6万人	201.4	129.9	210.8
1戸当たりの人数	－	4.6人	4.9	4.7	7.2
組織経営体数	8千	28	31	33	36
・常雇を入れている経営体数	4千	7	9	14	16
常雇の数	52千人	68	82	120	132
経営体当たりの人数	11.6人	9.5	9.1	8.6	8.4
・臨時雇を入れている経営体数	4千	10	12	16	20
臨時雇の人数	42千	127	155	157	230
経営体当たりの人数	10.8人	13.3	12.7	9.8	11.5

資料：各年次の農林業センサスから。なお2019年は農業構造動態調査結果である。
注：2000年の販売農家の臨時雇は，臨時雇と手間替え・ゆい・手伝いをそれぞれ雇い入れた農家数を合計したものである。そのため両方雇い入れた農家はダブって入っている。なお2005年以降は臨時雇（手伝い等を含む）という表示でまとめられているので，ダブってはいない。

ある団体でうち31千が法人であり，そのうち株式会社が構成比では最大である。

　この組織経営体の推移をみたのが**表1-5**の下段であり，その順調な増加を見ることができる。農業で働く従事者は，経営者等では15年で32万人おり，また同年で常雇が12万人いるので，これらは大きな勢力であるとともに，特に常雇は増加し続けている点が特徴である。

2）農業センサスにみる雇われ労働者の増加

　自営農業従事者の傾向的減少に対して，増加している農業従事者は雇われ労働者であることはすでに述べた。この雇われ労働者は，もともと数が多い臨時雇・季節雇用の労働者が今までは注目されていた。それはどこでもみられたし，農閑期と農繁期の差がある農業では極めて重要だからである。今も重要であることに変わりはない。しかし最近は，通年雇用の「常雇」（農林業センサスで定義される「事前に口頭ないし文書による7か月以上の雇用契約を結んだ者」）の動向がより注目の対象になっている。増加が極めて大きく短期の間に増えているからである。

　その常雇と臨時雇の状況をみることにしよう（**表1-5**）。

　なお常雇（常雇い，とも）には，任期の定めがない正規職員だけではなく，任期がある通年雇用者や勤務時間帯が人によって異なるが実質通年雇用に近い常勤パート等も含まれる。表の数字は農林業センサスによるのだが，20年センサスの数値は載せていない。理由は，常雇を尋ねる調査項目が，20年センサスのそれは煩雑で一人一人の生年月まで求め，5人を超える場合は補助表を使って書き込まねばならないから，協力が十分に得られず，回答を集計した数は実際の雇用者数

表1-6　農の雇用事業の実績の推移

単位：人ないし経営体

年次	研修を実施した青年就農者	農の雇用事業を活用した農業法人等の経営体	新たに研修を開始した青年就農者	
			雇用就農者育成タイプ	法人独立支援タイプ
2015	5,448	3,382	3,098	23
2016	7,024	4,024	2,521	10
2017	6,455	3,725	2,283	11
2018	5,941	3,484	2,203	8
2019	5,319	3,372	1,771	17
2020	5,177	3,468	2,003	6

資料：農林水産省資料から。

より少ないとみられるからである。表によれば，15年センサスの常雇は販売農家と農家以外の農業事業体の両方の計で22万人だから，それまでの増加傾向が続くとみて20年は24万人以上と筆者は推測していた。しかし公表数字は16万人という数値であった。そのため，ここでは19年の農業構造動態調査の数字を使っている。

　常雇は，雇い入れている戸数及び人数が，特に自営農業従事者が急減する10年以降，販売農家，組織経営体ともに着実に増加していることに注目しておきたい。

　販売農家では，19年では10万4千人だが，10年と15年を比べると新たに常雇を入れた農家は8千戸増加し，人数は2万9千人増えている。組織経営体をみると，10年と15年では常雇を新たに入れた経営体が5千増え，人数は3万8千人ふえている。両者の5年間での常雇増加数の合計は6万7千人になり，年にすれば約1万3千人になる。

　この大きさは前掲の**表1-4**にある40歳代以下の新規雇用就農者（15年で8千人：なお50歳以上を含めると10千人）をかなり上回っている。この差の多くは，新規就農者調査が日本人のみを調査対象としているので，のちに述べるが，急速に増えている農業従事外国人労働者（農業センサスでは従来から調査対象）が埋めているものと思われる。のちにその数字を図（**図1-3**）でみるが，図の12年から15年までの毎年の増加数を平均的に見れば約1千人である（なお15年から19年までをとると年4千人に急増）。また新規就農者調査で，新たに常雇として雇用され農業に従事することになった新規雇用就農者なのだが，雇用される直前の就業状態が農業従事者（自営農業従事者）であるために調査対象外になった日本人（50歳以上を多く含むと思われる）がおり，これもその差を埋めているとみられる。

3）販売農家で増える雇用の状況

　販売農家を最初にみよう。家族経営であるはずの販売農家が雇用に依存するのはやや不思議に受け取られるかもしれない。必要な労働力を従来は家族員で満たすことができていた。だからこそ家族経営と称されていたのだが，不足する場合，家族員で満たすことができないとすれば，経営を維持するためには他の手法で補う必要がある。機械化で対応できればそれを採用するが，そうでない場合は人を雇用することになるのである。

（1）臨時雇

　その場合，伝統的に多いのは臨時雇あるいは季節雇であろう。他出の家族員の応援も加わり，農繁期だけ人を雇用する仕組みは以前からあった。その臨時雇用の動向を表でみると，雇用している戸数や人数の変動が激しい。00年の戸数は，表の注にあるように，農林業センサスの調査票では，臨時雇を書き込む欄と手間替え・ゆい（よそに住んでいる子ども等の手伝いも含む）を書き込む二つの欄があり，それぞれ集計されているので，両方で受け入れている戸数もそのまま数えているから多めの戸数になっている。05年は二つの欄で00年と同じように調査票に書き込んでもらっているが，集計では両方雇用する農家は一戸として数え直していて，そのため00年と比べ，ダブって数えた分，戸数が減っている。

　そして15年が27万戸に急減するのは以下のように考えられる。まず二つの書き込む欄が10年から一つになっていたこと，調査票では臨時雇には「手伝いなどを含みます」となり，「注意」として「農業研修生，手間替え，ゆい（労働交換）なども含みます」と脇書きされているものの，05年まであった「世帯から離れて住んでいる子ども等の手伝いを含みます」の表記が無くなったこともあり，臨時雇のみで答える傾向が出てきたのではないか，それらが大きく減った原因と推測される。だから実際に手伝い等に来ている人がまだいるものの，「金品の授受を伴わない無償の受入労働」（10年調査票の脇書き）である手伝いは除かれ，金品を払った臨時雇いのみが書き込まれているように推測される。

　なお臨時雇の実人数に延べ人日もわかるので，雇用者一人の労働日数がわかる。05年14.4日，10年14.4日そして15年は14.3日だから，年間，２週間程度，人を受け入れていたことがわかる。臨時雇を雇用する農家は05年10％，10年25％，15年21％，19年26％なので，販売農家数全体はこの間減少しているものの，２割以上の農家が10年以降でも臨時雇用に依存していることがわかる。

　これらの臨時雇は，従来と同じように今も重要な意味を持ち，その数も大きな減少ではないとみられる。しかし変化があり，従来では村内であるいは周辺で知人等を通じ集めることができたが，今では雇われて働ける人そのものが村では少なくなってきた。所在のハローワークに求人を出しても応募がないので，県庁等，人口が多い都市に求人を出し，いろいろな方法で集めることが，現在では重要な求人の仕方になりつつあるようである。『農村と都市をむすぶ』（2022）２月号は

		A	B	C
チラシ ハローワーク 無料・ 有料職業紹介 新卒・企業HP 監理団体	直接雇用	正社員 常勤パート 技能実習生 特定技能1号・他	パート・アルバイト daywork 一日農業バイト	地縁・血縁 近隣 日本産地間移動 労働者
派遣会社	労働者派遣	派遣受け入れ		特定技能1号産地間 移動労働者
請負会社 （パートナー企業）	請負	全農おおいた方式	酪農ヘルパー 作業受託	農協請負型技能 実習生
農協等 観光業界	ボランティア			ボランティア 農業ツアー

図1-2　雇用の色々な形態

資料：著者が作成。

こうした最近の農業労働力調達の諸事例を特集している。

図1-2は常雇も含め，多様な人集めの種類を書き集めたものである。横軸でA は常雇的なもの，Bは臨時雇，Cは季節雇的なものに分け，縦軸に人を集める方 法やそれにかかわる会社等を集めて，大雑把な仕方で整理したものである。多様 な形で人を集め，また受け入れていることがわかる。

臨時雇を募集するのが地縁・血縁では難しいことが一般に指摘されるが，地域 の努力により，従来のように多数の臨時雇を今も多く集めている事例はある。

その一つをあげれば，ミカン地帯での11月から1月までの間，1〜2か月の収 穫労働に愛媛県八幡浜市では，837戸の農家（市全体では販売農家は17百戸：う ち果樹類が販売金額1位である農家は16百戸）に44百人もの臨時雇が雇われてい る。この数は大きい。1戸に5.2人，一人当たり23日働いている（15年農林業セ ンサス）。このうち1割強の臨時雇いが「アルバイター」と呼ばれる県外からの 若手である。20，21年の時期はコロナ対策で県外からのアルバイターは市の予算 （20年は1億円）でホテルに泊まり，陰性が証明された者のみ市内で収穫に雇わ れることになったので，その数が500〜600人に及ぶことが分かった。これらの 若者の多くは国内を移動する人が多い。それらのリストの多くは農家がもってお り，前に雇った人を通じて，その年の人手を集めるが，農協も他地域の農協との 連携で人手を集めることを行っている（岩崎2022）。

と同時に，残りの4千人弱もの多数の臨時雇いが来るのは県内からであり，県

内で他のミカン産地と競いながら，これだけの人を集めることができるのには驚かされる。最近では副業や有料ボランティア等で，金融関係や公務員を含め，都市にいる多くの人が新たに加わっているようである。

　あるいは，細かい説明は略すが，例えば「全農おおいた方式」は最近全農が力を入れて全国に普及させようとする請負方式の仕組みであり，働きたいとする希望者がその専門のパートナー企業に登録するよう広く呼び掛けている。都会に住む人に登録してもらい，チームで農村の現地に都会から向かうものだが，だれでも参加しやすく，それが契機になり農作業の常雇で働き始めるなど，請負方式が働く人の就業のしやすさに有効に作用している（堀口2019）。依頼する農家は収穫労働など家族員では処理しきれない作業を農協に依頼し，農協経由でパートナー企業に結んでいる。パートナー企業は農作業でのチームの作り方に慣れていて，リーダーを含めチームで請け負うのだが，農家はその間，別の作業にも従事できる。派遣先の雇用した人による直接の指揮ではなく，チームとしての請負が特徴である。これだと参加しやすいとする人は多い。また「daywork 一日農業バイト」は，アプリを農作業に関心のある都会の人のスマホに入れてもらい，農家から直接，日程等を知らせて臨時雇として来てもらう仕組みである。山形ではサクランボの収穫に多くの人が都会からやってきている。また最近は，農福連携も注目され，働く対象者に向いた仕事を，具体的なマニュアル化を用意し進めることで，経営内の仕事の分担で十分な役割を果たすことが認識されるようになった。

(2) 常雇

　しかし，最近は不足する労働力を，販売農家も，家族員の増加ではなく，通年雇用者で埋める傾向が強まっている。また臨時雇用では安定的に必要な労働力を確実に確保できないので，農閑期も仕事を作り，年間一定の雇用を確保することが，雇う側，雇われる側，双方にメリットがあることが知られるようになった。

　家族経営でより規模を大きくして適正水準にするため，家族員等では加わってくれる人がいないので，いろいろなルートで必要な人数を確保しようとする。その場合，人を雇用する形がもっとも現実的である。派遣や請負といった方法もあるが，直接雇用が採用できるならば確実である。ギリギリの家族員で農業経営を営んでいるとき，さらに家族員の労働時間を増やして対応するよりも，人を雇用

して成果を上げる方が効率もよいし，雇用者にも十分な給与を払えばそれに応える人が結構いることが知られるようになった。もちろん他産業と競いながら常雇を集めるには，経営を工夫し給与の原資を安定的に確保することが必要になる。いずれにしろ新規の雇用労働力が増えているのは，ギリギリの家族員で経営を賄うよりも，柔軟に人手を集め雇用者を受け入れる傾向が広まってきていることを意味する。雇用が家族経営を支えるという動きが広まって来たのである。

　もっとも販売農家でみると，常雇を入れている農家は15年で4万戸に過ぎず，販売農家133万戸のわずか3％でしかない。少数であり，多くの販売農家は現有の家族員の勢力で，必要な時間を埋めようとしている。しかし傾向としては，家族員の農業従事者が減少する中で必要な農業規模を維持・拡大するためには，雇用することが必要になっているのであり，販売農家数や農業従事家族員が減る中で，今後は雇用者を入れることで既存の家族経営が必要な規模を維持する傾向が強くなると思われる。

4）着実に常雇，臨時雇を増やし経営体が量質ともに拡大する組織経営体

　他方，組織経営体は，経営者・役員等も結構多く15年で32万人いる。家族経営と同じように役員だけで農作業を維持する経営も多いが，規模拡大には役員の増加よりも雇用者，それも常雇を増やすことが今や一般的になっている。というのは，役員の農業経営従事状況（管理労働を含む）をみると（15年農林業センサス第5巻抽出集計の265千人），150日以上の役員が全体の36％，30〜149日33％，29日以下32％であり，150日以上という農業従事が主になっている役員は3割でしかない。そして規模がさらに大きくなれば，経営体の中では農作業そのものに従事する役員は減ってむしろマーケッティング等の管理労働に従事する役員が増えることになるのであろう。そのため，農作業そのものに必要な人は雇うことで対応することになる。そして常雇の総数は年々その数が増え，19年ではほぼ4割強の事業体が常雇を入れている。農作業はますます従業員に担ってもらう傾向である。

　なお表では経営体当たりの常雇人数が少しずつ落ちてきているようにみえる（00年11.6人，19年8.4人）。これは今まで常雇を入れていなかった経営が雇用者を入れ始めたのが反映しているのであろうし，また少人数の常雇を持つ非法人の家

族経営が法人化し組織経営体に加わったことも影響していよう。それでも常雇を入れている事業体当たりの常雇数はほぼ8人で，販売農家の農家当たり2～3人のレベルとは異なる大きさではある。法人はその規模を拡大するには，必要な雇用者を労働市場で手当てすることができるならば，家族員の中でまずは手当てを考えざるを得ない家族経営と異なり，必要な人の数の確保という点で組織経営体は柔軟さがあるといえよう。

　なお臨時雇も重要で，販売農家は臨時雇が同じ程度にとどまる傾向とは異なり，組織経営体では常雇を入れる経営体数を上回っての数の事業体が臨時雇を受け入れており，漸増の傾向がみえる。

5）技能実習生を主とする外国人労働力の役割の増加

　農業に広く技能実習制度が知られ，受け入れ人数が大きく増えてくるのは10年代後半である。経過を追うならば，00年に施設園芸，養鶏，養豚が技能実習制度の職種に認められたのが農業での始まりであり，02年に畑作野菜，酪農が続き，15年に果樹が認められた。

　大企業等が現地法人の採用者を日本で研修させる仕組みを取り入れているのを導入して，企業単独型ではない団体管理型による研修生受け入れが90年に中小企業を主にして始まった。それまでは82年新設の技術研修生による受入であったが，海外に拠点を持たない中小企業が事業協同組合を作り，これを受け入れ監理団体として，途上国の若者を研修で受け入れる仕組みである。遅れて不熟練労働力を海外から正式に人手不足産業に入れるようにした日本の仕組みである

　1年ごとの研修生だが，その後，93年に特定活動ビザとすることで，日本独自の技能実習制度・団体管理型が制度として出来上がった。内容は研修1年・技能実習1年である。これが97年に3年間の滞在に伸ばされた。さらに研修のやり方は当初から on the job training だから，実質，雇用労働と同じ仕事をするので，10年に，額の低い研修手当ではなく，初年度から最低賃金以上の賃金という，雇用関係を明確にした仕組みに変えた。これで今までトラブルの多かった仕組みが改善され，安定した制度になったとみられる。ただし他国と同じように，受け入れる不熟練労働力が国内労働市場に影響しないよう，人数や職種，滞在年限，勤務先の固定などを定めている。

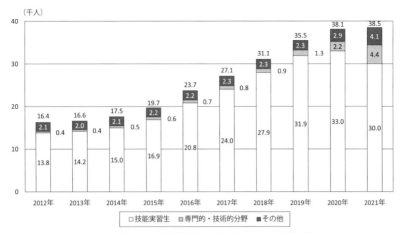

図1-3　農業分野における外国人の労働者数

資料：厚生労働省「外国人雇用状況」の届出を基に農林水産省作成。
注：1）各年10月末時点。
　　2）専門的・技術的分野の2019年以降の数値には，「特定技能1号在留外国人」の人数も含まれる。

　農家や法人の中には90年代から主に中国から研修生を受け入れていたものがいたが，改善された技能実習制度に乗り換えるところが多く，10年代前半はそうした農家・法人が先進的に外国人を受け入れた（堀口2017）。そして15年以降は，日本の農業従事者の急速な減少を受け，外国人への需要が一気に広まり，多くの農家や法人が技能実習生を受け入れるようになって，毎年4千人もの増加が見られるようになったのである。

　図1-3をみると，20年，21年はコロナの影響で，入国が難しく，農業従事の外国人はほぼ横ばいになっていることがわかる。特に21年は予定していた帰国が出来ない中で，経営者に継続の従事を求められ，技能実習2号から5年滞在が可能な特定技能1号になった人が増えた。専門的・技術的分野での人数が20年に比べ21年が増えているのはその事情による。

　しかしコロナ以前は急増していたことがわかる。コロナ直前の数年は合計で毎年4千人ほど増加している。この4千人は新規に就農した増加分であり，先に述べた雇用就農の増加の重要な部分を構成している。農業従事者の急減に対応するかのように，外国人の急増が見られるのであり，外国人の果たす役割が極めて大きくなっている。コロナが収まって水際対策が緩和されての22年春以降は，コロ

ナ以前と同じように，一段と入国者が増えるものと想定される。彼らの働きのおかげで，他産業と同じように，農業もその規模が維持されていることを強調しておきたい。

　外国人の中で人数が最も多い技能実習生を事例に述べれば，経営にとって必要な人数を来てほしい時期の半年前に送り出し国の送り出し団体に，日本の監理団体経由で依頼すれば，2倍から3倍の希望者が現地で集まる。雇用する日本の農家や法人が訪問して面接を含め，選考を行うのである。ていねいなマッチングは日本の特徴である。

　そして雇用契約を結べば，必要な人数の外国人が，日本語等の半年の合宿研修を終えたのちに，予定された日時に来日し，契約に基づき3年間は雇用先で確実に働いてくれる。途中でやめることが多い日本人と比べ，残業もいとわず働いてくれる労働者であり，経営者にとって，事業の計画性を確保でき，頼りになる労働者なのである。多くが3年で帰国し，その半年前に面接やコロナ下でオンラインにより選考された人が，研修を終えて，間が空かないように来日する。

　双方が希望すればさらにもう2年の技能実習3号や，同2号を「良好に終えた」人がなれる特定技能1号（最大，通算で5年就労が可能）で継続雇用が可能である。あるいは雇用先を変えることが可能な特定技能1号の下で，同じ職種であることが前提だが，雇用先を変え給与をあげることも可能である。雇用先の評価も高く，熟練度も上がり日本語も不自由なく使える外国人は，日本人と同じようにチームリーダーや準幹部にも登用できる。

　さらには，海外の大卒で「技術・人文知識・国際業務ビザ」（技人国ビザ，技術ビザあるいはエンジニアビザとも）を持ち，家族帯同で来日する外国人が，農業でも増えており，不熟練労働力という形で来る技能実習生が多い中で，こうした技術を持つ外国人が増えていることも，日本側の需要の高まりが確認できる（堀口2019b）。

6）雇用者を増やすのに貢献する「農の雇用事業」の成果と最近の傾向

　農水省の「農の雇用事業」は前掲の**表1-6**でその成果が示されている。

　事業のメインは「雇用就農者育成・独立支援タイプ」であり，49歳以下の新規就農者の雇用就農ないし研修後の独立就農を促進するとして，農業法人等が就農

希望者を雇用し，実施する技術や経営ノウハウの習得を図る実践的な研修等（仕事をしながら学ぶ on the job training の形式）を支援するため，年120万円，最長2年間，国が農業法人等に支援するものである。

　これをみるために，表の左に示されている，研修した青年就農者数とそれを活用した経営体数をチェックしておこう（なおこれには数は少ないが120万円2年間，さらに3，4年目は年60万円を支援する新法人設立支援タイプも含まれている）。数字のほとんどが，2年間受け取り，働きながら研修するタイプの支援を示すものであり，雇用賃金の支出に経営者は国からの支援を充てることができる。なおこの数字は1年目の人と2年目の人とが表では合計されて表示されているので，ややわかりにくいが，全体として横ばい気味である。

　それを明瞭にみるために，表の右側で毎年の新規採択数の推移を示した。ここでは雇用就農者育成・独立支援タイプの数と新法人設立支援の数とが分けられて表示されている。それによると，事業のメインである雇用就農者育成・独立支援の新規採択数は明らかに減少傾向にある。もっとも20年はやや盛り返しているが。

　雇用で就農を考える若者が増えている状況下で，それを促進するのに効果的な事業であり本来ならもっと増えてよい事業なのだが，減少気味なのは何かそれを阻む事情がありそうである。この点は第3章であらためて検討する。

　そして22年度では最長4年，年間60万円に大きく修正された。その意図は不明だが，法人等にとって年数は伸びたとしても年60万円は，手続きの煩雑さ等からみるとメリットは大きくはなく，事業実施の魅力を雇用する側は感じないことが考えられ，ますます実績が落ちてくるのではないかと心配されるところである。

注
（1）この（1），（2）の詳細は全農林『農村と都市をむすぶ』2022年5月号の堀口稿「多様な人材の確保・育成の課題と実現のための予算措置」を参照してほしい。

参考文献
岩崎真之介（2022）「ミカン地帯の短期収穫労働を支える「アルバイター事業」と従事者の特徴—JAにしうわの取り組みからの検討—」『農村と都市をむすぶ』2022年2月号，pp.17-26
全農林（2022）『農村と都市をむすぶ』2022年2月号「特集　農業労働力調達にみる諸事例と組織的関与・支援の動向」pp.4-55

農林水産省（2018）農林水産省編『2015年農林業センサス総合分析報告書』pp.1-416

堀口健治（2021）「JA全農おおいたの労働力支援による農業拡大・就労機会増加の地方創生―パートナー企業・請負・出口戦略・受託のチェック―」『農林金融』2021年5月号，pp.34-39

堀口健治（2019a）「近年の就農の動向と支援の仕組み」堀口・堀部編著『就農への道』農文協，pp.20-26

堀口健治（2019b）「ヒラ（技能実習ビザ）から幹部（技術ビザ）にも広がる外国人労働力」『農業経済研究』91（3），pp.390-395

堀口健治（2017）「農業にみる技能実習生の役割とその拡大―熟練を獲得しながら経営の質的充実に貢献する外国人労働力―」堀口編『日本の労働市場開放の現況と課題―農業における外国人技能実習生の重み』筑波書房，pp.14-30

松久勉（2016）「農業における雇用の動向と今後」労働政策研究・研修機構『日本労働研究雑誌』10月号・No.675，pp.4-15

第2章
農業労働力の変化と雇用労働，経営継承の動向

澤田　守

第1節　統計からみる農業労働力の変化

1）減少する農業労働力

　国内農業の労働力不足が深刻化している。労働力不足に関しては，高度経済成長期における他産業への流出が深刻になる中で，半世紀以上に渡って大きな問題とされてきた。特に2000年代に入ると農家戸数が激減し，田畑（2013）が指摘するように，「日本農業を特色づけてきた零細農耕を基軸とした農業構造が変化」し，借地を中心に農地を集積し，従来の経営とは隔絶した大規模な経営が生まれている。

　一方，農業政策としては，2000年代後半以降，農業次世代人材投資資金（2022年度から就農準備資金・経営開始資金）による新規就農者への就農支援，「農の雇用事業」（2022年度から雇用就農資金）による雇用就農者への支援などが実施されてきたものの，農業労働力の減少に歯止めはかかっていない。農業労働力については，2000年代以降，雇用労働力に依存する経営体が増える一方で，外国人技能実習生，特定技能ビザによる外国人労働者など，外国人労働力に頼る経営体が増えてきている。

　2020年農林業センサス（以下，2020年センサスとする）では，戦後農業を支えてきた昭和ヒトケタ世代がすべて85歳以上となり，大半が農業生産からリタイアし，団塊の世代（1947年〜49年生まれ）を含む昭和20年代生まれの農業者が多くを占めるようになっている[1]。今後の課題は，団塊の世代の退出後の農業労働力の確保と経営継承である。本章では主に農林業センサスを分析素材として，近年の農業労働力の変化の特徴について考察する。特にここでは，2020年センサスのミクロ（個票）データの組替集計，及び2015〜2020年のパネルデータ分析[2]をもとに，農業労働力の変化の特徴と雇用労働力の動向，及び経営継承について分析する。

2）2020年センサスに関する先行研究

　近年，2020年センサスを用いた研究が増えている。江川（2021）は，主に土地利用の視点から，大規模経営体の経営展開について地域別に分析し，農地集積の進展を明らかにしている。橋詰（2021）は，農業経営体数の増減分岐層が都府県で「10〜20ha」層に上昇していることを指摘し，借地率の地域的な違いを示した。また，八木（2021）は，個票の組替集計結果を用いた稲作経営の分析から，大規模層の販売金額の拡大，男子専従者一人当たりの水田耕作面積の拡大を指摘している。一方で，これまでの2020年センサスに関する研究では，農業労働力に関する分析は十分行われていない。そのため，本章では最初に農業労働力の全体的な傾向を把握し，さらに個人経営体，団体経営体，雇用労働の特徴的な動きを捉える。次に，法人経営を含めた農業継承の動向について分析することで，農業労働力の課題について析出する。

第2節　2020年センサスにおける農業労働力の変化

1）2020年センサスの農業労働力の変化の特徴

　2020年センサスの農業労働力の変化について，販売農家（個人経営体），組織経営体（団体経営体）の推移（全国）をみたものが**表2-1**である。2020年センサスの労働力変化の特徴は，農業労働力を構成する個人経営体内の家族労働力，団体経営体内の役員・構成員数，及び農業経営体に雇用される雇用労働力のすべてにおいて5年間で大幅に減少したことである。

　販売農家数は，2015年の133万戸から2020年には102.8万戸へと22.7％の減少となり，世帯員数[3]に関しては，2015年の488万人から349万人へと減少した。特に世帯員数は5年間で28.5％の減少となり，2005年の837万人からわずか15年間で488万人の減少となった。1戸当たりの世帯員数は3.7人（2015年）から3.4人（2020年）に減少し，農家世帯の縮小が続いている。また世帯員について農業従事状況別にみると，農業従事者数は26.6％の減少となる一方で，農業従事日数150日以上の農業専従者の減少率は17.6％に留まる。これらの結果からは，農業従事日数が少ない世帯員を中心に減少していることが示唆される。

　次に団体経営体の経営者・役員・構成員数（以下，構成員数とする）の推移をみると，2015年の32.3万人から2020年には19.5万人（12.7万人減）へと著しく減

表2-1　販売農家，組織経営体，雇用労働の推移

	販売農家（個人経営体）					組織（団体）経営体		常雇		臨時雇	
	販売農家数（千戸）	世帯員数（千人）	1戸当たり世帯員数（人）	農業従事者数（千人）	農業従事150日以上（千人）	経営体数（千経営体）	経営者，役員，構成員数（千人）	雇い入れた経営体数（千経営体）	実人数（千人）	雇い入れた経営体数（千経営体）	実人数（千人）
2005年	1,963	8,370	4.3	5,562	1,684	28	225	28	129	481	2,281
2010年	1,631	6,503	4.0	4,536	1,505	31	324	41	154	427	2,176
2015年	1,330	4,880	3.7	3,399	1,245	33	323	54	220	290	1,456
2020年	1,028	3,489	3.4	2,494	1,025	38	195	37	157	139	948
増減率（%）											
05−10年	−16.9	−22.3	−6.5	−18.4	−10.6	10.4	43.8	44.3	19.0	−11.4	−4.6
10−15年	−18.5	−25.0	−7.9	−25.1	−17.3	6.4	−0.4	32.6	43.3	−32.0	−33.1
15−20年	−22.7	−28.5	−8.3	−26.6	−17.6	16.3	−39.5	−32.6	−28.8	−52.1	−34.9

資料：農林業センサス各年版。

注：2020年に関して，世帯員数，農業従事者数の数値は個人経営体，組織経営体は団体経営体の数値を用いている。

少した。組織経営体という用語が用いられた2005年以降，構成員数は増加ないし維持の傾向にあったが，2015〜2020年にかけては39.5％の減少率となり，これまでで最少の構成員数となった。

　また，雇用労働力に関してみると，常雇においてはこれまでとは異なる傾向を示している。常雇を雇い入れた経営体数をみると，2005〜2015年にかけて一貫して増加傾向にあった。特に常雇実人数（以下，常雇人数とする）は，2010〜2015年にかけて43.3％の大幅な増加であったが，2015〜2020年にかけては，常雇人数は22万人から15.7万人へと6.3万人（28.8％減）減少している[4]。また，常雇を雇い入れた経営体数に関しても5.4万経営体から3.7万経営体へと32.6％の減少となっている。

　以上の結果をまとめると，2015〜2020年にかけて農業労働力を構成する個人経営体の世帯員数，団体経営体の構成員数，雇用労働力（常雇数・臨時雇数）のすべてにおいて30％前後の大幅な減少率となったことがわかる。

　その一方で，経営耕地面積の推移についてみると，2015〜2020年にかけての減少率は6％に留まり，2010〜2015年にかけての5％減と大きな違いはみられない（**表2-2**）。また，農産物販売金額（推計値）[5]をみると，2020年の総額は8兆円となり，2015年の7.4兆円よりもむしろ増加している。1経営体当たりの販売金額をみても，2015〜2020年にかけて平均538万円から742万円へと38％の増加となっている。これらの数値をみる限り，2020年センサスでは農業労働力だ

表2-2 農業経営体数，経営耕地面積，農産物販売金額の推移

	農業経営体			農産物販売金額合計 （推計値，兆円）	1経営体当たりの 農産物販売金額 （推計値，万円）
	経営体数 （千経営体）	経営耕地面積 （千ha）	借入耕地面積 （千ha）		
2005年	2,009	3,693	824	8.3	415
2010年	1,679	3,632	1,063	7.5	449
2015年	1,377	3,451	1,164	7.4	538
2020年	1,076	3,233	1,257	8.0	742
増減率（%）					
05－10年	−16	−2	29	−9	8
10－15年	−18	−5	9	−2	20
15－20年	−22	−6	8	8	38

資料：表2-1に同じ。

注：農産物販売金額の区分は2020年に合わせ，中位数を用いて推計している。5億円以上は10億円で計算している。

けが大幅に減少していることが指摘できる。その要因について個人経営体，団体経営体，雇用労働（常雇）の動向をもとに考察する。

2）個人経営体の世帯員数，経営体数減少の特徴とその要因

2015 ～ 2020年の農業労働力の急減の要因について，最初に家族労働力から考察する。ここでは2010年農林業センサスを用いて予測分析を行った澤田（2012）の数字をもとに考えたい。筆者は2005年と2010年のセンサスデータを用いたコーホート予測から，2015 ～ 2030年にかけての年齢別の農業経営者数（家族経営体）の予測値を計測している。2015年，2020年の予測結果と農林業センサスの確定値を比較したものが図2-1である。

年齢別の農業経営者数に関して，2015年，2020年の予測値と確定値を比較すると，両年とも差は小さい。経営者年齢別で最も大きい差がある「65 ～ 69歳」についてみても2015年，2020年ともに予測値と確定値の差は6 ～ 7千人程度であり，3％程度の違いに留まる。これらの結果からは，2015 ～ 2020年にかけて個人経営体数の減少率は22％に拡大しているが，2005 ～ 2010年の変化率と同様の傾向が2015年，2020年まで続いていることが指摘できる。すなわち，2015 ～ 2020年にかけての個人経営体数の減少は，主に高齢化に伴う農業からの退出と捉えられ，これまでの推移の延長線上の動きとしてみることができる。

個人経営体における農業労働力の問題は，経営者の多くが60 ～ 70歳代の世代交代時期を迎えているにも関わらず，この10年間（2010 ～ 2020年）で世代交代

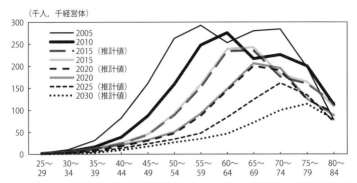

図2-1 農業経営者（個人経営体）のコーホート予測値と実績値の比較

資料：表2-1に同じ。

表 2-3 家族経営構成別経営体数の割合（個人経営体、65 歳以上）

(単位：%)

	経営主年齢 65 歳以上							
	一世代 家族経営		一人 家族経営		夫婦 家族経営		二世代以上 家族経営	
全国	80	(3)	37	(5)	<u>42</u>	(−2)	20	(−3)
北海道	79	(0)	22	(3)	<u>55</u>	(−3)	21	(0)
東北	77	(4)	33	(5)	<u>43</u>	(−1)	23	(−4)
北陸	81	(3)	<u>45</u>	(7)	36	(−4)	19	(−3)
北関東	80	(4)	36	(6)	<u>43</u>	(−2)	20	(−4)
南関東	73	(4)	32	(6)	<u>40</u>	(−2)	27	(−4)
東山	80	(4)	32	(6)	<u>48</u>	(−2)	20	(−4)
東海	78	(3)	36	(5)	<u>42</u>	(−2)	22	(−3)
近畿	82	(2)	<u>46</u>	(5)	36	(−2)	18	(−2)
山陰	82	(3)	41	(5)	<u>41</u>	(−5)	18	(−3)
山陽	85	(1)	<u>44</u>	(4)	41	(−2)	15	(−1)
四国	83	(2)	37	(4)	<u>45</u>	(−2)	17	(−2)
北九州	79	(2)	35	(4)	<u>44</u>	(−2)	21	(−2)
南九州	85	(1)	36	(5)	<u>49</u>	(−4)	15	(−1)
沖縄	86	(5)	<u>49</u>	(8)	35	(−3)	14	(−5)

資料：表 2-1 に同じ。
注：括弧の数値は，2015 年からの割合の差（ポイント）を示している。下線は類型の中で
　　最も大きい数字を示している。

　が進む動きがみられない点である。前掲**図2-1**の結果からは，今後，世代交代が
進まない場合には，予測値の水準（2025年79万経営体，2030年58万経営体）にま
で減少することが想定される。

　今後の世代交代の可能性を検討するために，個人経営体における経営主65歳以
上の家族経営構成をみたものが**表2-3**である。表をみると，2020年の個人経営体
（経営主年齢65歳以上）においては，一世代家族経営が80％を占めており，後継

者層が30日以上従事していると想定される二世代以上の家族経営は20％に過ぎない。特に2015年からの推移をみると，二世代以上の家族経営の割合は3ポイントの下落となり，東北，関東などの東日本，及び沖縄を中心に割合が低下している。これらの結果をみると，現在の経営主が農業から退出した際に，継承できる後継者がいない経営体が大半を占めており，農業の世代交代が進む可能性は低いと考えられる。

3）団体経営体における労働力の変化と特徴

　次に団体経営体における労働力の減少の特徴について考察する。2015年，2020年のセンサスの組替集計をもとに，両年の構成員数別に，構成員の累積人数を示したものが図2-2である。2015年と2020年を比較すると，2020年の場合，構成員数10人未満の累積人数は2015年を上回っている。この要因としては，2020年センサスにおいて1戸1法人の法人経営体（2020年センサスでは6,456経営体）が，家族経営体から団体経営体に変更になったことが一部影響していると推測される。特に2020年の場合をみると，構成員数9名以上において累積人数の増加は極めて少なくなり，全体では2015年に比べて12.7万人も減少している。この結果からは，2015〜2020年にかけて構成員数が多い団体経営体を中心に構成員数が大きく減少したことが指摘できる[6]。

　その中で2020年センサスの団体経営体における特徴が，法人経営体の占める割

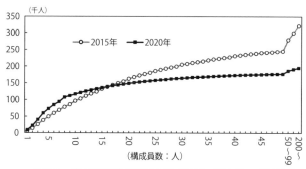

図2-2　構成員数別の累積人数の比較（2015年，2020年）

資料：2015年，2020年センサス組替集計。
注：1）2015年は組織経営体，2020年は団体経営体の数値である。構成員には役員（経営主）を含む。
　　2）50人以上に関しては，「50〜99人」，「100〜199人」，「200人以上」となっている。

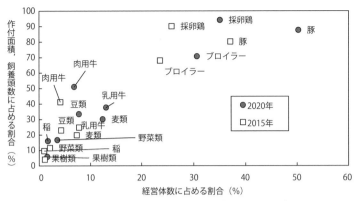

図2-3　法人経営体が占める割合（作目・部門別）

資料：図2-2に同じ。

合が上昇している点である。2015年と2020年センサスをもとに，作目・部門別に経営体数に占める法人経営体の割合と，作付面積，飼養頭数に占める法人経営体の割合をみたものが**図2-3**である。法人経営体が占めるシェアは作目・部門によって異なるものの，中小家畜（採卵鶏，豚，ブロイラー）では飼養頭数（羽数）に占める割合が70％以上（採卵鶏94％，豚88％）に達し，生産の多くが法人経営体によって担われていることを示している。また経営体数全体に占める割合も中小家畜では30％を超えており，豚では法人経営体が約半数を占める。この法人経営体の飼養頭数，作付面積に占める割合は，大家畜（肉用牛，乳用牛）で4～5割程度，麦類，豆類の畑作物では3割を超える。法人経営体が農業経営体数に占める割合は10％を下回る作目が多いものの，作付面積，飼養頭数に占める割合では法人経営体の比重がより大きくなっていることがわかる。

4）雇用労働力（常雇）の変化の特徴

（1）農業専従者と常雇の年齢別分布

次に雇用労働力の推移に関して常雇を中心に考察する。最初に2020年センサスを用いて，農業専従者（農業従事日数150日以上）の年齢別の分布をみたものが**図2-4**である。農業専従者（全国）は個人経営体で102.5万人，団体経営体で8.1万人にのぼる。その他に農業専従者の定義に近いものとして常雇（15.7万人）が存

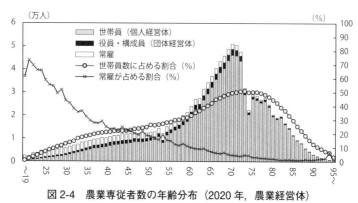

図 2-4　農業専従者数の年齢分布（2020 年，農業経営体）

資料：図 2-2 に同じ。

注：1）世帯員に占める専従者割合は，個人経営体における各年齢別の世帯員数に占める農業専
　　　従者の割合である。
　　2）世帯員（個人経営体），役員・構成員（団体経営体）は経営主を含む。
　　3）常雇は年齢不詳を除いている。

在する[7]。常雇を加えた年齢別の農業専従者をみると，その形状は70歳をピー
クとした山になり，この図から以下の点が指摘できる。

　第一に，農業専従者は65 ～ 72歳の年齢層が多く，この世代にほぼ集中してい
る点である。年齢別の割合をみると，60歳以上が67％を占め，高齢化が深刻な状
況にある。そのため今後農業専従者が急速に減少することが予想される。

　第二に，若年層の農業専従者の少なさである。農業専従者数を確保するために
は，60歳未満層の農業専従者を増やすことが必要になる。しかし，60歳未満層で
は年齢が下がるにつれて専従者数が減少しており，団塊ジュニア世代（2020年時
点で46 ～ 49歳）を含め，次のピークは見つからない。特に留意すべき点は，個
人経営体において世帯員数に占める農業専従者の割合をみると，70歳代前半で
50％と高いものの，30 ～ 50歳代前半においても20 ～ 30％と一定の割合を占めて
いる点である。つまり，農業専従者の減少要因としては，世帯員の中に専従者が
不在であることがあげられるが，そもそも個人経営体の世帯員数が少ない点に留
意する必要がある。この点を考慮すると，個人経営体の中で農業専従者を確保し
ていくことには限界があり，非農家出身者など農外からの農業専従者の確保を考
える必要があることを意味している。

　第三に，若年層における常雇割合の高さである。農業専従者の中で常雇が占め

る割合は，20歳代では50％以上になっており，若年層では非農家出身者が多い雇用労働が多数を占めることがわかる。今後は，農業専従者の多くの割合を常雇が占めることが予想され，農業専従者の確保を図る上でも常雇人数の確保，育成がより重要になることが示唆される。

(2) 年齢別にみた常雇人数の推移

　次に雇用労働力の推移に関して，常雇を中心に考察する。最初に2020年の常雇人数について2015年からの変化を男女別，年齢別にみたものが**表2-4**である。2015 ～ 2020年にかけて常雇人数は29％の減少となったが，男女別にみると，男性が26％の減少率に対して女性の減少率は32％と高い。また年齢別にみると，15～ 24歳の若年層では５％の減少率に対して，45 ～ 64歳では43％の減少率となり，中高齢者層の減少率の高さが目立つ。ただし，年齢別の増減に関して注意すべき点は，2020年センサスの場合，「年齢不詳」の常雇いが９％（男性7.8千人，女性6.6千人，計1.4万人）を占めるため，年齢別の正確な増減量は不明となっている。

　また，2020年センサスの特徴の一つである常雇人数の大幅な減少についても，他の統計とは趨勢が異なる点に留意する必要がある。2020年農林業センサスと同じ年の10月に実施された国勢調査を比較すると，農業における雇用者の動向は異なる。**図2-5**で示すように，国勢調査の雇用者（農業）と農林業センサスの常雇人数の動向は，1985年以降，同じように増加傾向で推移してきた。国勢調査と農林業センサスでは，調査の実施時期（２月と10月），雇用者の定義や把握方法が

表2-4　年齢別，男女別の常雇人数（2020 年）

（単位：人、％）

		計	15～24	25～34	35～44	45～64	65 歳以上	年齢不詳
常雇数	男女計	156,777	13,780	27,300	26,749	47,936	26,600	14,412
（2020 年）	男	83,416	7,682	17,177	15,306	22,438	12,991	7,822
	女	73,361	6,098	10,123	11,443	25,498	13,609	6,590
増減数	男女計	−63,375	−741	−11,329	−13,481	−35,973	−16,263	14,412
（15−20）	男	−29,208	−882	−7,435	−5,811	−15,282	−7,620	7,822
	女	−34,167	141	−3,894	−7,670	−20,691	−8,643	6,590
増減率	男女計	−29	−5	−29	−34	−43	−38	
（15−20）	男	−26	−10	−30	−28	−41	−37	
	女	−32	2	−28	−40	−45	−39	
	男女比（2015）	1.05	1.44	1.76	1.10	0.82	0.93	
	男女比（2020）	1.14	1.26	1.70	1.34	0.88	0.95	1.19

資料：表 2-1 に同じ。

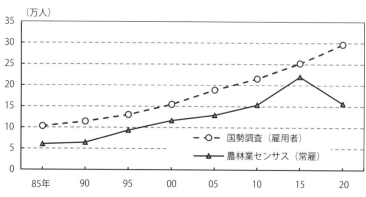

図2-5　雇用者の推移（国勢調査，農林業センサス）

資料：国勢調査，農林業センサス各年版。
注：国勢調査に関しては，産業（小分類）における農業（農業サービス業を除く）の数字である。

若干異なるものの，重なる部分が多かったと推察される。だが，2015 ～ 2020年の推移に関しては，農林業センサスでは2015年から29％の大幅な減少となる一方で，国勢調査では18％の増加となっており，傾向が異なる。そのため，雇用者の推移についてはより詳細に分析する必要がある。

　常雇人数の推移について2015年，及び2020年農林業センサスの農業構造動態統計（全国）をもとに，2010 ～ 2015年の変化と2015 ～ 2020年の変化を比較したものが**表2-5**である。常雇人数規模別に2015 ～ 2020年にかけての経営体数の変化をみると，2015年に常雇人数「1 ～ 4人」の経営体では，2020年にかけて，うち66％が「常雇なし」になっている。これは2010 ～ 2015年にかけての50％と比較すると16ポイント増加している。同様の傾向は，2015年に常雇人数「5 ～ 9人」，「10 ～ 29人」の経営体においてもみられ，常雇人数が少ない経営体では，2015 ～ 2020年において「常雇なし」になる割合が高まる傾向にある。

　一方で，前掲**表2-5**から常雇人数規模「30人以上」の経営体についてみると，2015 ～ 2020年にかけて常雇人数の減少はあまりみられない。例えば，常雇人数50人以上層では，2015 ～ 2020年にかけて49％の経営体が同人数の規模に留まっており，2010 ～ 2015年の動き（44％）よりも高い割合を占めている。このことから2015 ～ 2020年の変化の特徴として，常雇人数が少ない規模の経営体では常

表2-5　常雇人数規模別にみた経営体の推移（2010〜2015年，2015〜2020年の変化）

（単位：%）

		期末の常雇人数規模						合計
		常雇なし	1〜4人	5〜9人	10〜29人	30〜49人	50人以上	
期首の常雇人数規模	1〜4人							
	2010−15年	50	44	6	1	0	0	100
	2015−20年	66	31	2	1	0	0	100
	5〜9人							
	2010−15年	23	26	40	11	0	0	100
	2015−20年	40	34	19	6	0	0	100
	10〜29人							
	2010−15年	18	10	15	50	5	1	100
	2015−20年	22	21	14	39	3	1	100
	30〜49人							
	2010−15年	12	5	8	28	33	13	100
	2015−20年	11	12	5	23	39	11	100
	50人以上							
	2010−15年	13	11	7	10	16	44	100
	2015−20年	11	8	4	15	13	49	100
2010年（常雇有りのみ）			84	11	4	1	0	100
2015年（2010年常雇有り）		45	40	10	4	1	0	100
2015年（常雇有りのみ）			80	13	6	1	0	100
2020年（2015年常雇有り）		59	31	5	4	1	0	100

資料：農林業センサス農業構造動態統計各年版。

雇人数が大きく減少する一方で，常雇人数が多い経営体では常雇人数があまり減少していないことが確認できる[(8)]。

　また，この常雇人数に関しては，地域別にみても変化が異なることが指摘されている（八木，2021）。2015〜2020年にかけて常雇人数が増加している県は，山口県，岡山県，岩手県，秋田県の4県のみであり，これらの県は地域的に離れており，農業経営の特色も異なる。ただし，常雇の中で年齢不詳者が占める割合と，常雇人数の増減率による都道府県別の散布図をみると，年齢不詳者の割合が低い県では常雇人数の減少率が高く，年齢不詳者の割合が高い県では常雇人数の増加率が高いという相関関係がみられる（図2-6）。特に常雇人数が2020年にかけて7％以上の増加率となった山口県，岩手県，岡山県の3県では，年齢不詳者の割合が25％以上と極めて高い割合を占めており，年齢不詳者を加えることで，常雇人数の増加率が高まったのではないかと推測される。一方で，佐賀県，福井県，石川県など8県では年齢不詳者は一人もおらず，これらの県では常雇人数の減少率が30％を超えている。このように2015〜2020年にかけての常雇人数の変化の地域性をみると，各都道府県における年齢不詳者の取り扱いが常雇人数の増減に影響を及ぼした可能性が考えられる。

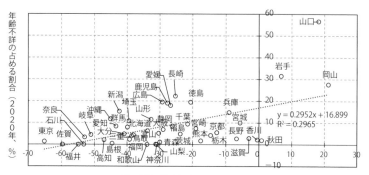

図2-6　常雇人数の増減率と年齢不詳の占める割合（都道府県別）

資料：表2-1に同じ。

(3) 5名以上の常雇を雇用している経営体の動き

以上の常雇人数の推移の分析から，ここでは2015～2020年のパネルデータをもとに，2020年に5名以上の常雇を雇用している経営体（2015年と接続可能な約4,900経営体を対象。以下，「常雇依存経営」とする）を抽出し，2015～2020年にかけての雇用労働の推移，及び経営展開について分析する。

抽出した「常雇依存経営」について，常雇人数の変化をみると（図2-7），2015年の平均12.3人から2020年には15.3人（24％増）に増えており，全作目において常雇人数が増加している[9]。作目・部門別にみると，5年間の常雇人数の増加率が最も高いのは稲作（75％増）であり，次に雑穀・いも類・豆類（69％増）が

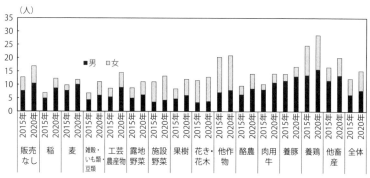

図2-7　作目・部門別の平均常雇人数の変化（2020年常雇依存経営を対象）

資料：図2-2に同じ。

表2-6　年齢別の常雇人数，臨時雇の推移（2020年常雇依存経営）

	年齢別常雇人数（平均値）						常雇の実人数		臨時雇の実人数	
	15～24	25～34	35～44	45～64	65歳以上	年齢不詳	男	女	男	女
2015年	1.0	2.5	2.6	4.7	1.5	―	6.3	6.0	2.4	2.8
2020年	1.4	2.5	2.4	4.5	2.1	2.4	7.9	7.4	2.4	2.5
増減率（%）	31	0	−8	−4	42		25	22	1	−10

資料：図2-2に同じ。

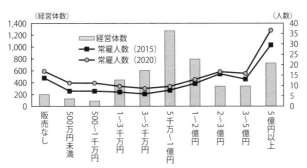

図2-8　農産物販売金額別の平均常雇人数の変化（常雇依存経営）
資料：図2-2に同じ。

続いている。

　この「常雇依存経営」において，年齢別の常雇人数，臨時雇の実人数の変化を
みると，25歳未満の若年層，及び65歳以上の高齢者層において増加率が31％，
42％となり，他の年齢層に比べて高い増加がみられる（**表2-6**）[10]。男女別にみ
ても，男性は2015年の6.3人から2020年には7.9人に，女性は6.0人から7.4人に増加
しており，5年間で22～25％の増加を示している。一方で，臨時雇の実人数に
関しては，男性が2.4人，女性が2.5人となっており，5年間でほぼ変化がなく常
雇人数のみが増加している。

　この「常雇依存経営」について，2020年の農産物販売金額別にみると（**図
2-8**），販売金額「5千万円～1億円」の経営体が1,271経営体で最も多く，全体
の26％を占める。農産物販売金額別に5年間の常雇人数の推移をみると全階層で
増加しており，特に販売金額3千万円未満の比較的小規模な層において，増加率
が高い傾向にある。また，表は省略するが，企業形態別にみても「常雇依存経営」
の場合，法人，非法人ともに常雇人数を拡大させている。すなわち，2015～
2020年にかけて農業経営体全体としては常雇人数が大幅に減少しているものの，

表2-7　常雇依存経営における経営規模の推移（作目・部門別，2015～2020年）

作目・部門	経営体数	農産物販売金額 （中央値，万円）	経営耕地面積，飼養頭数（ha，頭，中央値）		
		2020年	2015年	2020年	増減
稲	456	4,000	44.9	59.4	14.5
麦	20	4,000	44.0	69.1	25.1
雑穀・いも類・豆類	104	4,000	21.4	26.1	4.7
工芸農作物	76	7,500	15.4	18.2	2.7
露地野菜	627	7,500	9.0	12.3	3.3
施設野菜	1,008	4,000	2.1	2.2	0.1
果樹	191	2,000	4.2	5.0	0.8
酪農（頭）	272	20,000	353	423	70
肉用牛（頭）	260	40,000	841	1,000	160
養豚（頭）	326	40,000	5,125	5,980	855

資料：図2-2に同じ。
注：1）平均値の場合，一部の経営体の規模拡大の影響を受けやすいため，中央値を用いている。
　　2）農産物販売金額は各区分の中位数を用いて推計している。5億円以上は10億円で計算している。

常雇を多く抱える経営においては，販売金額規模，企業形態に関わらず，常雇人数を拡大していることが確認できる。

　抽出した「常雇依存経営」の作目・部門別の経営展開をみたものが**表2-7**である。耕種経営についてみると，稲作の場合，経営耕地面積（中央値）が2015年の44.9haから2020年には59.4haに14.5ha拡大している。麦では5年間で25.1ha，露地野菜では3.3haの経営耕地の拡大がみられ，施設野菜，果樹などの労働集約的作目でも面積は少ないものの拡大している。畜産についてみると，酪農では飼養頭数が353頭から423頭に拡大するなど，すべての畜種で頭数の拡大がみられる。これらの結果から，少なくとも「常雇依存経営」においては，常雇人数の増加とともに経営規模を拡大していることが指摘できる。

　以上の結果からは，2015年から2020年にかけて，全体としては常雇人数が大幅に減少しているものの，常雇人数が多い経営においては常雇をさらに増やし，経営規模を拡大していることが指摘できる。

第3節　農業継承の動向

1）経営主年齢別の面積シェア

　農業生産における農業法人の比重が高まる一方で，重要な課題になっているのが，農業経営の継承問題である。そこで経営主年齢別に経営体数，経営耕地面積のシェアを示したものが**図2-9**である。

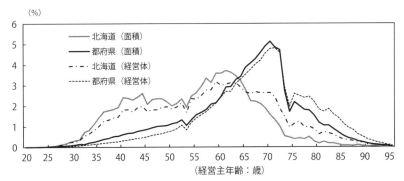

図2-9　経営主年齢別の経営体数，経営耕地面積のシェア（都府県，北海道）

資料：図2-2に同じ。

　北海道と都府県の経営主年齢別の経営体数，面積シェアをみると，両地域の状況はかなり異なる。都府県の場合は，農地面積のシェアが最も高いのは経営主年齢70歳であり，特に60〜70歳にかけては，全体に占める経営体数のシェアよりも面積シェアの方が上回っている。これは他の年代に比べて相対的に多くの農地を耕作していることを示している。都府県の場合，60〜70歳代前半まで多くの農地面積を耕作している点が注目されるが，経営主年齢が75歳以上になると経営体数が急減している。2020年時点で農地面積シェアが最も高い70歳前後の世代においても，数年後に面積シェアが減少すると見込まれ，農地の供給が急速に進むことが予想される。その一方で，都府県において経営主年齢30〜50歳代前半の面積シェアは，経営体数のシェアを若干上回るものの，全体に占める割合はかなり少ない[11]。70歳前後の経営主の農業からの退出が目前に迫る中で，いかに世代交代を促進させるかが大きな課題となっている。

2）後継者不在の経営体が抱える農業資源

　団塊の世代を中心とする昭和20年代生まれの経営主において，農業からの離脱が目前に迫る中で重視すべき点は，後継者不在の経営体が持っている農業資源の地域別分布である。そこで，経営主年齢65歳以上で後継者を「確保していない」経営体を抽出し，これらの経営体が保有する農業資源の割合を地域別に算出したものが表2-8である。表をみると，経営耕地に占める後継者不在の農地は，都府

表 2-8　後継者不在の経営体が有する農業資源の割合（2020 年）

（単位：%）

	経営耕地	田	借地	畑	借地	樹園地	借地	ハウス・ガラス室	乳用牛	肉用牛	豚	採卵鶏
全国	26	32	27	17	14	37	24	25	9	16	8	14
北海道	11	16	12	10	8	31	23	19	5	9	4	6
都府県	33	34	28	30	22	37	24	25	14	18	8	15
東北	31	31	26	28	22	37	28	28	17	17	5	19
北関東	36	38	31	30	21	<u>42</u>	26	25	13	17	17	9
南関東	39	<u>41</u>	33	34	23	38	23	26	23	17	8	12
東山	36	37	29	32	26	<u>42</u>	27	28	15	23	17	4
北陸	31	31	25	29	21	35	26	24	19	13	8	32
東海	32	32	23	31	19	37	24	24	9	14	6	9
近畿	35	35	28	34	23	33	22	25	18	23	14	16
山陰	36	37	31	31	21	<u>46</u>	35	33	15	11	2	4
山陽	<u>42</u>	<u>43</u>	36	35	22	<u>48</u>	25	31	11	11	12	18
四国	<u>40</u>	<u>41</u>	34	35	23	<u>41</u>	25	28	19	13	4	4
北九州	32	33	27	26	19	35	25	22	10	17	8	14
南九州	30	37	29	27	21	24	15	23	11	20	4	12
沖縄	33	37	36	32	30	<u>43</u>	28	29	13	21	7	22

資料：農林業センサス組替集計。
注：下線は 40％以上のものを示している。

県で 3 割を超えており，特に田では32%，樹園地では37%と高い割合を占める。また地域別にみると，田に関しては，南関東，山陽，四国において後継者不在の農地シェアが4割を超えている。また，借地に関しても，後継者不在の経営体が耕作している割合が高く，北海道を除き，借地面積全体の23%〜36%に達している。つまり，借地している経営体でも後継者不在が一定数を占めており，今後，借地返却の可能性が高まることを示している。また，畜産でも後継者不在の経営体が飼養する頭数が，地域によっては20%を超える地域があり（乳用牛では南関東，肉用牛では東山，近畿など），頭数の減少が避けられない事態となっている。ハウス・ガラス室に関しても，後継者不在の経営面積が都府県では20%を超え，山陰，山陽では30%を超える面積に達している。これらの状況をみると，地域によって後継者不在がより深刻な課題となっており，後継者不在の経営体がもつ農業資源をどのように継承するかが大きな課題となっている。

3）農業法人の継承対策

　そこで次に農業資源の受け手として期待される農業法人について，経営の継承可能性を把握するために，法人の経営主の年齢分布状況をみたものが図2-10で

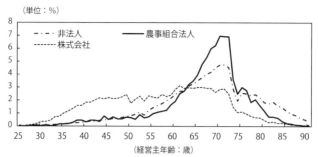

図2-10　経営主年齢別の経営体数の分布割合（法人，非法人別）

資料：図2-2に同じ。

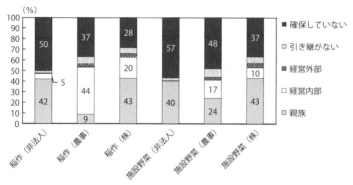

図2-11　企業形態別の継承意向（販売金額1千万円以上、経営主年齢60歳以上）

資料：図2-2に同じ。

注：（農事）は農事組合法人，（株）は株式会社を示している。

ある。

　企業形態別に経営主年齢をみると，株式会社では経営主年齢が30歳代から70歳代まで一定の割合で分布している。それに対して農事組合法人の場合は，経営主年齢が70歳前後の経営が多く，65歳以上の経営主が69％を占めている。農事組合法人の場合は，非法人の経営主年齢の分布と比べても高齢者層にかなり集中しており，農業法人においても農事組合法人を中心に世代交代が喫緊の課題になっていることを示している[12]。

　販売金額1千万円以上でかつ経営主年齢が60歳以上の農業経営体を抽出し[13]，企業形態別に後継者確保の状況についてみたものが**図2-11**である。農業法人数が多い作目である稲作，施設野菜作について企業形態別にみると，稲作の場合，

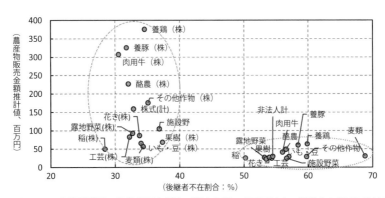

図 2-12　企業形態別の後継者不在割合（販売金額 1 千万円以上，経営主年齢 60 歳以上）

資料：図2-2に同じ。

注：1）円は株式会社，非法人のまとまりをフリーハンドで記入したもの。

　　2）農事組合法人は除外している。

　　3）農産物販売額区分は2020年に合わせ，中位数を用いて推計している。5億円以上は10億円で計算している。

後継者不在の割合が，非法人では50％であるのに対して，農事組合法人では37％，株式会社では28％に低下している。また，施設野菜作においても，後継者不在の割合が非法人では57％と高く，農事組合法人では48％，株式会社では37％に低下する。これらの結果からは，第一に，企業形態によって継承意向の割合が異なり，協業経営である農事組合法人においては，親族の割合が少なく経営内部への継承意向が一定の割合を占めること，第二に，非法人に比べて農事組合法人，株式会社の方が後継者の確保割合が高いことが指摘できる。

　特に継承意向に関して，一戸一法人が多くを占める株式会社と，非法人の継承割合について比較すると[14]，稲作，施設野菜ともに，親族への継承割合がほとんど変わらないことから，継承先として経営内部，経営外部への継承が加わることによって継承者不在の割合が低下することを示している。

　その一方で，この図から株式会社においても後継者不在の割合は30％前後になっており，一定の割合を占める点に留意する必要がある。**図2-12**において，すべての作目・部門別に企業形態別（株式会社と非法人を抽出）の後継者確保割合をみると，農産物販売金額の平均が1億円を超える作目・部門においても，後継者不在割合が30％近くを占めている。法人化は，継承先の選択肢を増やすことによって，後継者の確保に一定の効果があるものの，継承対策が解決する訳ではないことを示している。継承問題は農業法人においても深刻な課題になっており，

早急に対策を講じる必要があると考えられる。

第4節　農業労働力の確保，経営継承に向けて

　以上の分析からは，近年の農業労働力の特徴として，個人経営体において家族労働力が減少しており，世代交代が進んでいないことが指摘できる。また，農業専従者の年齢別分布をみると，若年層では常雇いの占める割合が高まっており，外部からの雇用労働力に依存する傾向がより高まることが予想される。2015年から2020年にかけて農林業センサスでは常雇人数が大きく減少しているが，一部の農業経営体においては常雇人数が増加しており，今後も雇用労働力の確保，人材育成が重要な課題になることが示唆される。

　さらに農業労働力の高齢化は，改めて経営継承の困難さを示している。特に都府県においては，農地面積シェアが最も高い経営主年齢は70歳に達しており，70歳前後の世代が，他の年代に比べて相対的に多くの農地を耕作している。経営継承の可能性が低い経営主年齢65歳以上で後継者不在の経営体が持つ農地面積は，樹園地で37％，田でも32％に達するなど，後継者不在の経営体が有する農業資源の割合は高い。特に，留意すべき点は，個人経営体だけではなく，株式会社においても後継者不在の経営体の割合が30％に達していることである。農業法人内の後継者確保のためにも，従業員を定着させていくことが必要であり，人材育成に向けた取組の充実，関係機関による支援がより重要になると考えられる。

注
（1）団塊の世代は1947年〜49年生まれを指すが，本章では昭和20年代生まれまでを含めて論じている。
（2）本分析で用いているパネルデータに関しては，2015年と2020年の継続農業経営体（2020年農林業センサス構造動態統計）として把握された約100万経営体を対象としている。
（3）2020年の世帯員数，1戸当たりの世帯員数に関しては，個人経営体の数値を用いている。
（4）常雇と同様に，臨時雇では雇い入れた経営体数，臨時雇実人数がともに減少したが，この要因として臨時雇の高齢化，人材不足などが影響したと考えられる。ただし，臨時雇の場合は2010年センサスから無償労働が含まれるようになり，手伝い，ゆいなどの無償労働の動向も含まれるため，複数の要因が混在し，要因を特定化することが非常に難しい。そのため，本章では常雇の動きを中心に分析している。

（5）農産物販売金額の販売金額区分は2020年に合わせ，各区分の中位数を用いて推計している。なお，販売金額5億円以上は10億円として計算している。

（6）構成員数が多い団体経営体の構成員数が減少した一因としては，集落営農組織の解散などの影響が考えられる。その他の要因としては，2020年センサスの場合，2015年センサスから調査票の記入方式が大きく変更されていることが一因として考えられる。2020年センサスの調査票では団体経営体の各構成員（60日以上従事した人）に関して，生年月までの記入を求めるとともに，調査票には8名分の記入欄しかない。9名以上の構成員がいる経営体の場合は別紙の補助票に記入することになっており，構成員数が多い団体経営体において，構成員数が減少する一因になったと推測される。

（7）常雇に関しては，農林業センサスの定義で「年間7か月以上の契約で主に農業経営のために雇った人」となっており，平均の農業従事日数（延べ人日／実人数）が206日（2020年センサス，農業生産関連事業を含む）となっている。平均農業従事日数が150日を大きく超えることから，多くが農業専従者の定義（年間農業従事日数150日以上）に該当すると考えられる。なお，常雇には若年層を中心に外国人技能実習生などの外国人労働者が一定の割合を占めることに留意する必要がある。

（8）常雇人数が少ない規模において，常雇人数が大きく減少した要因に関しては，常雇いの高齢化，省力機械の導入などの影響が考えられるが，2020年センサスでは，2015年センサスから調査票の記入方式が大きく変更されており，その影響もあったのではないかと推測される。2020年の調査票では，各常雇の生年月の記入を求めるとともに，常雇を5名以上雇用している場合は補助票に記入するなど，常雇の把握方法が大きく変更された。2020年センサスの結果をみると，年齢不詳の常雇が全体の9％を占めるなど，年齢把握が困難であったことが示されている。

（9）2020年に常雇人数5人以上の経営体（「常雇依存経営」）について，地域別の状況をみると，すべての地域で常雇人数が増加しており，地域的な違いはあまりみられない。また経営体の企業形態をみると，株式会社が59％，非法人が26％，農事組合法人，その他法人が7％，合名，合同会社が1％を占める。

（10）常雇人数の年齢別の変化に関しては，2020年に年齢不詳のものがいるため，正確な推移はわからない点に留意する必要がある。

（11）都府県においては，55歳未満の経営主が耕作する面積シェアは18％となっている。北海道では，面積シェアが最も高い経営主年齢は61歳であり，都府県と比較すると年齢が若く，また面積シェアが30歳代も含めて幅広い年齢層に分布している。

（12）農事組合法人の場合は，集落営農組織を中心に年長者の役員が代表（経営主）になりやすいといった背景があると推測されるが，それを割り引いても70歳代の割合の高さは特異的な状況と考えられる。

（13）農産物販売金額1千万円以上の条件については，専業的な農業経営体を抽出するために設定している。また，経営主年齢60歳以上の条件については，世代交代の時期に入っている経営を抽出するために設定している。

(14)農事組合法人は，制度上，農業生産の協業を図る法人であり，組織構造が異なるため，ここでは比較対象から除いている。

参考文献

安藤光義編著（2013）『日本農業の構造変動─2010年農業センサス分析─』農林統計協会，pp.1-224

江川章（2021）「日本農業の構造変化と課題─2020年農林業センサス分析─」『経済学論纂』62（1・2・3），pp.25-42

澤田守（2012）「農業労働力・農業就業構造の変化と経営継承」農林水産省編『2010年世界農林業センサス総合分析報告書』農林統計協会，pp.33-77

田畑保（2013）「21世紀初頭における日本農業の構造変動の歴史的位相─2010年農林業センサス結果から考える─」『明治大学農学部研究報告』62（4），pp.89-112

橋詰登（2021）「2020年センサスに見る農業構造変動の特徴と分析課題─結果概要の分析から─」2021年度農業問題研究学会秋季大会報告

八木宏典（2021）「わが国水田農業の現局面─2020年農林業センサスにみる─」『農業研究』34，pp.1-42

付記：本章はJSPS科研費20K06291の助成を受けている。

第 3 章

農業雇用支援政策の効果と定着への課題
―農業雇用労働力市場の性格の視点から―

堀部　篤

第 1 節　農の雇用事業をめぐる課題

　農業分野において，正規の従業員として農業経営体に勤める者が着実に増加し
てきた。その要因は，①大規模化や多角化を進める農業経営体の事情，②家族経
営における農業従事者の減少，③いわゆるパート従業員を得ることが困難になっ
た地域労働市場の問題，などがあるが，本章では，④政策的支援の効果について
整理したい。対象とする政策は，（一社）全国農業会議所が実施主体となり，農
林水産省が補助する農の雇用事業と，2022年度から名称変更して継続実施してい
る雇用就農資金である。農の雇用事業は，リーマンショック後の不況期における
雇用対策として，2008年度の補正予算によって創設された。以降，中核となる雇
用就農者育成タイプ以外に，被災農業者向け，次世代経営者育成タイプ，新法人
支援タイプ，就職氷河期世代雇用就農者実践研修支援事業等も行われてきたが，
本章では，雇用就農者育成タイプを中心に考察する。堀部（2019）で整理した
2018年度以降を中心に，事業の実績や要件の変更，研修生の定着や人材育成をめ
ぐる課題についても検討する。

　第 2 節では，事業実績と要件の経過から，時期別に当事業の特徴を明らかにす
る。第 3 節では，事業運営を通じて，労務管理・人材育成への理解促進をしてき
た面を整理する。第 4 節では，2022年度から名称が変更された雇用就農資金の変
更点を，取り上げる。第 5 節では，農業労働市場の性格を整理した上で，農業分
野における定期昇給の可能性を述べる。最後に，定着率向上に向けた方向性を提
示する。

第 2 節　農の雇用事業の実施内容と実績の推移

　当事業は，営農に必要な技術・経営ノウハウ等を研修生（新規雇用就農者のこ

と。以下，事業対象者については，研修生と表記する。）に習得させるための経費を一部負担し，雇用就農を促進する制度であり，直接には人件費の補填を目的とはしていない。研修生一人当たり，月額最大9万7千円，研修指導者への研修も含めて年間最大120万円が助成される。2011年度までは1年間なので総額120万円，2012年度以降は2年間であり総額240万円，2022年度に始まった雇用就農資金では年間最大60万円を4年間のため総額240万円である。

　給与補填が事業目的ではないとはいえ，経営体にとっては新規に雇用した場合に助成を受けることができ，金銭負担の面でも新規雇用が促進されることは間違いない。当事業は募集枠も大きく，雇用就農者総数の増大に寄与しているといえるだろう。

　表3-1は，農の雇用事業の実績の推移，表3-2は，事業の主要な内容と要件の推移である。筆者の判断で，時期別の重点を，2008～2011年度は雇用対策，2012～2015年度は人材育成，2016～2021年度は定着率向上，2022年度は雇用奨励として整理した。なお，補正予算の場合も，会計年度として整理しているが，実際には補正予算は次年度当初予算と一体的に予算措置されている場合も多く，

表 3-1　農の雇用事業の実績の推移

年度	重点	募集回数	経営体			応募数 C	採択数 D	研修生採択率 D/C	募集枠 E	充足率 D/E
			応募数 A	採択数 B	採択率 B/A					
2008	雇用対策	1	1,148	1,055	91.9	1,851	1,226	66.2	1,000	122.6
2009		2	1,772	1,692	95.5	2,749	2,370	86.2	2,500	94.8
2010		2	1,940	1,659	85.5	2,775	2,246	80.9	1,950	115.2
2011		2	1,260	1,076	85.4	1,816	1,503	82.8	1,550	97.0
2012	人材育成	5	3,483	3,271	93.9	4,675	4,298	91.9	4,625	92.9
2013		3	2,618	2,480	94.7	3,478	3,240	93.2	2,625	123.4
2014		4	2,959	2,804	94.8	3,885	3,637	93.6	4,500	80.8
2015		6	3,125	2,955	94.6	4,077	3,792	93.0	4,750	79.8
2016	定着率向上	3	2,347	2,145	91.4	3,056	2,758	90.2	4,000	69.0
2017		4	2,129	1,958	92.0	2,769	2,513	90.8	2,900	86.7
2018		4	2,117	1,921	90.7	2,652	2,423	91.4	2,550	95.0
2019		4	1,855	1,739	93.7	2,149	1,981	92.2	2,600	76.2
2020		4	2,133	1,899	89.0	2,491	2,214	88.9	2,100	105.4
2021		3	1,909	1,432	75.0	2,280	1,724	75.6	2,050	84.1

資料：（一社）全国農業会議所資料より作成。
注：1）経営体数は，各年度の，のべ数（同一経営体が2回採択された場合2となる）。
　　2）「被災者向け」への意向者は除く。氷河期は除く。
　　3）表の他に，就職氷河期世代雇用就農者実践研修支援事業として，2020年度補正予算から2021年度にかけて501名の採択がある。

表3-2 農の雇用事業および雇用支援資金の内容および要件の推移

年度	重点	助成期間	総額上限（万円）	研修生			多様な人材	雇用契約・労務管理				定着率	対象者に限定	増加者に限定
				農業就業経験	年齢制限（未満）	当該経営体での就業が4ヶ月以上		健康保険・厚生年金保険（法人）	就業規則（従業員10人以上）	有給休暇・休憩・休日	選択要件			
2008	雇用対策	1年	120	短いこと										
2009		1年	120	3年未満										
2010		1年	120	3年未満										
2011		1年	120	1年未満				○						
2012	人材育成	2年	240	5年以内	45歳									
2013		2年	240	5年以内	45歳									
2014		2年	240	5年以内	45歳									
2015		2年	240	5年以内	45歳									
2016	定着率向上	2年	240	5年以内	45歳	○		○	○					
2017		2年	240	5年以内	45歳	○		○	○			1/3		
2018		2年	240	5年以内	45歳	○		○	○			1/2		
2019		2年	240	5年以内	50歳	○		○	○			1/2		○
2020		2年	240	5年以内	50歳	○	加算	○	○	○	○	1/2		○
2021		2年	240	5年以内	50歳	○	加算	○	○	○	○	1/2		○
2022	雇用奨励	4年	240	5年以内	50歳	○	加算	○	○	○	○	1/2		○

資料：表3-1に同じ。

注：1）雇用期間の定めは，2008年度のみ「1年以上」でも可。労災保険は全期間必須要件。雇用保険は，「法人および従業員5人以上の個人」は全期間必須要件，「従業員5人未満の個人経営」で，やむを得ない事情がある場合2009, 2010年度は必須では無い。2011年度は猶予。

2）多様な人材は，障害者，生活困窮者，刑務所出所者等の場合，総額60万円を加算。

3）選択要件は，①就業規則等で2年間総労働時間（所定労働時間及び残業時間の合計）を2,445時間以内とする事を規定，②従業員の人材育成および評価（経営ビジョン，面談，給与表等）の仕組みを整備，③農業の「働き方改革」に資する施設を整備，のうち一つ以上を満たすことが要件。

4）増加者に限定は，新規就農者の増加分が支援対象。実施経営体を離職しても，農業に就いていれば離職者ではない。

　そのために募集枠や応募数が年度ごとに増減することもある。

　2008 ～ 2011年度は，不況期の雇用対策の面が大きい。事業期間は1年間で，年齢制限はなく，正規職員と見なせる内容（雇用期間の定め無し，労災保険，雇用保険，最低賃金）や，雇用契約の存在など，最低限の労働法制の順守が確認事項となった。当時，すでに長期間職員を雇用する経営体は少なからず存在したが，中には，雇用契約を書面で結んでいなかったり，経営主も従業員も契約内容があいまいな認識のまま働いていることが少なくなかった。前身事業である「先進経営体実践研修」は年間100名前後の規模であったが，不況期において農業に雇用の場を求める者が急増し，雇用対策として事業規模を大幅に拡充したのである。

　2012 ～ 2015年度は，助成期間が1年から2年となり，年齢制限（45歳未満）を設けることで，不況期における雇用対策ではなく，若年層の新規就農者を増やすという，人材育成の面が強くなる。これは，政府の「食と農林漁業の再生推進

本部」による「我が国の食と農林漁業の再生のための基本方針・行動計画（2011年10月25日）」や，それを受けた農林水産省の「『我が国の食と農林漁業の再生のための基本方針・行動計画』に関する取り組み方針（2011年12月24日）」において，次世代の日本農業を支える人材の確保・育成対策が謳われたからであり，青年就農給付金事業の創設とともに（両者を合わせて新規就農経営継承総合支援事業との名称であった），農の雇用事業は助成期間の延長，年齢制限，が行われた。第2次安倍政権（2012年12月）になっても，この方向は変わらなかった。日本再興戦略（2013年6月14日閣議決定）において，農業分野の目標として法人経営体数を5万法人にする，40代以下の農業従事者を10年後に約20万人から約40万人に増加させる目標が明記された。事業期間が延びたこともあり，2012年度には，研修生採択数が4,298名と大幅に増加し，以降，2015年度までは3千人台であった。応募数，採択数の増加には，2011年度に法人では必須要件とした健康保険・厚生年金保険を，要件から外した影響もあったと思われる。

　2016～2021年度は，定着率向上が課題とされ，事業内容の変更が行われたが，その背景には，会計検査院の指摘や，政府の方針があった。会計検査院『平成26年度決算検査報告』（2015年11月）において，定着状況が公表され，改善方向（離職を抑止すること，優良事例を普及すること，事業継続可能性を事前審査すること，離職率の高い経営体へのフォローアップを強化すること）が指摘された[1]。また，農林水産業・地域の活力創造本部「農業競争力強化プログラム」（2017年4月）では，定着状況と退職理由を公表することとなり，定着率向上のために過去の定着率を考慮して採択を判断する仕組みの導入，経営主がセミナー受講することが，示された。さらに総務省行政評価局『農業労働力の確保に関する行政評価・監視―新規就農の促進対策を中心として―結果に基づく勧告』（2019年3月）でも，離農抑制に資する取り組みの推進が勧告された。

　これらに対応するために，2016年度には，①法人は本来加入が義務である健康保険，厚生年金保険，②当該経営体での就業が4ヶ月以上，③就業規則（従業員10名以上），が要件となった。2017年度には，定着率要件（過去の研修生が1/3以上農業従事[2]）を設置し，2018年度には定着率要件が強化（過去の研修生の過半が農業従事）された[3]。2019年度には，「働き方改革」をうけ，その実施状況や「働き方改革実行計画」の作成をもとめることとなった。2020年度には，有給

休暇や休憩，休日に関する規定を要件とするほか，選択要件（年間総労働時間の規定，人材育成・評価の仕組み，「働き方改革」に資する施設整備（休憩所，更衣室，男女別トイレ・シャワー等）のいずれかを実施）も設けられた。そのほか，2019年度には，大規模経営体において対象人数に上限，年齢要件引き上げ（原則45歳未満から50歳未満），2020年度には「多様な人材」の場合の助成金額加算などの変更があった[4]。

　このような様々な要件が追加されたことにより，2016年度以降は，採択数が3千人を下回るようになる。なお，2020，2021年度は，コロナ禍の影響もあり応募数が増加したため，補正予算による就職氷河期雇用者実践研修支援事業と合わせて実施された。定着率も公表されることになり，農林水産省経営局ホームページによれば，2017年度新規採択者のうち2021年3月末日まで就農継続している者（研修中または研修中断中の者を含む）の割合は71.2％で，前々年66.1％，前年70.6％から徐々に向上している。4ヶ月以上勤務実績がある場合に応募し，事業採択後4ヶ月以上研修を継続した場合に助成交付対象となるため，この期間を含めた場合の業界としての定着率はもっと低いと思われる。

　このように定着率向上に向けて事業内容・要件を変更してきたが，研修生が離農する要因の解明は十分になされているとは言いがたい。総務省行政評価書で当事業の離職（農）率が高いとしていた根拠は，厚生労働省「新規学卒就職者の在職期間別離職状況」における全産業の新規学卒就職者（中学・高校・短大等・大学）の就職後3年目までの離職率が35.9％（2012年3月卒）との比較からである。筆者自身，当事業及び農業分野の離職（農）率を下げることは重要な課題と認識しているが，中小企業が中心（中でも小規模企業者，いわゆる零細企業がほとんど）の農業分野において，離職率を規定する要因が企業規模によるものなのか，産業特有の事情によるものなのかは，今後，検討されるべき課題として残されている[5]。

第3節　労務管理・人材育成の推進

1）労働法制の理解促進

　当事業は，正規職員を増加させただけではなく，雇用した際に必要となる様々な労働条件や就業環境の整備にも寄与してきた。特に，農業界では以前から，雇

用関係を結ばないで研修を行うことや，口頭のみの契約で労働条件を明記しないまま雇用している場合も少なくなかった。当事業は，個人，法人を問わず，そのような経営体が正職員を雇用する際に必要とされる事務手続きや労働条件・就業環境の整備を指導してきた側面がある。具体的には，事業応募の際の都道府県農業会議のチェック，指導や，事業実施の際に行われる研修会，現地巡回によって，就業環境の整備が行われている。

　特に重要なものとしては，法定3帳簿（出勤簿・賃金台帳・労働者名簿）の整備が挙げられる。出退勤，休憩時間や残業を含めて，労働時間を管理することは，雇用の際の大原則である。農業では，勤務場所が事務所以外に分散している事も多く，これらが管理されていない場合も少なくなかったが，本事業実施の際には，法定3帳簿の整備が確認されている。つぎに，最低賃金以上の給与支払いである。あまりにも当然のことであるにも関わらず，わが国では，多くの業界，企業でサービス残業が行われている。労働時間を管理し，残業代も含めて最低賃金以上の給与支払いが行われているか，助成金支払いの際に確認されている。そのほか，特に2016年度以降，定着率向上が課題となってから追加された要件（健康保険，厚生年金保険，就業規則，総労働時間，休日，休憩，有給休暇等）によっても，労働条件は改善されてきた。

2）ハローワークや社会保険労務士との関係構築

　当事業の実施によって，関連業界との関係が構築されてきた面もある。例えば，各地のハローワークとの関係である。雇用保険を結ぶに当たり，年間を通じた雇用が必要であるが，これまで正社員がほとんどいない地域では，農業分野では雇用保険が認められないケースもあった。農の雇用事業によって正規職員を導入した際に，事業要件であることから，事業実施経営体や都道府県農業会議がハローワークと交渉することで，業界として認められるようになった地域が少なくない。

　また，農業分野の事情に詳しい社会保険労務士も増えてきた。農業分野を業務の対象とした社労士は以前からいたが，それほど多くはなく，全国的に分布しているとは言いがたかった。当事業が普及することで，各地域で具体的な相談に対応できる社労士が必要となった。そのため，他の業種を中心に業務を行ってきた社労士でも，農業分野を対象にすることが増えてきた。労働基準法の適用除外だ

けでなく，運用面も含めると，農業固有の事情，改善方法がある。農の雇用事業開始からまもなく，2010年8月には，全国農業経営支援社会保険労務士ネットワーク（事務局：全国農業会議所）が設立され，情報交換を活発に行ない，研鑽を深めている。2022年7月現在では，102名の会員がおり，多くの農業県では，複数の農業に強い社労士がいる体制が構築されている。

3）就業環境の整備の状況

　実施経営体の性格，就業環境の整備の状況については，2015年度以降，農林水産省『農の雇用事業に関するアンケート調査結果概要』が公表されている。**表3-3**は，2022年7月現在確認できる5回の調査のうち，第1回，第3回，第5回の調査結果である。ここでは，2019年度の法人を中心に検討する。

　事業要件となった，健康保険，厚生年金保険は，当然すべての法人が加入することになった。また，休憩，休日を労働基準法の通りに付与しているのは，それぞれ91%，89%と高い値となっている。つづいて割合が高い順に，就業規則77%，賞与67%，労働時間を基準通りに採用62%，定期昇給59%，退職金37%，将来ビジョン32%，キャリアパス12%となっている。定期昇給，退職金，将来ビジョン，

表3-3　農の雇用事業実施経営体における就業環境の整備状況

（単位：%）

調査年	法人				個人			
	2015	2017	2019	2019（今後）	2015	2017	2019	2019（今後）
対象数	2,300	1,135	1,060	1,060	1,012	386	258	258
健康保険	88	100	100	0	17	18	25	53
厚生年金	87	100	100	0	11	15	21	53
労働時間の規則	85	89			62	66		
労働時間を労働基準法の規定採用			62	30			52	34
休憩を労働基準法の規定採用			91	8			84	13
休日を労働基準法の規定採用			89	10			83	15
就業規則	72	77	77	22	32	33	37	59
年次有給休暇	64	77			33	41		
賞与	57	65	67	30	26	35	39	48
定期昇給	49	62	59	36	22	30	31	53
退職金	29	35	37	52	4	10	8	59
将来ビジョン	27	33	32	66	19	31	24	70
キャリアパス	8	12	12	82	4	5	6	81

資料：農林水産省「農の雇用事業に関するアンケート」より作成。
注：調査年2015年は，2012年度以降2015年7月までに農の雇用事業を実施した経営体，2017年は，2016年度以降2017年6月までの実施経営体，2019年調査は，2018年度以降2019年6月までの実施経営体。
　　2019（今後）は，2019年調査における「今後行いたい」割合。

キャリアパスは，2019年度において割合が低いだけでなく，2015年以降の増加も比較的少ない傾向にある。つまり，短期的な待遇改善は進んでいるが，中長期的な項目は，依然として整備されていない状況が続いていると言える。

第 4 節　雇用就農資金の仕組みと変更点

農の雇用事業は，2022年度に雇用就農資金へと名称変更された。主な変更点は，**表3-4**の通りである。まず，事業の目的が，研修に対する助成から，雇用に対する助成となった。ただし，単なる雇用助成金ではないため，研修の実施は要件として存続した。これに合わせ，確認書類としては，研修日誌が大幅に簡素化された。これまで，助成金交付申請書として，研修日誌（研修時間および2，3行の内容を記録（毎日），研修生感想および研修指導者所感（毎月））が必要であった

表 3-4　雇用就農資金の変更点

	雇用就農資金	農の雇用事業
目的	雇用に対する助成 ただし，研修の実施は要件として存続	研修に対する助成
対象者数	上限なし。ただし，新規就農者の増加分が支援対象。 過去に本事業の支援対象となった新規雇用就農者が離農している場合，新たに支援を受けるためには，当該離農者分にあたる新規就農者（＝補完雇用就農者）が必要。 補完雇用就農者は，支援対象の新規雇用就農者と同様の条件で雇用されている者。 主な要件 1）採用日が最も早い事業対象者以降に採用された正社員（独立目的なら，期間の定めのある雇用契約で可） 2）50歳未満（採用時点）の者 3）雇用保険及び労災保険に加入（法人の場合は厚生年金保険及び健康保険にも加入） 4）1週間の所定労働時間が年間平均35時間以上（障がい者の場合は20時間以上）。 5）過去の農業就業期間が5年以内。	事業体の従業員に応じて上限あり 10～19名：年間2名まで 20名以上：年間1名まで ただし，独立前提の者または新法人設立支援タイプの対象者は，上限を超えて受入可能。
単価・期間	最大60万円/年・4年総額240万円	最大120万円/年・2年総額240万円
研修人数 上限	なし	一人で研修指導できるのは3名まで
他の助成金の併給	重複する国による助成を受けていない（地方自治体は可）	重複する国および地方公共団体による助成を受けていない
研修日誌 現地確認	助成金交付申請書としては，月に一行 1年ごと	助成金交付申請書として日誌が必要 6ヶ月ごと

資料：表3-1に同じ。

が，大幅に簡素化され，月ごとに1行で十分となった。続いて，単価・期間の変更である。それまで年間最大120万円を2年間，総額240万円であったのが，年間最大60万円を4年間，総額240万円へと，総額は変えないまま，期間が二倍となった。これは，中期的な定着率向上のためである。また，助成金の有効活用（助成対象者が離農することにより，「無駄」となることを抑制）のため，新規就農者の増加分を支援対象とした。過去に本事業の支援対象となった新規雇用就農者が離農している場合，新たに支援を受けるためには，当該離農者分にあたる新規就農者（この者は「補完雇用就農者」は呼ばれる）が必要となり，補完雇用就農者の次に採用した者が当事業の対象となる。この補完雇用就農者は，支援対象の新規雇用就農者と同様の条件で雇用されている者とされる。そのほか，地方自治体による助成を併給できるようになったこと，現地確認が6ヶ月おきではなく1年おきになったことなどの変更があった。

　事業開始直後であり検証はできていないが，これらの変更で懸念される点を二つあげておきたい。まず，事業の簡素化，事業目的の変更により，研修日誌が大幅に簡素化されたことである。研修日誌の作成は，研修生，研修指導者の負担となってはいたが，業務内容の確認，改善に寄与していた面も少なくない。事業様式から削除されたとしても，有効であると判断すれば，経営体の判断で継続することは可能である。事業様式に示されていた通りではなく，各種アプリ等を用いて効率化しながら，新規採用者の育成・業務改善が行われる仕組みを存続させたい。なお，いくつかの県では，研修日誌が有効であること，また巡回の際に研修の状況を確認するために，継続させている。

　つぎに，補完雇用就農者の仕組みについてである。この制度変更は，農業分野全体での正規従業員の定着率では無く，事業経費にかかる部分が，就農者数増加に寄与していること，事業運営上の説明責任を果たすことが意図されていると思われる。多くの助成金が離農者に費やされることを防ぐために，経営体ごとに，就農者の増加分のみを助成の対象としたのである。2．において確認したように，さまざまな指摘・勧告を受ける状況下で，事業継続のために行わざるを得なかった面もあろうが，若干，心配される点がある。補完雇用就農者は，事業対象者と同様の条件で雇用されているが，事業の対象とはならない。研修生は，事業実施主体（都道府県農業会議）の現地確認を受けて，相談・支援の対象となるが，補

完雇用就農者は，事業対象とはならない。そして，それにもかかわらず，やや少ないとはいえ要件等の確認が行われる。従業員にとっては同じ状況でも，過去の離農者とのタイミングで対象となる者が決まってしまうことになる。従業員の評価・育成においては，経営学では「公平な評価」が最も重要とされる[6]。また，農業分野は，零細規模・家族経営の法人が多く，人事評価の恣意性が心配されている。当事業は，経営体への支援であり，研修内容の確認も大幅に簡素化されたことを考えれば，従業員が重く考える必要は無い。ただし，「公平な評価」を目指すもとでは，当事業において特段の理由がなく従業員が区別されることについて，当該従業員や経営体がどのように理解するか，慎重に考えて運用する必要があろう。

第5節　農業労働市場の性格と定期昇給

1）農業分野の位置づけ

　これまで検討したとおり，近年は，定着率向上に強い関心が向けられてきた。また第3節でみたアンケート調査結果では，法人においても定期昇給，退職金，将来ビジョン，キャリアパスの整備は十分には進んでいなかった。当事業の実施においては，他産業並みの就業環境の実現が言われ，個々の経営体ではさまざまな改善や試行錯誤が行われていると思われる。しかし，定着率は，劇的に改善しているとは言いがたい。また，他産業との競合関係のもと，人材確保が困難だとの声は大きい。ここでは，歴史社会学者の小熊英二が示した日本人の生き方の三類型を補助線としつつ，経済学，経営学の成果も参照して，他産業と比較した農業労働市場の性格を整理したい。

　小熊（2019）は，日本人の生き方を，働き方とその家族のあり方から，A地元型，B大企業型，C残余型の三類型として示した。A地元型は，地元から離れない生き方であり，地元の中学や高校に行った後，職業に就く。その職業は，農業，自営業，地方公務員，建設業，地場産業など。収入はB大企業型よりも少ないが，農業や自営業は定年がなく，働き続けられる。親から受け継いだ持ち家があり，地域での人間関係が深く，政治的な要求を通しやすい。課題は，過疎化や高齢化，高賃金の職が少ないことである。B大企業型は，大学を出て大企業や官庁に雇われ，「正規職員・終身雇用」の人生を過ごす人達である。継続的な右肩上がりの給与で，

収入は多いが，地域に足場がなく，ローンで家を買うなど，支出も多い。また，地域の各種団体とのつながりは薄く，政治力もない。課題は，労働時間が長い，転勤が多い，保育所が足りないなどである。C残余型は，長期雇用されていないが，地域に実家（持ち家）や町内会などの足場もなく，A地元型，B大企業型，のどちらにも入らない型となる。C残余型の象徴として都市部の非正規労働者が挙げられ，A地元型，B大企業型のマイナス面を集めた類型であり，所得は低く，地域につながりもなく，高齢になっても持ち家がなく，政治力もなく，年金は少ない。また，転職が多いという特徴もある。ただ残余型は，定義としてはA地元型，B大企業型以外であり，この型自体多様でもある。

　小熊（2019）では，概算として，A地元型36％，B大企業型26％，C残余型38％と示されている。また，三大都市圏以外では，A地元型が77％とされる。B大企業型の割合の年次変動は安定的で，近年はA地元型が減少し，その分C残余型が増加している。農業分野の待遇は，年功序列で右肩上がりの給与体系は少ないため，B大企業型はごくわずかで，一部の大規模経営，畜産経営を除けば，A地元型，およびC残余型の給与が低い部類になろう。実際，農業法人の従業員でも都市部出身者や多くの地域・職業を渡り歩いているC残余型も多いと思われる。彼らは，専門的なスキルが身についておらず，労働市場では評価されづらい。

　また，経済学者による石川・出島（1994）は，『賃金構造基本統計調査（賃金センサス）』の1980年と1990年の個票を用いて，労働市場の二重構造を測定した。第一次労働市場・部門（仕事に学習の機会があり，賃金体系に基づいて賃金の上昇がある）と，第二次労働市場・部門（仕事に学習機会が少なく，賃金の上昇が限定的）に分け，第一次労働市場に属する者は，大企業（従業人1,000人以上）では半数弱，小企業（10〜99人）では1割強と推計された。この第一部門が小熊のB大企業型に重なる。また，第一次労働市場に属する者が多いのは，3大都市圏（対その他），建設業・製造業のホワイトカラー（建設業・製造業のブルーカラー），大卒者（対その他）であった。そのほかの特徴的な結果として，どちらの労働部門においても性差があること，1990年の男性の第二部門は，（もちろん第一部門と比較すれば小さいが）一定の賃金上昇が見られること，第二部門の方が労働時間が長いことも示した。ただし，第二部門の賃金上昇について，2000年代以降は実証されていない。農業分野は，賃金センサスの結果は示されていな

いが，農の雇用事業の研修生のほとんどは，第二部門に属すると言えるだろう。つまり，産業構造，労働市場として，第一部門とはなっていないことを前提とせざるを得ない。

2）農業分野における定期昇給

　定期昇給を行うには，それだけの利益を得る必要がある。離職（定年退職）者がいないとすれば，月給20万円を翌年に5千円増加させるには2.5％，1万円増加には5％が単純に人件費負担の増加として必要になる。これには，相当な規模拡大・業務改善が必要となってしまう。農業分野では，正規職員であっても最低賃金に近い給与水準の者も少なくないが，近年の最低賃金の上昇（3％程度）を考えると，この増加分だけでも経営体にとって負担は小さくない。ただし，定年退職者がいて，その代わりに若年者を新規採用すれば，その入れ替わりだけみれば人件費負担額は大幅に減少する。これが数年おきに安定的に行われれば，人件費総額は平準化できるし，多くの他産業の企業では実際に行っている。仮に5年に一人程度の退職によって平準化させることを考えると，20〜65歳まで働くとして，10名程度の従業員が必要となり，石川・出島の小企業の最低ラインとなる。このように，定期昇給させながら，安定的に人件費を支払うには，10名以上の従業員がいないと厳しいと思われる。

　農業分野では，実際には，正規職員が10名未満の農業経営体が多く，定年退職者がほとんどいない中で，定期昇給分の人件費負担増を確保することは困難である。このこともあり，定期昇給，退職金，将来ビジョン，キャリアパスの整備は進んでいない。別の言い方をすれば，短期で離職してしまうのではなく，短期での離職を見込んだ経営モデルにならざるを得ない経営体が多い[7]。おそらく研修生は，そのことに徐々に気づき，1〜5年で（農業分野で独立する場合も含め）離職していくのではないだろうか。また，これは農業分野の多くの経営体に共通する特徴だと思えば，農業分野での転職は目指さなくなる。もちろん，研修生の能力向上が経営成果につながれば，昇給させることはできるが，それは容易なことではなく，個々の研修生によっても，また経営環境によっても左右される。そのため毎年安定的に昇給をさせる制度の導入はリスクが大きく，単発的に賞与として還元する方法を取る場合が多い。

第6節　雇用労働の定着に向けて

　以上の検討を踏まえると，定着に向けた方向性としては，①大規模経営＆事業発展が見込める小規模経営においては，他産業並み（大企業並みではなく，中小企業でも存在する緩やかな賃金上昇）の待遇改善を目指す，②零細企業規模で，大幅な事業発展を見込みにくい＝大半の経営においては，地域社会としての受入を目指す，の二つが考えられる。

　人材獲得における他産業との競合を考えれば，正規職員を得るためには，正攻法として，競合相手と渡り合えるだけの待遇改善が必要となる。そのためには，いわゆるスタートアップ企業のように成長が見込める場合は，安定的な定期昇給が可能であるが，そうでない場合は，経営規模を拡大し，従業員を増やし，定年退職者を出すことで，労賃負担の平準化を徐々に目指したい。この場合，退職金制度の運用も重要になる。

　しかし実際には，このような正攻法を目指すことは難しい経営がほとんどであろう。これまで，農業分野では，年間通じての雇用であっても，A地元型で，かつ家計の中でも補助的な位置づけとして，働く人が多かった。定期昇給幅が大きくは無くても，小熊のA地元型であれば，十分に暮らしていくことも可能と思われる。ただし，筆者の感触では，農の雇用事業の研修生で，A地元型のメリットを甘受できている人はそれほど多くない。ここにもう一つの課題がある。独立就農する場合，経営主として地域で活動しなければならず，また農地の権利取得をするために地域で認められる必要があるため，行政や研修受入農家等によって，地域社会への紹介・溶け込みが図られる。一方で当事業の場合，経営体の従業員であることから，道普請等に従業員の立場で参加することはあっても，必ずしも地域社会の一員としての関係構築は行われない。従業員によって，このような方法を好むかどうかは分かれるかもしれないが，不動産や政治資源も含めて，包摂されることが，定着に向けた一つの方向性と思われる。また，農業法人従業員が増加している地域においては，いろいろな経営の従業員同士が，交流できる場や，経営継承または新規参入候補生として切磋琢磨，研鑽する場が求められる。このような交流を通じて，地域に溶け込んで生きていくという，農業法人従業員の新しいキャリアパスが，地域として，また業界として築かれるのではないだろうか。

注

（1）会計検査院『平成26年度決算検査報告』では，2008年度から2013年度に助成金の交付を受けた経営体における2015年3月末時点での定着状況（当該経営体を含め農業分野への定着）では，5人以上雇用した218経営体のうち，すべて定着が5経営体（2.3％），80％以上100％未満10経営体（4.6％），60％以上80％未満39経営体（17.9％），40％以上60％未満59経営体（27.1％），20％以上40％未満54経営体（24.8％），0％超20％未満38経営体（17.4％），すべて離職13経営体（6.0％）となっていた。

　　そして，以下の四点が改善方向として示された。第一に，農林漁業を担う人材の育成及び確保を図るためには，新規就業者数の目標を達成するだけでなく，研修就業者の離職を可能な限り抑止して定着を図ること。第二に，事業主体においては，定着に効果があるとしている取組の実施に経営体が努めるよう，事例を把握して収集し，これを経営体に対して紹介するなどして広く情報提供を行うこと。第三に，経営体の事業経営の継続可能性も考慮して事前審査を行うこと離職率の高い経営体に対する指導，助言等のフォローアップの強化を図ること。第四に，離職率の高い経営体に対する指導，助言等のフォローアップの強化を図ること，である。

（2）5ヵ年度前から前年度までに研修を開始した研修生の数が2人以上いる場合，農業に従事している研修生の数が過去に受けた研修生の数の3分の1以上であること。

（3）2018年度には，第三者経営継承を支援する「農業経営継承事業」が等事業内の新法人設立タイプとして統合された。

（4）2019年度から，従業員数10人以上の経営体の場合は2人，20人以上の場合は1人が上限となった。これは，規模の大きい経営体に助成金が集中することを抑制するためと思われるが，2022年度に雇用就農資金に変更した際，この上限枠は廃止された。年齢要件の引き上げは，政府の政策目標に合わせ，事業対象者を増やすためである。2020年度の「多様な人材」とは，障害者，生活困窮者，刑務所出所者等であり，年間30万円が加算される。

（5）例えば中小企業庁委託・（株）野村総合研究所「中小企業・小規模事業者の人材確保と育成に関する調査（2014年12月）」では，小規模事業者の新卒者離職率（3年目）は56.8％，中途採用者離職率（3年目）は31.0％である。厚生労働省『雇用動向調査』によれば，産業別に入職率・離職率に大きな差があるが，農業分野は把握されておらず，そのまま比較はできない。また，おそらく農業分野の離職率は高いと思われるが，財源の有効利用の観点から，離職率を低めることは重要だが，入職率・離職率は，労働市場の流動的かを示す指標であり，直ちに悪いとも言い切れない。

（6）高橋（2010）に詳しい。

（7）離職を見込んだモデルかどうかは，以下で判断できるのではないか。毎年の定期昇給額が月額1万円前後で，退職金制度があれば，定年まで勤めることを期待しているとして良いだろう。畜産経営などにおける大規模経営でしか実現されていないように思われる。あるいは，定期昇給や退職金制度は不十分だとしても，小熊の言うA地元型の人生として包摂できているか，である。配偶者，家族，持ち家，参加団

体（社会的ネットワーク）から，中長期的に安定した生活の見込みが立っていれば，離職を見込んではいないだろう。

参考文献

石川経夫・出島敬久（1994）「労働市場の二重構造」石川経夫編著『日本の所得と富の分配』東京大学出版会

小熊英二（2019）『日本社会のしくみ―雇用・教育・福祉の歴史社会学―』講談社

高橋潔（2010）『人事評価の総合科学』白桃書房

堀部篤（2019）「農の雇用事業の成果と人材定着に向けた課題」堀口健治・堀部篤編著『新規就農への道―多様な選択と定着への支援―』農山漁村文化協会

第4章
農業における外部委託・請負の実際と役割

今野　聖士

第1節　農業が外部委託・請負を要する背景と分析視角

　今日，日本の農業における大きな課題の一つが労働力不足であることは疑う余地がない。一口に労働力不足といっても，家族労働力（基幹的農業従事者）の減少による農家“そのもの”の縮小や農家が雇用する農業雇用労働力，農業に関わり支える各主体が抱える労働力が不足するケース（例えば農協の集出荷施設における選果・流通過程，産地から消費地までの輸送過程等）までその影響の範囲は広い。本書ではこのような労働力不足下において日本の農業が構造変化を起こしていると捉え，とりわけ“貴重な”労働力を安定的に確保するための取り組み，いわゆる常雇化による雇用型経営に焦点を当てている。当然，常雇の中心となるのは法人経営である。それは農業の特性である繁閑の差を吸収するためには作業期の異なる多品目の作付と一定の作付規模の確保が必要であり，一方で人材のマネジメント（キャリアパスや社会保障等）を行うためにもまた一定の従業員規模を要するからである。しかしながら，法人経営が増加傾向とはいえ，家族労働力を中心としながら一定の雇用労働力を組み入れた雇用型家族経営は依然として多く，その把握と支援もまた重要である。

　法人経営の場合，常雇化は自身の経営内部で行われることが多いと考えられるが，雇用型家族経営においては，一部の大規模経営や通年作業可能な施設園芸，6次産業化を進めた複合的経営などの形態を除き，雇用者の常雇化を進めることは容易ではない。特に通年作業が確保しにくい積雪寒冷地では，外国人技能実習ですら季節雇用に近い形態となっており（春〜秋従事し帰国），常雇化の限界が見られる。加えて常雇化によって一部の雇用者を常雇いしたとしても，家族労働力と常雇で当該経営の全ての労働力需要を賄うことは難しい。とりわけ青果物等の労働力多投・機械収穫が難しい品目においては，農作業のピークが先鋭的である事が多く，常雇化しても臨時雇・季節雇を必要とする場面が存在するため，何

らかの形で臨時的な労働力需要を満たす必要性がある。しかし，現在は農業だけでなく全産業的な労働力不足，より正確に言えば労働力需給の分野別ミスマッチが生じており[1]，臨時雇・季節雇を雇用することは難しくなってきている。労働者にとってみれば，同じ最低賃金水準で働く場合，通年作業がなく屋外作業がある（寒暖は対応しにくい雇用上の課題であろう）農業と，通年で作業があり空調が完備された小売店を比較した場合，農業は選びにくいと考えられる。もちろん，農業には農業の良さがあり（自然の元で働くことが出来る，自身のペースで働くことが出来る等），それは参加した者・農業農村をよく知る者にとってのみ自覚できる要素（利点）である。現在のように農と食の関係がより遠い存在となり，フードシステムが複雑化する中で，それを一般市民が意識する事は困難である。

　このため，逼迫する農業における労働力需要，中でも臨時的な労働力需要を満たすためには，雇用条件を改善し，現在の被雇用者をつなぎ止め，他産業から農業へ従事する臨時的な労働者を増やす必要がある。しかし，そのような取り組みを戸別経営の中で行っていくことは業務量や地域労働市場の逼迫からも困難である。そこで労働力需給調整を一戸単位では無く，一定の規模に集約した上で雇用条件の改善を目指す取り組み，労働力の供給（支援）を組織化する取り組みが行われている。これを農業側から見れば，（労働力不足を要因とした）外部組織への委託であり，この現状を整理した上でその役割について考察することが本章の課題である。一口に外部委託・請負組織と言っても，その内実は多様である。広義では耕種農業や酪農におけるコントラクター組織も外部委託であるが，上記のような問題背景から，本章では「農業雇用労働力」，とりわけ常雇（化・内部化された労働力）でカバーすることが出来ない，臨時的な労働力需要を満たすための労働力供給（支援）の組織的取り組みに限定して検討する。次の第2節では農業における請負・外注の拡大とその背景について，歴史的な流れから整理した上で主に2000年代以降における拡大の状況について整理する。第3節では現在における臨時的な労働力需要を満たすための労働力供給（支援）の組織的取り組みについて試行的ながらいくつかの分類を行い，その役割について実例を網羅的に検討しながら検討する。最後に第4節において外部委託を支える労働力供給（支援）の組織的取り組みの今後の方向性について考察し，まとめとする。

第2節　農業における外部委託・請負の拡大とその背景

1）農業における外部委託・請負の歴史的背景

　農業において作業の外部委託・請負が行われる背景はいくつかの要因があると考えられるが（例；機械化の進展や規模拡大等），本節においては農業雇用労働力不足を背景としたものに限定して整理していく。また日本全体を捉える事ができれば良いが，地域における農業構造・地域労働市場の構造の影響を大きく受けるため，一般化するのが困難である。このため，一例として北海道における労働力不足を背景とした外部委託・請負の歴史的背景を概観する。北海道を事例としたのは，第1に人口密度が低く地域労働市場が小さいため近隣の都市から労働力を確保しにくいこと，第2に積雪寒冷地であるため冬期間の農作業確保が難しく通年雇用が一般的では無いこと，第3に労働力多投的な青果物生産がさかんな産地が存在していること，最後にこれらの条件から都府県よりも端的に労働力不足の影響があり，組織的な労働力供給・支援の仕組みが構築されてきたからである。

　北海道において農作業の外部委託が本格的に出現したのは戦前の水稲作における田植え作業であると考えられている。田植え機が無い状況では多数の人手に頼らざるを得ず，需要のピークが先鋭的となるからである。このため，北海道においては「出面組（でめんぐみ）」という女子労働力の供給組織が非公式ながら各地で成立していた。「出面組」の組長（親方）に作業委託を行い，組長が作業員を手配して作業を請け負う形である。この「組」組織は戦後も継続し，1960年代に公的な裏付けを得て，機械化が進展する1980年代まで続いていくこととなる。このような受託組織が存立した大きな要因は，季節的な短期労働力を需要する農業構造と，就業先が限定されていた女子労働者がマッチングしたためであると考えられる。例えば北海道北部に位置する名寄市において，1965年における女子労働者の最大の就業先は農業であった（1965年約33％，1990年約21％，2015年には約10％まで低下している）。女子就業先の拡大（第3次産業；小売業等）と共に女子労働者の農業就業率は低下し，それに伴って1990年代には「組」組織はほぼ解散している。すなわち組織的対応が難しくなり，戸別農家による対応（主として元組員の季節雇用としての囲い込み）が行われた。農作業に習熟し，短期的な需要（臨時雇〜季節雇）に対応してくれる彼女らの存在は大きかったが，新規に

供給されることが無いため徐々に高齢化が進み漸減していった（反面機械化による省力化が進行）。水稲作の減反による複合化の進展と共に労働力を要する青果物の生産がさかんになり，家族経営であっても雇用（常雇や多くの臨時雇）を取り入れた雇用型家族経営が成立した。しかし，同時に家族労働力の減少・過疎化による地域労働市場の縮小が進行し，戸別農家による雇用労働力の確保が難しくなっていく。このため，戸別農家を超え，組織的に労働力供給（支援）を行う取り組みが再び一般化していくこととなった。

２）農業における外部委託・請負の量的・面的拡大

　前項のような背景を受け，1990年〜2000年代初頭にかけて各地で労働力支援を目的とした組織がさかんに成立した。その状況は岩崎（1997）に詳しいが，ごく簡単に整理すると以下のようになる。

　農家自身の高齢化や農家子弟の農外流出によって農家の保有する労働力は脆弱化し，同時に地方の人口が都市へ集中するなど地域労働市場の縮小が進んできた。このため農家は労働力需要を平準化し，雇用期間を少しでも延ばすことで雇用環境を改善しようとしてきた。法人経営では雇用労働力を常雇化することで安定的に労働力を確保する方向へ進んできたと言える。さらに，詳しくは後述するが，労働者が頻繁に交代する性格を持つ「派遣」という従事形態が一般化すると，作業の単純化による切り出しや他の非熟練労働者を指導できる立場の従業員（あるいはパート）の育成など，新たな対応が求められるようになった。家族経営の農家にとってその対応を戸別農家単位で実施する事は難しく，農家雇用労働力の需給調整が戸別農家レベルから組織的レベルへ移管され，様々な取り組みが行われていった。

　とりわけ露地野菜作をはじめとする青果物においては，1990年代当時まだ機械化されていない手作業が残っており，多くの人員を必要としていたことがその背景にあると言える。逆に言えば，収穫時の労働力確保量が作付面積を規定するような場面が見られるようになってきており，その対策として戸別農家レベルではなく地域レベル（農協の支店管内〜農協管内全体）で労働力の需給を調整する仕組み，「労働力の組織的需給調整」が行われるようになった。例えば，収穫時の労働力支援を前提とした産地商人による買付・集荷（いわゆる青田買い）や，名

簿紹介型の労働力需給調整組織，あるいは各作業単位で労働力を外部化する作業受委託（耕種の収穫や水稲の防除といった各種コントラクター作業等）などの対応が行われた。

ところが，2000年代に入ると酪農や水稲の一部作業（いわゆるコントラクターへの作業委託）を除いてこれらの組織的調整は急速に縮小していった。それは，組織的な労働力需給調整を標榜しつつも，内実は戸別農家による募集の仕組みを組織が代行していただけであったため，組織的な募集・配分に留まったからである[2]。その間にも農家の規模拡大・基幹的農業従事者の減少は進み，より雇用労働力への依存・必要性は高まっていった。農家（経営者）にとって労働力は与件であり，労働力が確保出来ない場合，労働力を必要としない作付形態への転換を検討することとなる。一方で農協は集出荷施設への投資，実需との取引上の利点（売場棚の確保）から労働力多投的作目を含む多様な品目の作付を求めることとなる。このため，労働力支援組織や取り組みは地域の青果物をはじめとする特産物の生産を維持したいというインセンティブから，地域の農協が主に担っていくこととなる。

2000年代以降の労働力支援組織は，単なる組織的募集・配分から踏み込み，労働力の「需給調整」を行い，その調整範囲の拡大や労働力の広域移動，常雇化といった様々な工夫が試みられることとなる。また，2000年代以降の新たな担い手として，「派遣労働者」と「外国人技能実習生」の出現が挙げられる。いずれも別の章・節にて取りあげられているためそちらを参照されたい。

さて，2000年代後半以降，労働力支援組織は組織的調整をより深化させる方向へ進んだ。一品目・一作業ごとに労働者を募集するのでは無く，複数の地域・作業・品目，場合によっては農協の流通施設における各種作業も含めた募集と（機械的な配分ではなく）調整を行うようになった。名実共に地域的な労働力需給調整の仕組みが作られていったのである。その結果，作業従事期間を延長し，常雇化を含む雇用期間の長期化が可能となった。当然，多くの作業を組み合わせることでその仕組みは複雑化し，地域的な範囲は広域化していくこととなる（農協管内からリージョナル[3]，ナショナルレベルへ）。加えて，これまで様々な理由で農業に参加出来なかった・していなかった労働者（ミッシング・ワーカー）の参画を求める取り組みも進んできた（援農ボランティアや農福連携など）。いずれ

にしても農家にとって労働力不足を要因とした外部委託・請負は一般化し，地域・作業・品目のバイアスはあるものの農業経営・地域農業の維持にとって重要な要素になっていると言えよう。

第3節　農業における外部委託・請負の現状

1）外部委託・請負の分類

　前項までで整理した内容を元に，外部委託・請負の分類について検討したい。**表4-1**に堀口（2022）をベースに筆者が加筆・改編した「農業における労働力を支える各主体の分類例」を示した。ただし現実には複数の手段・主体・形態が重なりながら成立しているため大枠として捉えて頂きたい。

　太線を境に上段が，農家が直接労働者を雇用する場合である。本章では外部委託・請負がテーマのため触れないが，下段のような組織的対応であっても農家が直接雇用しないだけでいずれかの主体が労働者を雇用することとなる。この場合には上段の方法を組み合わせて募集することとなり，組織的対応の強み（雇用条件の改善；雇用期間の延長等）を発揮することが求められる。太線の下段が，外部委託・請負を受ける（行う）労働力供給・支援組織の対応である。前項で示したように2000年代以降は農協を中心とする組織・労働者派遣業者・農協と連携し

表4-1　農業における労働力を支える各主体の分類例

雇用・委託形態	募集手段 委託先等	雇用期間別形態		
		常雇	臨時雇	季節雇
直接雇用	チラシ ハローワーク 新卒募集・企業HP	正社員	パート・アルバイト・地縁血縁	
	無料・有料職業紹介 （アプリ活用マッチング）	常勤パート	パート・アルバイト	フリーター等
			1日単位・副業	
	監理団体	技能実習生 特定技能		
労働者派遣	派遣会社	派遣労働者		派遣労働者 特定技能
農協雇用等	請負 （派遣）	内部連結型支援組織	酪農ヘルパー	農協請負型技能 実習生
請負会社等		外部連携型支援組織 特定地域づくり事業協 同組合		
直接・農協・団体等	多様な担い手	ボランティア・農福連携等		

資料：堀口（2022）p.5を筆者改編。
注：上記の各主体はあくまでも一例である。実際は各主体・雇用形態が入り組んでいる。

た農作業請負業者・多様な担い手といった主体が中心的な担い手となっている。労働者派遣業者は前項で触れたように，平成不況で生じたフリーター層を取り込み，地域労働市場外から労働者を供給する・労働者募集調整の機会費用を会社が負担する・非熟練労働者かつ労働者の入れ替わりが生じるといった特徴を持つ。子細は次章に譲るが，現在の農業経営において，不足する短期的な雇用労働力を補完する手段として選択する農家が多い。ただし，農家への聞き取りによれば派遣労働者の充足率（希望する派遣人数に対する実際の派遣人数）は低下傾向が見られるとされ，補完以上の役割は（一般的には）難しいとされる。

　農協による受託（請負）組織は現在の中心的な担い手である。このため実例の概要を次項で示したい。前項までに示したように，農協による農作業受託は産地商人との集荷競争対応等から始まり，地域の作付形態・生産量維持を目的として行われてきた。その中で短期（季節雇水準）・単一品目・単一地域から始まった労働力需給調整の地域的調整は，その組み合わせを複雑化させることで深化してきた。種々の作業を組み合わせることで雇用期間を可能な限り延伸し，常雇化を目指してきたと言える。単一農作業から複数農作業へ，単一地域から農協管内へと複雑化し，そして農協の集出荷・流通施設における種々の作業も組み合わせることで作業の通年化を実現し，常雇化への道を開いていった。さらに現在では県域レベルや複数の県をまたぐリージョナルレベルの取り組みが行われている。

　さらに別のベクトルとなる取り組みである，「農業外と連携」する動きが始まっている。ナショナルレベルの展開も含めて従来はあくまでも「農業内」における作業の組み合わせを連続化・広域化する事で複雑化し，常雇化・雇用条件の改善を行っていた。しかし，農業内部では労働力需給調整の幅が不足すること，また農協が広域合併化し職員数が減少していく中で複雑化した労働力需給調整組織を運営していくことが難しくなってきていることから，農業外の会社と連携して労働力需給調整の一部・もしくは全てを委託して運営する形態である（農協による更なる外部化。表では外部連携型支援組織として示した）。さらに，外部連携型支援組織とは別のベクトルとなるが，地域との共存を主眼に置いた取り組みも萌芽が見られる。これまではいかにして営農を継続するか，そのために必要な労働力をより安定的に・効率的に確保するため組織的な対応が行われてきた。しかし，現在のように全産業的な労働力不足下においては，これまでのような低賃金によ

る労働力雇用（家計補助水準～労働者個人の再生産水準）では，労働者の世代的な再生産，ひいては地域人口の維持ができず，地域労働市場の縮小が進み，とりわけ短期的な労働力を雇用することがますます難しくなっている。このため，地域で適切な賃金水準（世代的な再生産可能水準）を通年獲得可能な雇用形態が必要とされている。例えばその取り組みの一つが「特定地域づくり事業協同組合」である。農業従事が必須というわけでは無いが，農業の繁閑の差を地域の仕事として組み込む取り組みは各地で始まっている。

２）外部委託・請負を支える労働力支援（組織）の現段階—農協による取り組みを中心に—

　本項ではこれまでの整理を元に，現在の外部委託・請負を支える労働力支援（組織）の中心的な担い手を農協であると定義し，現段階の取り組みについて二つの視点から網羅的に把握する。まず短期的労働力需要を請け負う仕組みについて概観する。歴史的背景の項でも触れたように，地域的需給調整と言う考え方（対応方向）が成立し，組織的対応としての強みを常雇化という形で実現している事例である。調査時期からはやや時間があるが最新の状況を把握することが目的では無く，各事例を「労働力募集・調整の仕組み」「調整の範囲」「外部化（外部組織との連携）」「役割（委託農家・農協・地域にとって）」の主に４点から整理し，その現段階的役割について考察することを目的とする。続いて地域的需給調整の範囲が飛躍的に拡大した３事例についても網羅的に把握する。個別の事例の新しさではなく，その役割（ともすればその限界）について考察していく。

（1）短期的労働力需要を請け負う仕組み—地域的需給調整による常雇化へ—

　まず，表4-2の通り，地域的需給調整によって短期的労働力需要に応えている農協の事例を３件例示した。いずれも農協が主体となって農作業請負を元に発展した形態である。ＦとＩは元々農協による作業請負組織が存在したが，地域労働市場の逼迫化に伴って募集が難しくなり，雇用期間延伸を農協主導で進めることで労働力を確保し，その一部を常雇化してきた事例である。

　Ｆは作業請負で雇用した労働者の雇用期間を延長するため，また農家労働力の減少による庭先での加工品（あんぽ柿）の生産量減少に対応するため，柿の加工

表4-2　農協が運営主体の受託組織における特徴と役割（地域的需給調整の構築と常雇化）

事例地	F	I	O
労働力募集・調整の仕組み	各事業ごとの短期募集（1ヶ月～）→農協の各事業に従事し連続化（3ヶ月～通年）	各事業ごとの短期募集（1ヶ月～）→農協の各事業に従事し連続化（3ヶ月～通年）→外部連携により労務管理を委託・短期労働者の安定的確保	農協が生産・販売計画立案→必要労働力を外部連携企業に連絡・自社社員として新規通年雇用（農繁期以外は自社業務）
調整主体	農協	農協→外部企業（労務管理含め全て移管）	農協（生産・販売計画、収穫適期の判断・調整）と外部企業（労務管理・実作業・農閑期の作業確保）
調整の範囲	農業内（農家・選果・流通・加工）	農業内（農家・選果・流通）・一部農業外（運送業）	農業外（道路保全会社）
雇用環境の変化	農協の複数事業（選果・加工）を接続して雇用期間の延伸	農協の複数事業（選果・流通・修理作業）を接続して雇用期間の延伸	道路保全会社が新規雇用（年間雇用）
外部化（外部組織との連携）	なし（農協内）	運輸会社（労務管理・一部労働力融通）	道路保全会社（現場作業全て・労働者の雇用・農閑期の仕事確保）
役割（委託農家・農協・地域にとって）	加工過程を導入し地域農業形態、特産品の生産を維持・一部常雇化	選果過程の存在を前提とした特産品の生産・特産品取扱高の維持・一部常雇化、運輸業を含めた仕事量の確保	新規品目をほぼ自家労働、投資なしで導入・麦作の過作対策、特産品の新規導入と計画的出荷・輪作体型の維持、冬期除雪作業員の充足による除雪体制の維持・再生産可能な給与体系の構築

資料：筆者作成

施設をつくり，農協の既存の選果作業や青果物のパッケージセンターの運営等も含めて組み合わせることで通年化・常雇化を進めていた。

　Iはきゅうりの収穫作業請負を出自としており，戸別農家による雇用確保難から組織的対応（収穫作業請負）を開始しているため，請負の中止はきゅうりの作付面積の大幅後退を意味していた。一方で農協の運営する集出荷施設においても労働力不足が生じていたため，その接合を行ったのが地域的需給調整のきっかけである。その後，外部企業（運送会社）との連携が始まり，作付計画・収穫適期判断・販売対応等を農協が行い，労務管理等は外部企業が担当する形式となった。特に当該企業は農協の出荷する農産物の多くを運んでいた経緯があり，自社で取り扱う運送量を確保するためというインセンティブを持っている。外部企業が運営全般を担うようになってから，本業である運送業の"短時間ドライバー"に対して運送業務終了後のアルバイトとしてきゅうりの収穫作業を依頼し，一定の参加がある。また，一定の事業ボリュームが蓄積されたため，これまで外部に委託していた農業資材の修理（鉄コンテナ）を農協から受託するようになり，この作業の確保により作業の通年化が実現した。

　Oは2事例と異なり，ゼロから請負組織を構築している。小麦の過作が課題となっている地域において農協が機械収穫可能な新規作物としてにんじんを選定し，その請負組織について検討したことから始まっている。管内農家がにんじん作に対応する機材（収穫機）を保有せず，現在の経営体系にさらなる作業を組み込むことも困難であると考えたため，当初より外部委託を前提とした新規作物導入を企図した。特に当該農協の計画したにんじんの作付面積は100haを超えていたため，収穫機を用いても10〜20名の熟練オペレーターが必要と見込まれていた。この場合，当然農繁期の作業確保だけでなく，農閑期にも同様の作業量を確保する必要がある。臨時的な労働力であれば農閑期に別の作業に従事することも可能であるが，熟練オペレーターを要する作業形態であるため農業内部で需給調整を行う事は困難と考えられた。このため連携した企業が地域の道路保全会社である。道路保全会社では昨今の建設需要低下により，夏期の建設・保全作業量よりも冬期の除雪作業量が多くなっていたが，冬期作業量に対応したオペレーターを雇用すると夏期に作業量が不足するという課題からオペレーターが充足していなかった。そこで，農協と連携し，農作業の請負組織をつくると同時にオペレーターを通年雇用し，冬期の除雪作業に対応する事にしたのである。夏期冬期共に大型機械のオペレートという点で親和性があり，需給接合されていることが一番の特徴である。

　このように地域的需給調整の拡大によって請負作業の担い手を確保してきた取り組みでは，組み合わせの複雑化（需給調整を行う事業の拡大）によって雇用条件を改善（主に雇用期間の延伸）し，その一部を常雇化することで安定的な雇用の確保を進めてきた。さらにその調整範囲は農外企業へも拡大し，更なる複雑化と共に農家・農協の委託需要を支えている。組織的対応を行う事で，収穫作業請負や選果施設の運営維持，さらには加工事業への展開など，地域の農業構造を維持する役割は非常に大きくなっている。ただし，農業内部による需給調整には限界がある事から，農外企業との需給接合を進め，農外企業や地域にとってのメリットを含めて組織作りを行っていく段階に来ていると言えよう。

(2) 地域的需給調整の面的拡大―リージョナルとナショナル―
　続いて，本項では労働力需給調整の範囲を農業外部では無く農業内部において

更なる拡大を指向した事例を取りあげる。にしうわ農協の事例は，みかんの収穫期に不足する臨時的な労働力を農協が主体となって組織的に募集する取り組みであり，コロナ禍における適切な対応とアルバイター向け宿泊施設を整備した事による応募者の拡大が見られる。とはいえ季節的な需要に対応した労働者，とりわけ多様なライフスタイルを志向した方々を，宿泊施設を整備して受け入れる形式は，北海道のふらの農協など他産地でも見られる取り組みである。本事例の要点は需給調整の範囲を「地域」レベルを超えた範囲まで拡大しようとしている点にある。具体的には北海道のふらの農協，沖縄県のおきなわ農協と「農業労働力確保産地間連携協議会」を設立し共同募集やアルバイターへの連携先農協の求人紹

表 4-3　農協が運営主体の受託組織における特徴と役割（需給調整範囲の面的拡大）

事例地	にしうわ農協	全農おおいた方式	Daywork
労働力募集・調整の仕組み	地域労働市場から募集→雇用促進協議会を設置して全国募集へ 全国から参加，全国を移動する生活をする者多い（ライフスタイルとして選択）	請負企業が登録制で募集し，シフト調整を行ってチームを形成 「現金日払い・勤務日自由・送迎あり」で参加を容易に 農閑期作業の確保（農協選果場作業・圃場雑作業・業務用キャベツを請負企業が作付けし作業量確保）	農協がシステムを導入（現状無料）し，農家へアカウント発行・操作・賃金水準の設定等サポートを提供 農家は希望日・作業・賃金を設定し募集。労働者はアプリを通じて募集を確認し，応募。農家は応募者の属性（参加経験等）を確認した上でマッチングを決定
調整主体	農協（求人広告作成・求職者問い合わせ対応・面接・宿泊施設の運営等）	外部企業（労務管理・移動）・農協（販売・機材支援）	オンラインシステム（人為的な調整なし）
調整範囲の拡大方向	全国へ面的拡大（農業求人サイト，繁忙期の異なる遠隔産地で募集；北海道・沖縄の農協と協議会を組織し積極的な紹介やボーナスの支給）	農業内（農家・選果）・面的拡大（県域・隣県域）	調整を行わず・単日で条件が合えば雇用 単日・アプリを通じた手軽さによりこれまで周知・興味を持っていなかった層へ訴求（副業的・一般市民対象）
雇用環境の変化	宿泊施設の整備・コロナ対応	外部企業によるノウハウを活用して労働日を自由選択可能に 農協選果作業や農業雑作業，外部企業の独自作付によって通年作業を可能に	単日単位で募集・応募する仕組み（これまでは調整コストが高く試みられていなかった）によって新規層へ訴求 賃金水準は一般的に高い（高くても人手が欲しい作業のみ募集）
外部化（外部組織との連携）	なし（農協内）	建設会社（労務管理・移動）	オンラインシステム運営企業（開発・システム運営）
役割（委託農家・農協・地域にとって）	最繁忙期をカバーすることで生産の維持・地域外から往来があることで地域が活性化	地域へ臨時的労働力の提供，作付の維持・拡大 ミッシングワーカーへの仕事提供（中間的就労）	新規層の雇用機会の創出（遠隔・単日）・農協や外部企業の調整負担無く利用可能・生産の維持

資料：参考文献を基に筆者作成

介を積極的に行うなど，3産地を巡回してもらうような取り組みを行い，一定の数の応募があるという。すなわち限定的ながらナショナル規模での労働力の広域移動が見られるのである。

　全農おおいた方式は，大分県本部が建設業者（運営主体は株式会社菜果野アグリ）をパートナー企業として実施している労働力支援組織（農作業受託会社）である。農業で働く場合，繁忙期には継続した勤務が期待され，自力移動（現地集合）が一般的であるが，菜果野アグリでは本業の建設業における労務管理ノウハウを活用して，日払い・勤務日は自己選択・送迎ありといった雇用条件の緩和を行い，農業へ参加するためのハードルを下げることに成功している。加えて農閑期の作業量確保対策として，菜果野アグリが独自に業務用キャベツ等の生産を行うほか，県域を越えた隣県域にも支店・出張所を配置して広域的な作業受託・作業機会の平準化を行うなどの工夫を行っている。いわばローカルを超えたリージョナルな範囲まで地域調整の範囲を広げていると言える。他にも，生活困窮者就労訓練事業として，ただちに企業等で働くことが難しい人を対象に，訓練や就労体験，支援付きの雇用を提供する事業（いわゆる中間的就労）の認定を受け，希望者を受け入れるなど，ミッシングワーカー（労働統計に表れないような就業をあきらめた人々の総称）を含めた広い層へ訴求し，農作業へ参加しやすい環境作りに注力している。

　dayworkは労働力支援組織とは異なるが，現在注目されている新たな労働力需給接合方式である。Kamakura Industries株式会社が提供するオンラインを活用したサービスであり，一番の特徴は1日単位で募集することである。これまでの農業雇用は労働力が必要な期間中，連続して安定的に確保する事が至上命題であり，だからこそ，その苦労（機会費用）を外部化するため作業委託を行ってきた。受託先は組織的対応（地域的需給調整等）によって被雇用者が働きやすい環境を整え，必要な労働力確保に努めてきた。しかし，本方式はそれらの対応とは異なり，1日単位でのマッチングを機械的に行う点に特徴がある。これまでは，1日単位で労働者を募集した場合，毎日異なる労働者と連絡を取り，都度作業を指導する必要があることから機会費用が高くなる傾向にあり，現実的とは言えなかった。派遣会社や先の菜果野アグリのような組織であれば，登録者の中から都度チームを形成することで短期的な需要へ応えることが一定程度できると考えら

れるが，調整の労は多く（特に派遣会社は日雇い派遣が禁止されている），1日単位の需要と供給をマッチングさせるのは一般的には困難であると考えられる。すなわち，ある組織が一定数の労働者を確保し，農家には一定の公平性を持ちつつ連続した労働力供給を1日単位で行い，被雇用者に対しても期間中連続して作業を紹介したり，適宜休日を設定するといった調整を行う事は，農家と労働者の間で二律背反となる部分があり，調整担当者は苦労することとなるが（一方でその苦労が事業を動かし農家や労働者を支援しているとも言える），本事業ではマッチングしない場合不成立としてある意味で「割り切る」ことで調整を不要としている。示された雇用条件（日給・作業内容）に自身が参加したければ応募し，農家は応募者の属性を考慮した上で依頼したい人材であればマッチングさせる。経験が不足したり過去にトラブルがある人材の場合はマッチングさせなければ良い。逆に多くの応募者に選ばれない条件（日給や応募者への過去の対応）となった場合は応募が無いため，条件を変更して再募集することとなる。

　また農家・応募者の属性（これまでのどのような農家・応募者とマッチングし作業を行ってきたか）が見えることが派遣会社と大きく異なる点である。この仕組みがあるため，リピーターが明示されることとなり，農家はより募集を出しやすくなると考えられる。すなわち事業を継続し，地域に存在する経験者が増加すれば，より多くの農家が事業に参加しやすくなると考えられるのである。

　その他，単日であれば副業や体験を目的として参加する層に訴求することが可能となった点も特徴的である。にしうわ農協の取り組みと同様にアルバイターを掘り起こしたほか，多様なライフスタイルを志向する層や全国を移動しながら短期的な作業を希望する層が参加し，時には相当程度離れた地域からの参加もあるという。一方で賃金水準は比較的高く，短期的・逼迫度の高い作業に限定され，日常の作業を常時依頼する形態では無い。すなわち，新たな臨時的労働力補完の方式として重要であるが，これまでの地域的需給調整組織を代替するものでは無い（性格が異なる）。

第4節　外部委託・請負を支える労働力供給（支援）の組織的取り組みの方向性
　　　―地域的需給調整の深化の方向と必要性―

　これまでみてきた様に，地域労働市場の逼迫によって法人経営は労働力の内部化・常雇化へ，雇用依存型家族経営は戸別農家単位での農業雇用労働力確保から，外部への委託・組織的対応へ遷移していった。

　組織的に対応する強みは地域的な労働力需給調整を前提とした雇用期間の延伸とそれによる常雇化であった。しかし2010年代の後半以降さらなる地域労働市場の逼迫が生じ，地域的需給調整の更なる深化が必要とされた。具体的には調整の範囲の拡大であり，1つは調整分野の拡大（農業だけでなく農外企業と連携し需給調整を行う）であり，もう1つは調整エリアの拡大（ローカルからリージョナル・ナショナルへ）であった。あるいは daywork のような新たな臨時的労働力補完方式の出現や本文中では触れなかったが援農ボランティアや農福連携といった多様な担い手による労働力補完の取り組みも見られる。

　今後も地域労働市場の縮小は続いていくと考えられ，組織的な対応・地域的な労働力の需給調整はますます必須の取り組みとなっていくであろう。農業は小売業をはじめとする他産業と比較して，年間を通じた雇用が難しく，天候の影響を受ける作業環境を避けられないという点で，求職者が雇用環境で農業と他産業を比較した場合，不利である事は否めない。

　また，前節で取りあげた移動の広域化や1日単位のマッチングは，その働き方を志向する層が一定数存在していることは間違いないものの，現在の賃金水準を鑑みるとニッチ市場の域を出ず，地域労働市場と結びついた労働力支援組織を代替することは考えがたい。もちろんかつてのような低賃金を許容し短期間であっても毎年作業に参加する熟練労働者は存在しないため，できる限りの手段を組み合わせて安定的に作業量と雇用を確保することは極めて重要であり，これらの取り組みの重要性を否定するものでは無い。

　それでは，今後更に農業雇用労働力の確保が困難となり，農業経営にとってより労働力の外部化が必須となっていく中で，労働力支援組織はどのような方向性に進めば良いのであろうか。

　これまでの地域的（広域）な労働力需給調整能力を持つ組織はいかに深化・広

域化したと言っても，あくまでも「農業」の範疇で労働力の需給調整を行ってきた。しかし，先に述べたように更なる地域労働市場の縮小が進む中では，農業の中だけで労働力を確保し通年雇用していくことが難しくなるため，何らかの形で地域労働市場を維持することを考えなければならない段階に来ている。従って低賃金労働力を工夫して募集する仕組みから，労働力の再生産が可能な水準で雇用し地域労働市場を維持していくような取り組みが求められている。例えば特定地域づくり事業協同組合のような，地域の産業が需要を出し合い，全産業的な労働力需給調整を行う取り組みを農業が主導して行い，より持続可能な形式で農家からの作業委託を受けられる仕組みを作っていく必要がある。

　また，このような組織的な労働力支援を提供できなくなった場合，農業者は経営維持のため省力的な作付形態へ転換していくと考えられる（既にその兆候が見られることは周知の通りである）。すなわち地域の特徴的品目や農業生産の多様性を維持していくためには，経営の最適化だけで無く，地域農業をどのように維持・展開していくかのグランドデザインを描く存在が必要となる。農作業請負という形で農業経営を支える仕組みはこのグランドデザインに含まれるべき存在であり，農業雇用労働力を与件とすべきでは無い。低賃金の人材を国内外から探してマッチングするだけでは無く，再生産可能な水準で農業雇用労働力を雇用し，地域農業を，地域労働市場を維持していけるような方向にさらなる深化が求められる。

注

（1）生産年齢人口が減少する中で労働者人口は横ばいか増加傾向にある。これは女性や高齢者の労働参加が増えたためであり，軽度な作業，例えば事務職等を希望する求職者が多く，有効求人倍率は相対的に低い。逆に若年男子を必要とする建設土木業等・高度専門職では有効求人倍率は高く，ミスマッチが課題となっている。

（2）必要とされる労働者数を充足できない場合，どのように配分するか調整が必要となる。この調整能力を持たない場合（代行にとどまる場合），適期作業が出来ず利用者に不満が生じてしまう。機械的に公平に配分する場合であっても，圃場の規模・申し込みをした人数・申し込み時期・事業利用歴・出荷（集荷）量等，何を基準に"公平"とするかは非常に難しい問題である。

（3）ここでは「リージョナル」を複数の県に跨がる範囲，ナショナルを全国的な範囲と捉えている。

参考文献

石田一喜（2022）「労働力確保の課題と全農おおいた方式および特定地域づくり事業協同組合の展開」『都市と農村をむすぶ』第842号，都市と農村をむすぶ編集委員会，pp.6-16

井上淳生・脇谷祐子（2019）「補章　生産者と求職者をつなぐ取組み事例―daywork―」『令和元年度　農業の労働力不足への対応に関する調査研究報告書』北海道地域農業研究所，pp.60-69

岩崎真之介（2022）「ミカン地帯の短期収穫労働を支える「アルバイター事業」と従事者の特徴―JAにしうわの取り組みからの検討―」『都市と農村をむすぶ』第842号，都市と農村をむすぶ編集委員会，pp.17-26

岩崎徹編著（1997）『農業雇用と地域労働市場』北海道大学図書刊行会

草野拓司（2020）「JA全農おおいたとパートナー企業の連携による労働力支援の取組み」『農中総研　調査と情報』2020年5月号，pp.24-25

今野聖士（2014）『農業雇用の地域的な需給調整システム―農業雇用労働力の外部化・常雇化に向かう野菜産地―』筑波書房

今野聖士（2017）「農業雇用労働力の需給調整を中心とした地域的営農支援システムにおける農協の役割に関する研究―臨時雇型から常雇型労働力需給調整システムへの転換―」（全国農業協同組合中央会編『協同組合奨励研究報告第42輯』pp.107-144，家の光出版総合サービス）

今野聖士（2019）「農業雇用労働力の地域的需給調整システムの展開―北海道・東北地方における個別・臨時雇型から地域的・常雇型への転換―」食農資源経済学会「食農資源経済学会論集」70（1），pp.1-10

今野聖士（2022）「第3章　新自由主義経済政策下における農業労働力市場の変貌」野見山敏雄・安藤光義編著『講座　これからの食料・農業市場学　5　環境変化に対応する農業市場と展望』筑波書房，pp.40-76

西村英治・花木正夫・伊名岡昌彦（2019）「労働力不足に対する全農の取り組み」『農業市場研究』28（3），pp.34-39

堀口健治（2021）「JA全農おおいたの労働力支援による農業拡大・就労機会増加の地方創生―パートナー企業・請負・出口戦略・受託のチェック―」『農林金融』2021年5月号，pp.34-39

堀口健治（2022）「不足する労働力を必死に集める産地の実情と工夫」『都市と農村をむすぶ』第842号，都市と農村をむすぶ編集委員会，pp.4-5

曲木若葉（2019）「農山村地域における臨時農業労働力確保の取り組みと課題―愛媛県みかん産地を事例に―」『農業経済研究』90（4），pp.345-250

脇谷祐子（2021）「1日農業バイトdayworkの導入と運用状況―北海道・十勝を事例に―」『農業求人サイトの活用実態に関する調査研究報告書』北海道地域農業研究所，pp.48-58

付記：本研究はJSPS科研費　22K05871の助成を受けた研究成果の一部である。

第5章
農業における労働者派遣の実際と役割

高畑　裕樹

第1節　農業における派遣労働力の重要性と課題

　我が国の農業は，家族経営を主体としながらも過度に労働力を必要とする農繁期においては雇用労働力を利用してきた経緯がある。しかしながら，多くの研究で指摘されている様に，かつて過剰人口といわれた農村労働力は，分解・過疎化・高齢化という問題を受け，もはや過少といえる状況にある。

　この様な状況において，農家・農村地域等が中心となり様々な対応が行われている。具体的な対応として外国人技能実習制度の利用や農協コントラクター等が挙げられる。それらに加え，現在では都市部における人材派遣会社（以下派遣会社）からの労働力調達が注目を浴びている。派遣労働力が注目を浴びる理由として，農家にとっての派遣労働力利用が，利用期間・派遣人数に制約がなく，最も容易な労働力調達方法の一つだからである。しかし，派遣会社が農家に労働力を派遣するためには，対応しなければならない問題が数多く存在する。中でも，日雇い派遣禁止[1]に伴う派遣期間問題と派遣労働者の習熟問題は，派遣会社，派遣労働力を必要とする派遣先農家双方にとって一筋縄ではいかない問題として顕在化している。さらに，派遣労働力を利用している農家の多くは，自ら派遣会社と連絡を取り労働派遣契約を結んでいる。派遣会社自体も農家に対し営業活動を行ってはいるが，未だに農業派遣の存在自体を認識していない農家も存在する。

　本章では，北海道を事例に農業における派遣労働力・派遣会社の実際と役割について，また新たな動向として農協と派遣会社の関係も踏まえて説明することとする。

第2節　労働者派遣事業の概要

　農家労働力問題として労働者派遣事業をみるためには，労働者派遣事業がどの様なものなのかについて触れる必要があるだろう。労働者派遣事業には①派遣会

社②派遣労働者③派遣先（以下派遣先農家）の３つの主体が存在する。以下では，労働者派遣事業における派遣契約と賃金支払いについて，また，これと混同されることが多い業務請負事業との相違について説明する⁽²⁾。

　まず，派遣契約についてである。派遣会社は，自社のHPやアルバイト雑誌を利用し派遣労働者を募集する。労働者派遣を希望する派遣先農家は，派遣会社と労働者派遣契約を結び，作業の進行状況に応じて必要な人数の労働者を派遣会社に要請する。その要請に応じて派遣会社は，派遣先農家が希望した人数の労働者を派遣するのである。派遣会社と派遣労働者との雇用関係は，派遣労働者が派遣先農家に派遣された段階で派遣労働者と派遣会社との間に成立する。ここで注目すべきは，労働者派遣事業の場合，派遣労働者の雇用主は派遣会社となるが，派遣先農家が派遣労働者に指揮命令することが可能な点である。

　次に，労働者派遣事業における賃金の支払いについて説明する。派遣労働者は，業務終了後，労働時間をタイムシートに記入する。それを派遣先農家に提示し，派遣先農家は提示されたタイムシートを元に派遣先管理台帳を記入する。その後，派遣労働者は，タイムシートを派遣会社に提出する。派遣会社は，それを元に派遣先から派遣料金を請求し，いわゆるマージンを引いた額が労働者の賃金となる。

　最後に，混同される業務請負事業と労働者派遣事業の相違についてである。上記の通り，労働者派遣事業における派遣労働者の雇用主は派遣会社となるが，派遣先農家による派遣労働者への指揮命令は可能となっている。対して，業務請負事業では，業務を請負う労働者の雇用主は請負会社となるが，請負事業では業務そのものを請負うため発注者（業務請負を発注した農家）は請負労働者に対し指揮命令が不可能となる。つまり，業務請負事業では，ある程度作業に習熟した者でなければ業務を請負うことが難しいのに対し，派遣の場合では，派遣先農家が労働者に対し指揮命令が可能となるため，作業に未習熟な労働者も派遣することが可能となる。以上から，労働者派遣事業では，労働者の質的側面を考慮する必要が無く，派遣労働者の募集，派遣先農家への労働者派遣ともに容易となるのである。しかしながら，問題が無いわけではない。上述の通り，第1に派遣ならではの日雇い派遣の禁止に伴う派遣期間の問題。第2に募集する労働者の質を問わないことに加え，派遣される労働者が日毎に異なる可能性を孕んでいることから生じる習熟問題。第3に派遣会社による農家への宣伝が足りず農業派遣を知らない

農家が存在するといった周知不足問題の3点が存在する。

　以上を踏まえ次節では，北海道札幌市に所在する派遣会社A社を事例に分析を試みる。A社は売上のほとんどが農業部門への派遣であり上記の問題に対応している派遣会社であることから本節の事例に相応しいと考えられる。

第3節　農業における労働者派遣の実際

1）事例の概要

　A社は2018年に北海道札幌市で創業した派遣会社である。その事業内容は，一般労働者派遣事業，業務請負事業，有料職業紹介事業，建設業となっている（**表5-1**）。A社設立までの経緯を説明するためにはその前身であるH社，P社についても触れる必要があるだろう。

　H社は，2009年に農業を専門として設立された派遣会社であったが2014年にP社に買収されることとなった。その後，H社はP社に吸収合併され，H社で雇用されていた社員の雇用契約，登録されていた派遣労働者，H社と労働者派遣契約を結んでいた派遣先はすべてP社に引き継がれた。P社は，元来，警備事業，ビルメンテナンス事業，不動産事業を行っていた会社であり，派遣事業・農業派遣に関する知識が無かったためH社の社員を派遣事業部の部長に据え，派遣事業・有料職業紹介事業を一任することとなった。そのため，P社の派遣事業部では，H社の方法を継続し，労働者派遣事業を行っていた。しかし，派遣事業部以外の部署の業績不振により事実上倒産（休眠会社）となりP社の派遣事業部部長（元H社の社員）が中心となり，A社を設立し現在に至っている。また，A社設立の際，

表5-1　A社概要

本社	札幌市
事業内容	一般労働者派遣事業 作業請負事業 有料職業紹介事業 建設事業
創業	2018年
資本金（万円）	2,000
売上（万円）	13,000
従業員数（人）	4
実働派遣労働者数（人）	257

資料：人材派遣会社A社からの聞き取りにより作成。
注：売上・実働労働者数は2021年のものである。

表5-2 A社における派遣料金と労働者支払い賃金

		時給	
	派遣料金	1,500円	
賃金	農家（時給）	1,000～1,200円	作業経験と派遣先からの評価により変動
	選果場（時給）	1,000～1,400円	資格手当（フォークリフト等）200～400円
	ドライバー手当 社用車	往復3,000円	
	自家用車	往復3,000円＋ガソリン代	

資料：人材派遣会社A社からの聞き取りにより作成。

再度P社に登録されていた派遣労働者，P社と契約していた派遣先のすべてと労働者派遣契約を結んでいる。

2021年の売上は，1億3,000万円であり，その内約7割が人材派遣事業によるものである。人材派遣事業の売上に占める農業派遣の割合は8割以上となっており，農業を主とした派遣会社といっても過言ではない。また，2021年度の実働派遣労働者数は257人である[3]。

表5-2はA社における派遣料金と労働者支払い賃金を示している。派遣料金は1,500円となっており，派遣労働者に支払う賃金は時給1,000円から1,200円となっている。賃金にバラツキがみられるのは昇給制によるものである。

また，選果場での作業においては，フォークリフト等のオペレーターが可能な派遣労働者には資格手当として時給に200〜400円を上乗せしている。

派遣先農家まで車を運転する労働者に対してはドライバー手当が支給される。これは，社用車を利用している場合と自家用車を利用している場合で手当が異なる。社用車を利用している場合，ドライバー手当として往復3,000円が支払われる。自家用車を利用している場合はドライバー手当往復3,000円の他にガソリン代が支払われる。

昇給を行うためには労働者の勤務状況・作業内容を把握し管理する必要がある。A社では労働者を派遣した際，派遣先農家と頻繁に連絡を取り合い，労働者別に作業内容（収穫・選別・選果・除草等）作業態度を確認している他，社員による視察を行うことでこれを可能にしているのである。

図5-1はA社が派遣先農家と労働者派遣契約に至るまでのフローについて示している。これをみるとA社が派遣先農家と契約に至るまでのフローとして，直接契約型農業派遣，農協紹介型農業派遣，農協契約型農業派遣の3つの存在が確認できる。以下ではそれぞれのフローを概観する。

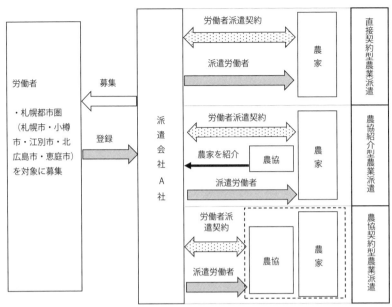

図5-1　A社が派遣先農家と労働者派遣契約に至るまでのフロー

資料：人材派遣会社A社からの聞き取りにより作成。

注：A社では札幌市・小樽市・江別市・北広島市・恵庭市を札幌都市圏として労働者を募集している。

　まず，直接契約型農業派遣についてである。これは，多くの派遣会社で行われている方法で，A社の営業もしくは派遣労働者を必要とする農家からの希望により，労働者派遣契約が結ばれるものである。

　次に，農協紹介型農業派遣である。これは，農協が組合員の農家に広告を行い，A社に対して派遣労働力を必要としている農家を紹介するというものである。つまり，農協が組合員に対し，無償でA社にとっての営業的な活動をしているのである。紹介を受けた農家の中でA社の派遣労働力を利用したい農家はA社に直接連絡を取り，労働者派遣契約を結ぶこととなる。

　最後に，農協契約型農業派遣についてである。これは，A社と農協が直接派遣契約を結ぶというものであり，2021年より開始された。まず，農協の中に雇用問題に対する対策の協議会を作り，派遣労働者を利用したい農家がその会員となる。次に，協議会が会員である農家からの連絡を取りまとめA社に必要な派遣人数を連絡する。最後に，A社は農協の協議会に派遣労働者を派遣し，派遣労働者は協

議会が指定した圃場で作業に従事するという形態となっている[4]。

　A社は，これまでの直接契約型農業派遣だけでは，派遣先農家の確保が難しいと判断し，農協を利用した農協契約型農業派遣と農協紹介型農業派遣を開始するに至ったのである。

２）農協契約型農業派遣

　ここでは，派遣労働者の派遣先地域区分を整理する。A社は農業を専門とした派遣会社であるが，農閑期の作業を確保するために，若干ではあるが引越し業務等の農外における派遣も行っている。しかし，本節では農業派遣を対象としているため，以下では，農業部門に焦点を当てて分析を行う。

　表5-3は2021年におけるA社の年間派遣先地域と作業内容を示している。ここから，農業部門における派遣先地域を①仁木町・余市町，②新篠津村・当別町，③京極町・留寿都村・洞爺湖町・喜茂別町・真狩村，④恵庭市・千歳市・江別市，⑤苫小牧市・厚真町・安平町の５つに区分していることがわかる。これには，派遣労働者が希望する勤務地域を確認することに加え，同一農家に対し，できるだけ同じ労働者を派遣することで習熟問題に対応しようとする目的がある。さらに移動中の事故を軽減させるため，派遣先を本社から車で２時間圏内（70km）を移動限界地域としている。そのため，各農家の所在地は札幌市周辺の地域に限定されている。

　A社では，その前身であるH社・P社の時代から作業期間が極端に短い（いわゆるスポット）農家と作業期間が長く，派遣人数の融通が利く農家（以下バッファ農家）を組み合わせたシフトを作成し，日雇い派遣の禁止に対応してきた経緯がある[5]。

　しかし，農協契約型農業派遣においては，農協の協議会が会員である農家からの連絡を受けA社に必要な派遣人数を連絡するという仕組みとなっており，シフトの予定が立てにくいことに加え，よりスポット的な利用の増加が予期される。以下では，農協契約型農業派遣を行っている④恵庭市・千歳市・江別市地域を対象に日雇い派遣の禁止に対するための派遣労働者のシフト調整をみることとする。

　表5-4は農協契約型農業派遣を含む2021年９月１日から10月１日の期間における派遣労働者10人[6]と派遣先A〜G農家７戸の派遣シフトである。この内，A

表5-3　A社における年間派遣先地域と作業内容（2021年）

契約型	派遣先	地域	契約農家戸数（派遣戸数）	実働労働者数	作物	作業内容（時期）
直接契約農業派遣	農家	仁木町 余市町	40 (10)	59	サクランボ	収穫・選別・選果（7月）
					トマト	収穫・除草（8〜9月）
					ミニトマト	収穫・除草（8〜9月）
	JAよいち（選果場）			26	ミニトマトの選果	選果作業（8〜9月）
				1	リンゴジュース加工	加工作業（3〜4月）
	農家	新篠津村 当別町	15 (5)	23	米	田植え・苗運び（6月）
					長いも	収穫（5月）／収穫（11月）
					ジャガイモ	
	農家	京極町 留寿都村 洞爺湖町 喜茂別町 真狩村	30 (4)	28	大根	
					ニンジン	
	JAようてい（選果場）			76	ニンジン・ジャガイモ・長いも・ブロッコリーの選果	選果作業（6〜12月）
農業協同契約派遣型	JA道央（農家）	恵庭市 千歳市 江別市	14		カボチャ	播種（6月）／収穫（8月）
					ジャガイモ	収穫・選別（9〜10月）
					ブロッコリー	収穫・除草・選別（8〜9月）
農業紹介派遣型	農家	苫小牧市 真狩町 厚真町 安平町	8 (8)	31	大豆	収穫・除草（9月）
					ビート	除草／収穫・除草・種芋切（9〜10月）
					ジャガイモ	
					イチゴ（水耕栽培）	収穫作業（通年）

資料：人材派遣会社A社からの聞き取りにより作成。
注：1）農業以外の派遣事業として冬季の引越し業務が存在する。それに加えコロナウイルス蔓延以前はホテルのベッドメイキング作業が存在した。
2）契約農家戸数と派遣戸数に差が存在する。これは、A社と契約農家が存在するが2021年度労働者派遣の依頼がなかったためである。

表5-4　農協契約型農業派遣を含む派遣労働者のシフト（2021年9月1日〜10月1日）

派遣労働者	1	2	3	4	5	6	7	8	9	10	11	12	13	14	15	16	17	18	19	20	21	22	23	24	25	26	27	28	29	30	1
	水	木	金	土	日	月	火	水	木	金	土	日	月	火	水	木	金	土	日	月	火	水	木	金	土	日	月	火	水	木	金
a	A農家	A農家	A農家	A農家	休	A農家	休			A農家	休	休	A農家			G農家	G農家		休					G農家	G農家	G農家					
b		E農家	E農家	E農家			B農家	B農家	B農家		休	休				G農家	G農家		休					G農家	G農家	G農家					
c		E農家	E農家	E農家			B農家	B農家	B農家		休	C農家	C農家	C農家	C農家	C農家	F農家	F農家	D農家		F農家	F農家	F農家	F農家	F農家	F農家					
d		E農家	E農家	E農家			F農家	F農家	F農家	F農家		C農家	休	C農家	C農家	C農家	D農家	休	D農家		休			F農家	F農家		F農家	F農家			
e		E農家	E農家	E農家			F農家	F農家	F農家	F農家		C農家	F農家	C農家	C農家	C農家	D農家	休	D農家					F農家	F農家		F農家				
f		E農家	E農家	E農家			F農家	F農家	F農家	F農家		C農家	休	C農家	C農家	C農家	D農家	F農家	D農家		F農家	F農家		休			F農家	F農家			
g		E農家	E農家	E農家			F農家	F農家	F農家	F農家		C農家	休	C農家	C農家	C農家	D農家	F農家	D農家						F農家	F農家					
h		E農家	E農家	E農家			B農家	B農家	B農家			F農家	F農家	F農家	F農家			休		休		F農家	F農家	F農家	休	F農家	F農家	F農家			
i		E農家	E農家	E農家								F農家	F農家					休		休	F農家	F農家			休	F農家	F農家	F農家			
j		E農家	E農家	E農家								F農家	F農家										F農家	F農家	F農家	F農家					

資料：人材派遣会社A社からの聞き取りにより作成。
注：表の休は派遣労働者が自ら取った休暇である。

〜D農家の４戸が農協契約型農業派遣となっており，地域は④恵庭市，千歳市，江別市地域である。また，E農家とF農家は⑤苫小牧市・厚真町・安平町地域に所在する農家，G農家は①仁木町・余市町地域に所在する農家である。

　各農家における作業内容は，A農家とB農家はブロッコリーの収穫作業，C〜E農家はジャガイモの収穫作業，F農家はジャガイモの収穫作業と除草作業，種芋切り作業，G農家はトマトの収穫作業となっている。

　これをみると，以下２点のことがわかる。第１に，農協契約型農業派遣であるA〜D農家では，極めてスポット的な利用となっている点である。第２に，F農家ではジャガイモの収穫作業・除草作業・種芋切り作業といった複数の作業が存在するため，派遣労働者を長期にわたって利用している点である。

　農協契約型農業派遣の場合，会員である各農家の作業状況を理解している農協職員が各農家の作業状況を確認しA社に派遣労働力を要請する。そのため，急な派遣要請や極端にスポット的な利用も含まれてしまうのである。

　ここで注目すべきはF農家の存在である。上述したように通常，労働者派遣法により日雇い派遣は原則禁止されているためA〜D農家のような極端なスポット利用のみでは31日以上の雇用関係を成立させることは不可能となる。しかし，派遣労働者を長期利用することが可能であり，派遣人数の融通が利くバッファ農家F農家をシフトに入れることで，農協契約型農業派遣の様にスポット的な需要が増加しても対応することができたのである。A社では，以前より，F農家のようなバッファ農家となりうる農家に対し積極的に営業を行い複数のバッファ農家を抱えていた[7]。そのため，どのようなスポット的利用があっても対応できる状況となっていたのである。

第４節　農業における労働者派遣事業の役割と今後の展望

　本章では，北海道を事例に，農業における派遣労働力・派遣会社の実際と役割を農協との関係も踏まえて説明した。

　派遣会社は，農家の現状を把握している農協（農協の協議会）と労働者派遣契約を結ぶことで，労働力不足に困窮している農家に対する効率的な労働力供給が可能となる。しかしながら，派遣シフトの予定を立てにくいことに加え，よりスポット的な需要に応える必要に迫られる可能性も内包している。本章の事例であ

るA社は，以前からスポット的な需要に対し，作業期間が長く派遣人数の融通が利くバッファ農家を組み合わせたシフトを作成することで日雇い派遣の禁止に対応してきた経緯があり，これを可能にしていた。これは，A社がこれまで派遣先農家と頻繁にコミュニケーションを取り，バッファ農家を確保してきたことにより実現したものである。

　現在，我が国では，終身雇用が限界を迎え，非正規雇用者は増加傾向にある。そうした都市部の労働力と労働力不足に悩む農村・農家とをマッチングする派遣会社の役割は大きいといえよう。しかし，労働者派遣事業における様々な法的規制をクリアすることは決して安易なことではない。

　今後の更なる労働力不足を鑑みると，本事例のように農家の現状を理解している農協との連携も重要となってくると考えられる。そのためには，農業派遣を行う派遣会社は積極的に農家と農協とコミュニケーションを取りながら，情報を共有していく必要があるのではないだろうか。

注
（1）30日以内の雇用契約を原則禁止とするというもの。
（2）厚生労働省・都道府県労働局資料「労働者派遣・請負を適正に行うためのガイド」を参照。
（3）実働労働者とは派遣会社に登録し実際に派遣業務を行っている労働者のことを指す。
（4）農協契約型農業派遣では，農協の中に雇用問題に対する対策協議会を作り，派遣を利用したい農家が会員になっている。A社はこの協議会と労働者派遣契約を結んでいる。つまり派遣労働者を農協の協議会に派遣しているのである。ここでは，協議会を取りまとめている農協職員が指揮命令者となり，現場責任者は協議会の会員である農家となる。これにより，指揮命令者の所在を明確化し，さらに協議会が中間搾取を行わないことで二重派遣とならないようにしている。
（5）高畑裕樹『農協における派遣労働力利用の成立条件　派遣労働は農業を救うのか』第4章参照。
（6）本事例で取り上げている派遣労働者はすべて日本人である。各派遣労働者の居住地，年齢層，性別は以下の通りである．派遣労働者aは札幌市在住40歳代男性，bは札幌市在住30歳代男性，cは札幌市在住60歳代男性，dは札幌市在住50歳代女性，eは恵庭市在住70歳代男性，fは恵庭市在住50歳代女性，gは札幌市在住30歳代男性，hは札幌市在住30歳代男性，iは札幌市在住20歳代男性，jは札幌市在住50歳代男性。
（7）A社からの聞き取りによると，2021年における派遣シフトにおいてA社がバッファ

としている派遣先農家は7戸存在する。

参考文献
今野聖士（2017）『農業雇用の地域的需給調整システム　農業雇用労働力の外部化と常雇化に向かう野菜産地』筑波書房
高畑裕樹（2019）『農業における派遣労働力利用の成立条件　派遣労働は農業を救うのか』筑波書房
農業問題研究学会編（2008）『現代の農業問題2　労働市場と農業　地域労働市場構造の変動の実相』筑波書房

第6章
農業従事外国人労働者の大きさとその役割

軍司　聖詞

第1節　コロナ禍そしてコロナ以降の外国人の動向

　前掲の**図1-3**をみれば，15年以降急速に農業従事外国人の数が増加してきたことがわかる。しかしコロナ禍の2020，2021年はほぼ横ばいであり，従来のような増加傾向は止まった。そしてこの新型コロナウイルスの感染拡大により，日本は人手過多と人手不足の両方に見舞われた。

　人手過多は，コロナによる業績悪化が顕著な製造業・飲食業・観光業・小売業などを中心に起こっており[1]，80万人前後が雇用調整に遭っているとみられる[2]。一方，コロナで，来日を見込んでいた技能実習生を主に外国人労働者が来られなくなったため，建設や介護等の分野と同じく農業でも人手不足に見舞われた。実習生を通年雇用する農業地域では帰国できない実習生に滞在期間の延長を依頼することでようやく対応できたところが多かった。しかし仕事がない厳寒期があり実習生を春から秋まで毎年新規に短期雇用する寒冷地の農業地域では，実習生の入国差し止めはそのまま人手不足につながり，大きな混乱が生じた[3]。

　寒冷地はこの混乱を，解雇・休業中の日本人や外国人の雇用で乗り切ろうとしたが，応募者は少なく，また特に日本人は途中で離職する人が多いなど，対応できなかった。また一部には斡旋を受けて違法滞在者とは知らずに外国人を雇用してしまうなど，産業間の労働力移動は容易ではなかったのである（軍司2020a）。

　しかも寒冷地では臨時に雇用された労働者は冬季に仕事がないため秋までの雇用であり，通年雇用の労働者ではない。そのため翌年の外国人雇用を確保すべく，多くの農家や法人はオンラインで面接を夏頃から始めていた。このように，コロナによる混乱があったにせよ，外国人農業労働力に依存していた地域では，外国人雇用の仕組みを維持しようとしており，外国人依存の構造はコロナ後も続くものとみられる。

　こうした状況を踏まえ，外国人調達の現況と今後の展開を正確に把握し，外国

人労働力が極めて重要な位置にある状況を理解しておく必要があると思われる[4]。

第2節　外国人農業労働力調達制度の現在

1）技能実習制度の概要と特徴

日本における21年3月現在の外国人農業労働力調達制度の種類と概要は**表6-1**の通りである。22年5月現在では，特定活動の戦略特区のそれはなくなり，表の注にある特定活動が20年，21年，22年のコロナ禍で広範に使われている。

受入れの中心となる実習制度は[5]，表のほか次の4つの特徴が指摘できる。

第1は，実習制度であり単純な出稼ぎ受入制度ではない。しかし労働基準法がフルに適用される就労でもあるため，出稼ぎと受け取られる面があるが，低学歴の人でも海外に出ることができるチャンスであり，語学学習や働き方の仕組み・段取り等を多く学べる機会でもある。往復旅費や研修費用は日本側がかなり負担する仕組みになっている。このような制度は他国にはみられず（堀口2017），費用・手間を掛けることで，途上国の若者にとり初めての海外での就業・生活に容易に定着できるようにしている[6]。また日本の家族経営農家も，契約による通年雇用そして外国人受入も初めてだが，トラブル少なく受け入れることができている

表6-1　外国人農業労働力調達制度の概要

在留資格	技能実習			特定活動	特定技能	技術・人文知識・国際業務
方式	1号・2号	3号	（農作業請負方式）	農作業支援外国人受入事業（国家戦略特区）	1号	―
主な特徴	(1)1号1年・2号2年の計3年間 (2)監理団体・送出機関が必要 (3)事前研修2ヶ月以上要 (4)再入国不可。受入農家変更は原則不可 (5)労基法の全適用	(1)2号修了後の2年 (2)優良監理団体・農家のみ受入可 (3)3号切替時同職種で雇用先変更可 (4)他，2号に同じ	(1)在留は1～3号に準じる (2)JA 等が職員として雇用 (3)組合員から作業請負 (4)日本人職員の監督が必要 (5)外部監理団体による監理が必要	(1)通算3年まで，農繁期のみの調達も可 (2)人材派遣企業・農協等が雇用し農家に派遣 (3)労基法の一部適用除外 (4)新潟市・愛知・京都・沖縄に認可 (5)2019年より特定技能に段階的に移行	(1)通算5年までで，農繁期のみの調達も可 (2)実習2号を良好に修了または日本語・技能試験合格者 (3)監理団体等不要。支援は登録支援機関に委託可 (4)給与は日本人と同等以上 (5)雇用先の変更可 (6)労基法一部適用除外	(1)3ヶ月～5年まで，更新回数制限なし (2)実務 10 年以上（国際務は 3 年以上）また短大卒以上 (3)単純農作業従事は基本的に不可 (4)給与は日本人と同等以上 (5)雇用先の変更可 (6)家族帯同可 (7)労基法一部適用除外

出所：筆者作成

注：特定活動には農作業支援外国人のほか，コロナ禍による帰国困難実習生に対して発給される4～6ヶ月の臨時的延長ビザがあり，また他職種からの農業参入も臨時的に認められている。

（軍司2020b）。なお事前の研修の半年の合宿費用や各種の手続きを含む手数料で，送り出し団体に払う費用に関わって実習希望の若者が多額の借り入れをしている問題が指摘されている。ベトナム政府が手数料は日本での基本給の3か月分以内と決めているが，ブローカーが仲介料を要求し来日までに100万円の借入がある等の問題である。しかし仲介が不必要との情報も広まり，また日本の雇用者による現地の直接面接などで情報が正確に伝わるようになり，そうした事例は少なくなっている。

　第2は，これを契機として雇用の常勤・正社員化の促進が行われたことである。農家による雇用ではこれまで，労働力の調達対象が血縁者や地縁者が多かったため，雇用契約は口頭でなされ，雇用条件も明示されないことが多かった。しかし実習制度により外国人労働者を雇用するため，実習計画策定のほか，雇用契約書締結や雇用条件書の交付，三六協定などが必要となり，また実習生が労基法の完全適用を受けるため[7]，雇う側の労基法に関する理解が不可欠となった。受入農家や法人には，他産業並みの雇用環境の整備が求められ，実習制度は日本人の常勤・正社員化を農業に広げる契機になっている[8]。

　第3は，途上国の意欲ある海外出稼ぎ希望者を，現地での面接や技能試験などを行って選抜することである。海外出稼ぎ労働力の調達競合国である韓国では，外国人農業労働力は「雇用許可制」「季節労働者制」によって調達されているが，これらの選抜は語学試験と書類選考のみであり，雇用者が本人に直接会って人物を知るのは基本的に韓国の研修施設においてである[9]。一方，日本は，監理団体や受入農家の代表者が渡航して選抜するだけではなく，受入農家自身が費用を掛けて渡航し，自家の経営方針に合った人材を選抜し，またわざわざ訪問して両親と懇談することも少なくない。このことがコミュニケーション不足による受入トラブルの防止に役立っている（軍司2012）。

　第4は，雇用により農業経営の規模拡大が促され，家族経営の後継者確保も促進されて地域農業を保全する（軍司2013）のみならず，意欲的な農業経営の増加に大きく貢献していることである。特に雇用型大規模農業経営の達成には，量と質が計算できる労働力の多数かつ安定的な調達が不可欠だが，現地選抜を行ったり事前講習を課したりする手間を十分に掛けることにより，これを達成している[10]。しかも通常3年間の雇用契約を結んだ技能実習生なので，採用してもす

ぐにやめることの多い日本人と比べ，確実に勤めてくれるので拡大計画が立てやすい（軍司・堀口2016）[11]。なお不熟練労働力の受入にあたり，韓国や米国のそれも同様だが契約を結んだ最初の雇用先の変更は3年間等，認められていないのが通常である。高学歴者の就労ビザである技術・人文知識・国際業務ビザ保有者（以下，技人国ビザと略称）に，転職の報告は入管（出入国在留管理庁）が求めるが，勤め先の変更は自由なのに対して，不熟練労働力には入国管理上，転職を認めない。もちろん人権問題や賃金等の契約が守られない場合はその不当さを指摘し転職することは認められている。加えて，日本の技能実習生は，労基法に守られた雇用労働者であるとともに，研修を兼ねる人材なので，早期の熟練獲得のためにも勤務先が固定されていると考えられる。

2）新たな制度の概要と特徴

　技能実習制度は，研修と就労を兼ねた制度であることから，労働力調達制度としてみると職種が指定され仕事の範囲が狭く限定される等の特徴があり[12]，深刻化する人手不足に対して十分な対応はできていない。

　実習制度は「労働力需給の調整に使ってはならない」とされているが，労賃以外に経営者にとり相当な負担になる管理費等が求められるので，人手が日本人で充足されている産業からは実習生を希望する企業は出てこない。人手不足の産業から手が上がるので，結果としてそうした産業に多く実習生が雇用されることになる。しかし職種が限定されているので，対応できる地域では実習生を受け入れて農業展開が図れるが，稲作や茶業等の永年作は対応職種ではなく，さらには1号しか雇用できない肉牛にも多くは入ってこない。これらによる地域差は大きく，農業地帯により，外国人が多くみられるところとほとんど見られないところが明瞭である。

　これに対して，特定技能制度が19年に導入された[13]。一定の技能と日本語を有する外国人を人手不足の産業に，上限人数を定めて受け入れる仕組みである。主に実習2号修了者の雇用延長を主に想定して創設されたもののようにみえるが，昇給・昇格の仕組みを外国人労働者雇用にもたらすことになった。そして採用されるのが実習修了者に多いことで，同じ雇用先であれば昇進がスムーズに進むようにみえる。

　また特定技能とは異なり，技人国ビザは従来からあって，いわゆる高度人材に発給されるものだが，近年，農業でも技人国ビザが発給されはじめている。特に畜産分野では，酪農を中心に途上国の大学獣医学部卒者を高度人材として調達する事例が多くなっている（堀口2020）[14]。技人国ビザ者には単純農作業への従事は認められていないが，耕種にも大規模経営を中心に発給事例がみられ[15]，外国人労働者雇用にヒラ・準幹部・幹部という職階をもたらすことになった（堀口2019）。

　多くの特定技能外国人は実習生として雇われていた経営にそのまま採用されるものが多いが，3年ないし5年間実習生として働いたものの中から，雇う側は能力のあるものを選別して特定技能に充て，準幹部としている事例が多い。しかし人手不足を解消することを期待され創設された諸制度だが，当初の想定には及んでいない。農業では5年間で最大36,500人を受け入れることを想定し19年4月に導入されたが，出入国在留管理庁によると21年12月末現在の受入数は6,232人であった。コロナ禍のもとで帰国できず，経営者の依頼もあり滞在日数を伸ばすために技能実習から特定技能1号に変更したものが多いはずだが，それを入れてもこのレベルである。もっともコロナ禍で入国ができなかったこともあり，今後は入国が期待でき，さらに増えることが予想される。

　また今後は海外での試験による合格者が増え，また技能実習1・2号と異なり，雇用先を変えることが可能なので，同じ職種だが異なる経営・地域に移動することは十分考えられ，同一経営にとどまり昇給・昇格して経営幹部になる傾向とは異なる動きが出るかもしれない[16]。地域間移動を通じて，外国人が農業ではほとんど見られなかった地域にも，特定技能外国人が増えてくることが予想される。また長期滞在が可能な技人国ビザ者だが，彼らにはおおむね5年程度での帰国意向があるとの指摘もあり（秋山ほか2021），必ずしも日本人労働力と同等の長期キャリアパスを期待することは容易ではないことも考えられる。しかし家族帯同も認める特定技能2号に農業も加われば，長期に日本で働きたいとする外国人には選択肢が広がることになる。技人国ビザと同様に一定の期間ののちに移民に相当する永住ビザの申請も可能になるのである。

　上記のプロセスは，外国人労働者が各地に広がる中で地方自治体，それも特に過疎下の自治体にとり域外からの定住人口として外国人が迎えられる傾向を生み

出している。日系ブラジル人等，身分に基づく在留資格で滞日する外国人家族には，子供の教育や生活支援が自治体に求められ，それに応えているが，家族を帯同せず労働者として企業で働く外国人は支援の対象ではなかった。コロナのワクチン接種の必要で，存在の大きさがそのとき初めて自治体の首長により認識されたところが多い。技能実習生や特定技能外国人の宿舎は制度として企業の責任（費用は，本人の了解の上，賃金から差し引かれている）であるが，税金を納め地域の産業を支える外国人を，移住する日本人と同じく移住人材として積極的に受け入れ策をとる自治体が現れている。定住者支援の住居費補助を技能実習生等にも出す自治体である。ただし宿舎を用意する雇用者に建設補助金が支出される形ではある。その結果，実習生らは快適な宿舎に少ない支出で住むことができ，外国人が長く定住し，あるいは応募する外国人の増加にもつながっている。また彼らのために日本語塾を開く自治体も出てきている。

第3節　外国人農業労働力調達データの現在

　日本における外国人農業労働者は21年10月末時点で38,532人あり，うち実習生が30,030人である。また専門的・技術的分野は4,369人でこの中に特定技能外国人を含む。

　外国人技能実習機構（2022）によると，20年度（21年3月調査）に認定した第1号団体監理型技能実習はコロナによる入国制限で前年より少ない（19年3月調査の18年度は17,930件，20年3月調査の19年度は15,623件）が，農業全体で9,336件（耕種7,638件・畜産1,698件）あった。国籍別でみるとベトナムが最多の4,109件，次いで中国が2,103件あり[17]，この2国で全体の2/3を占める[18]。都道府県別でみると，茨城県が最多の1,773件，次いで熊本県947件，北海道902件，千葉県582件，愛知県465件であり，この上位5道県で全体の50％を占める[19]。耕種・畜産農業の別でみると，耕種7,638件・畜産1,698件と耕種が82％を占める。これを都道府県別に見ると，耕種農業が盛んな茨城県では1,773件中1,641件が耕種であるが，畜産農業が盛んな北海道では902件中畜産が470件であり，都道府県によって求められている人材が異なることが分かる。ただし今後は実習生を雇用できなかった稲作や茶等の経営が多い地域にも特定技能で外国人が入ってくることが想定され，技能実習生ではあるが稲作の多い新潟県は今回311件（18年度は204件，19年度は

234件）の多さになっており，変化が感じられる。地域別の実情把握や対応が求められる。すでに述べたように過疎地帯での農業への外国人雇用労働者の参入は人口の維持にもつながり，日本人移住者と同じように積極的な政策の対象になり始めている。

　しかし外国人農業労働力調達に関する統計データは乏しく，例えば市町村別のデータは取得できない[20]。農業センサスは雇用された外国人も数として把握されているが，外国人を分けた調査と集計はなされていない。農業に従事する外国人の数は，厚労省の届け出の雇用外国人統計があるが，県内の労働局別までの数字であり，国勢調査は県のレベルでしか公表されていない。また市町村が住民登録を在留カードにより集計すれば，技能実習生が従事する耕種農業や畜産農業別に人数がわかるが，自治体自身が集計した事例に今まで筆者が遭遇できたのは北海道のある町のみであった。外国人農業労働力が農村地域や農業経営に対してどのような意味を持つのか，定量的な把握が未だ困難である。地域的な研究を行うことが難しく，外国人労働力研究が事例研究を主とするレベルに留まらざるを得ない現況がある。また自治体にとってデータの不足は施策の実行を妨げることになりかねない。

第4節　農業で増加する雇用への需要を埋める外国人労働力

　日本農業における外国人労働力の重みは大きくなっている。またコロナによる入国制限があったが，緩和後に外国人を導入する動きはすでに始まっており，外国人の受け入れは構造的なものであることがわかる。

　農業に従事する外国人の主たるものは技能実習生であるが，厚労省「外国人雇用状況」の届け出によると，合計では2015年以降毎年4千人ずつ増加してきた。この増加数は，農水省の新規就農者調査（日本人のみ調査）による49歳以下の新規雇用就農者数が毎年7千人だから，その半分に相当する。不足するといわれている日本の青年就農者を，外国人が大きく補っていることになる。そして農業に従事している技能実習生総数は3万人をはるかに超えているが，19年10月末で9,983事業所に35,513人おり，1事業所当たり3.6人の雇用規模になる。15年農林業センサスによると販売農家数133万戸，基幹的農業従事者数175万人だから，それらと比べれば外国人の数はまだわずかである。しかし今回の20年度集計でも茨

城，熊本，北海道，千葉，愛知の上位5道県で実習生の半分を占めているから，特定の地域に集中していることがわかる（宮入2017）。限られた地域に集中し規模の大きい産地を形成しているのであり，農業経営の規模拡大を推し進める力になっている（大仲2019）。ただ1事業所3.6人だから，多くは家族経営や小規模法人に雇われる大きさであり，大規模雇用型法人のみに外国人が雇用されているのではないこともわかる。実習生がいることで後継者も残り，再生産できるだけの規模になっている。これらの産地にとって，来日すれば実習生は確実に一定年数働いてくれるのであり，彼らは今や必須の雇用労働力である。

　ただし対象職種が制限されそれぞれの経営にとり採用の上限枠がある技能実習生に対して，その枠がなくなった特定技能外国人は，外国人が多くはなかった地域にこれから産地を拡大する労働力にもなり，また経営規模の拡大に貢献するものと思われる。外国人が今後，地域的にどう拡散するか，調査が必要であろう（中原・中塚2021）。

　家族経営は，従来は日本人の季節雇用や臨時雇用に依存していたが，今ではこれらの短期的な雇用に応じる人そのものが農村ではいなくなってきている。これへの対応の一つとして，農協請負型の技能実習生が増えてきたことも確認しておきたい。北海道で始まった制度だが，府県でも導入され，農協に雇用された技能実習生が組合員の委託に応じて作業に出る方式が見られるようになった。農協等に通年雇用された実習生が，ヘルパーのごとく組合員の下に指導員とともに訪問し，請負作業をするのである。これだと通年雇用するほどの仕事がなく，技能実習生を雇用できない家族経営でも，農繁期を乗り切るうえで実習生が引き受けてくれる仕事は貴重であり，またありがたい。

　また農業と漁業では特定技能1号の外国人は派遣型も認められたので，派遣会社が通年雇用し，時期に応じて働く場所を移動するという産地間移動労働者の役割も出てきている。その典型は，高冷地野菜地帯で春から秋まで働き，その後は南九州や沖縄，あるいは西日本で冬の仕事をこなすような特定技能外国人である。すでに技能実習の経験があり，日本語のレベルが高く農業技術のレベルも高いので農家の需要にこたえやすく，技能実習生より高い派遣単価を払う農家や法人が多くみられる。

　異なる農繁期の時期を踏まえ，異なる地域の農家や法人をマッチングする機能

は派遣会社に求められる。ために，直接雇用と比べると，派遣会社に払う派遣単価は高いが，その機能を期待し，また直接雇用する際の管理労働の仕事を派遣会社が行うので，納得して農家や法人は派遣料を払っている。産地間移動労働者としては，日本の若者が地域を回って各地の農繁期の需要に応える動きはみられるが，これをマッチングさせたりする機能はまだ弱く，この特定技能外国人を雇用して派遣する派遣会社のような機能を持つ組織はまだ一般的ではない。異なる地域の農協が協定を結び，日本の若者を異なる時期に受け入れる方向が出てきているが，まだ組織化は弱いように見える。

　また雇用契約を結ぶので技能実習生は労基法に守られている実習生であるとともに，研修を兼ねるので一定年数を経れば熟練や技能が増すことになる。彼らの位置づけは，不熟練労働力のまま3年間を終えるのではなく，技能実習3号や特定技能につながる熟練を得た労働者であり，準幹部等にも位置付けられるようになっている。OJTによる研修を兼ねた雇用労働者である日本の技能実習生は，他の国の不熟練労働力受け入れの仕組みよりも，彼らにとってメリットがあるといってよい。また採用時に現地国の送り出し団体や面接に来た日本側から，現地では正確な情報が得られている。実習生でブローカーに騙され過大な借金を負う事例は減り，日本で3年間働けば，出国までの負担を取り返したうえで，3年間で300万円以上を確実に得られる現状は知られている。最近の円安でベトナムから他の国にシフトする動きもみられるが，上記のようなキャリアパスや改善された就労条件なども用意されれば，外国人受け入れで日本は競争力を持つことになるであろう。

　他方，雇用する農家等は文書で契約を結び，就業規則を作成し，他産業と同じ雇用条件になることで，日本人を雇用する場合にも競争力を持つことになるのは当然だが，大いに強調しておきたい点である。

注

（1）厚生労働省（2020a）によれば，2020年12月4日現在，新型コロナに起因する解雇等見込み労働者数の累計上位3業種は，製造業（21,864事業所に14,929人）・飲食業（13,844事業所に10,732人）・小売業（11,825事業所に10,238人）である。労働局が企業から聞き取ったもので傾向を示す。

（2）総務省統計局（2020）によると，20年10月の対前年同月比で，正規職員・従業員は約9万人増だが，非正規職員・従業員は約85万人減で，合わせて約75万人減である。

対前年同月比雇用者数は新型コロナの感染拡大が始まった19年12月を境に減少に転じ，緊急事態宣言が出された20年4月を境に大幅なマイナスで低止まりしている。

（3）2020年4月，江藤農相（当時）は「実習生ら2400人不足」（日本農業新聞2020）と声明した。寒冷地における人手不足の実際やその対応については軍司（2020a）に詳しい。

（4）外国人農業労働力のサーベイ論文として松久（2018）がある。実習制度については八山（2017）等，八山政治氏の諸研究に詳しい。

（5）農林水産省（2020）によれば，外国人農業労働者は，2019年10月末現在で35千人いるが，うち実習生は32千人であり，その主力である。5年前の2014年での実習生は15千人（全体は18千人）なので2倍以上に急増している。

（6）外国人農業労働力調達制度の国際比較研究を行う既往研究は少ない。調達先進国・給源途上国の個別の受入・送り出し制度の概要については堀口（2017）がある。韓国は萩原（2017），タイは稲葉（2017）がある。また英文による日本の外国人農業労働力調達事情は，Ando and Horiguchi（2013），Ratnayake and Silva（2018）がある。

（7）労基法第41条1号により，農業では，時間外割増賃金等，一部の規定が適用除外になっている。

（8）その他，実習生には最低賃金法や労働契約法，労働衛生安全法など労働関連法令の適用があり，受入農家には安全衛生教育の実施なども求められる（厚生労働省2018）。

（9）室内作業中心のきのこ栽培業など労働条件の良い業態では，採用面接ができることを重視して，屋外作業中心の耕種農業等を離職した外国人を調達するものもある（軍司2020b）。なお韓国雇用許可制・季節労働制の概要や実際は，軍司（2020b），金（2017）に詳しい。

（10）最低賃金で出発する実習生を安価という理由で調達する受入農家はほとんどいない。面接費用や監理団体の監理費等を勘案すると，実習生の雇用費用の総額は日本人高卒者の雇用費用を上回るのが通常であり，多くの受入農家は日本人が雇用できるのであれば日本人を雇用したいと考えている。しかし求職者が少なくかつ離職率も高いことから，日本人に代わる形で実習生の調達が進んでいる。

（11）軍司・堀口（2016）によれば，大規模雇用型農業経営群の中には，質の高い実習生の大規模かつ安定的な調達を達成するため，事業協同組合（監理機関）を設立し自前で監理を行うのみならず，専用研修所・専用農場を備えた人材派遣企業（送出機関）を現地に設立するものもある。家族経営農家の規模拡大過程は，安藤（2014）をはじめ安藤光義氏の茨城県八千代町を対象とした通時的調査諸研究に詳しい。

（12）例えば，実習生が帰国した場合，同じ実習生として再来日することはできない（一時帰国ができない）ことから，農閑期があり実習生を通年雇用できない寒冷地では，後輩に作業を教える先輩がおらず受入農家が毎年作業手順を教える必要があるなどの問題を生じている。

（13）特定技能制度の概要や背景については，石田（2019），石田（2018）など石田一喜氏の諸研究に詳しい。

(14)外国免許獣医に日本の獣医作業は認められていないが，疾病兆候の発見や獣医への通報判断など，日本人獣医の補助的作業を行う役割を担っている。

(15)外国人労働者の管理者等として通訳者のほか，経理担当者として経営学部卒者，農業技術者・土壌分析担当者として農学部卒者を雇用する事例などがみられる。

(16)出入国在留管理庁（2021）によれば，2020年12月末時点の特定技能1号農業外国人は2,387人あった。上位3都道府県は茨城県（367人）・北海道（242人）・熊本県（197人）となっているが，宮入（2021）は，北海道において特定活動外国人数が増加した背景には，制度理解が進んだ等のほか，コロナ禍による帰国遅延者の在留ビザ切替があったものと指摘している。

(17)ベトナム人農業労働力の受入れは大津（2019），送出しは軍司（2019）など，中国人農業労働力の受入れについては安藤（2014）など，送出しについては大島・金子・西野（2015）をはじめとする大島一二氏の研究に詳しい。一方，訪日経験者の帰国後の動向についての研究は乏しく，出稼ぎ希望者の出稼ぎ先選択や日本が選ばれ続けるための施策のあり方については明らかになっていない。

(18)入管法が改正され実習制度が開始された翌年の2011年には，技能実習1号ロ取得新規入国者60,847人のうち，3/4強の46,560人を中国人が占め，ベトナム人はわずか6,100人だった。しかし中国人が減少しベトナム人が増加したことで，16年にベトナムが同入国者数1位となった（軍司2019）。しかし一部地域ではベトナム離れがはじまっており，カンボジアやミャンマー，キルギスといった新規国の開発がはじまっている。

(19)茨城県の農業実習生受入れには前述の安藤氏の研究がある。北海道は宮入（2018），北倉（2014）などが詳しい。長野県は飯田（2012）がある。しかし熊本や千葉，群馬の研究は乏しく地域毎では十分には解明されていない。

(20)統計は外国人技能実習機構の業務統計が2年分ほどしかない。過年については国際研修協力機構（JITCO）の業務統計があるがJITCOを介した受入れを集計したものである。

参考文献

秋山満・堀口健治・宮入隆・軍司聖詞（2021）『肉牛繁殖・肥育経営および酪農経営における外国人労働力の役割』農畜産業振興機構

安藤光義（2014）「露地野菜地帯で進む外国人技能実習生導入による規模拡大―茨城県八千代町の動向―」『農村と都市をむすぶ』64（2），pp.24-31

飯田悠哉（2012）「外国人技能実習生たちの日常世界：長野県のフィリピン出身者の事例から」『農業と経済』78（9），pp.59-60

石田一喜（2019）「外国人導入の諸制度のあり方と課題」『農村と都市をむすぶ』69（9），pp.23-29

石田一喜（2018）「新たな在留資格『特定技能』の概要―農業分野における外国人の受入れに着目して―」『農林金融』71（12），pp.809-725

稲葉吉起（2017）「タイの農業高専卒業生を受け入れる露地野菜組合・その展開と発展」『農村と都市をむすぶ』67（3），pp.49-56

大島一二・金子あき子・西野真由（2015）「中国から日本への農業研修生・技能実習生派遣の実態と課題」『農業市場研究』24（3），p.43

大津清次（2019）「無茶々園におけるベトナム海外実習生受け入れの取り組みの現状と課題」『農業と経済』85（12），pp.66-67

大仲克俊（2019）「野菜作経営体における外国人技能実習生の雇用の状況」『農村と都市をむすぶ』69（9），pp.16-22

外国人技能実習機構（2020）「令和元年度業務統計」外国人技能実習機構ウェブサイト　https://www.otit.go.jp/gyoumutoukei_r1/（2021年8月5日取得）

金泰坤（2017）「雇用許可制を導入した韓国の状況と課題」堀口健治編『日本の労働市場開放の現況と課題』筑波書房，pp.245-262

北倉公彦（2014）「北海道にみる短期滞在型の実習生の実情と課題」『農村と都市をむすぶ』64（2），pp.47-53

軍司聖詞（2021）「日本の農業労働力不足と外国人労働力の導入」秋山満他『前掲』農畜産業振興機構，pp.31-41

軍司聖詞（2020a）「新型コロナ下の失業増大と農業労働力確保の現状」『農村と都市をむすぶ』70（11），pp.18-27

軍司聖詞（2020b）「外国人農業労働力受入れの論点と展望―日本と韓国の制度比較から―」『農業経営研究』57（4），pp.43-48

軍司聖詞（2019）「ベトナムにおける外国人技能実習生送出しの実際と送出機関の事業的特徴」『農業経済研究』91（1），pp.35-40

軍司聖詞（2013）「外国人技能実習制度活用の実際とJAの役割―茨城県神栖市の事例―」『日本農業経済学会論文集』2013，pp.165-172

軍司聖詞・堀口健治（2016）「大規模雇用型経営と常雇労働力―日本人と外国人技能実習生をともに雇う香川県の法人経営の事例分析を中心に―」『農業経済研究』88（3），pp.263-268

厚生労働省（2020a）「新型コロナウイルス感染症に起因する雇用への影響に関する情報について（12月4日現在集計分）」厚生労働省ウェブサイト　https://www.mhlw.go.jp/content/11600000/000702278.pdf（2021年8月5日取得）

厚生労働省（2020b）「外国人雇用状況の届出状況まとめ」令和元年10月末現在，厚生労働省ウェブサイト　https://www.mhlw.go.jp/stf/newpage_09109.html（2021年8月5日取得）

厚生労働省（2018）「技能実習生の労働条件の確保・改善のために」厚生労働省ウェブサイト　https://www.mhlw.go.jp/stf/seisakunitsuite/bunya/koyou_roudou/roudoukijun/gyosyu/ginoujisyu-kakuho/index.html（2021年8月5日取得）

佐藤忍（2021）『日本の外国人労働者受け入れ政策』ナカニシヤ出版

出入国在留管理庁（2021）「特定技能1号在留外国人数」令和2年12月版，出入国在留管理庁ウェブサイト　http://www.moj.go.jp/isa/policies/ssw/nyuukokukanri07_00215.html（2021年8月5日取得）

総務省統計局（2020）「労働力調査（基本集計）2020年（令和2年）10月分」総務省統計局ウェブサイト

　　https://www.stat.go.jp/data/roudou/rireki/tsuki/pdf/202010.pdf（2021年8月5日取得）

中原寛子・中塚雅也（2021）「外国人労働力の導入による地域農業支援の体制と課題：JAあわじ島における農作業請負の事例から」『農業経営研究』59（2），pp.103-108

日本農業新聞（2020）「実習生ら二四〇〇人不足」2020年4月29日付記事

農業共済新聞（2020）「外国人材特定技能開始1年農業で686人想定にほど遠く」2020年6月2週号付記事

農林水産省（2020）「農業分野における新たな外国人の受入れについて」農林水産省ウェブサイト

　　https://www.maff.go.jp/j/keiei/foreigner/（2021年8月5日取得）

萩原里沙（2017）「外国人労働者受け入れの影響：日本と韓国における現状，政策と課題」『農業と経済』83（6），pp.6-15

八山政治（2017）「新たな技能実習制度の枠組み・その狙いと課題―農業分野の受入れを中心に―」『農村と都市をむすぶ』67（3），pp.19-27

堀口健治（2020）「酪農経営にみる外国人労働者の質的拡大―海外大卒の獣医学出身者が果たす役割―」『Dairy Japan』2020年7月号，pp.67-60

堀口健治（2019）「ヒラ（技能実習ビザ）から幹部（技術ビザ）にも広がる外国人労働力―農業通年雇用者不足下の外国人の急速な量的質的拡大―」『農業経済研究』91（3），pp.390-395

堀口健治（2017）「農業にみる技能実習生の役割とその拡大―熟練を獲得しながら経営の質的充実に貢献する外国人労働力―」『日本の労働市場開放の現況と課題』筑波書房，pp.14-30

松久勉（2018）「農業分野における外国人技能実習に関する研究動向」『Primaff Review』81巻，pp.6-7

宮入隆（2021）「北海道農業における雇用労働力需要と外国人材の受入動向」秋山満他『前掲』農畜産業振興機構，pp.43-59

宮入隆（2018）「北海道農業における外国人技能実習生の受入状況の変化と課題」『開発論集』101巻，pp.117-143

宮入隆（2017）「北海道農業における技能実習生の受入実態とその変化」『農村と都市をむすぶ』67（3），pp.28-36

Ando, Mitsuyoshi and Horiguchi, Kenji（2013）'Japanese Agricultural Competitiveness and Migration', Martin, Philip, "Migration and Competitiveness", Migration Letters, No.10（2），pp.144-158

Ratnayake, P and Silva, S. D.（2018）"Human Capital Development in Asia with Japanese Technical Intern Training Programme", Saga University Economic Society

第7章
農業にみる労務管理・人材マネジメントの特徴と課題

入来院　重宏

第1節　農業における労働基準法の適用除外事項と実際の適用

1）農業の適用除外事項

　労働基準法（以下労基法）では，農業が適用除外となっている事項がある。まずは本来の労基法の定めを述べておきたい。

・労働時間（労基法32 ～ 33，36 ～ 38の4〔ただし37④を除く〕，40，60，66）：労働基準法（以下労基法）は，使用者は労働者に対し，休憩時間を除き1週間について40時間を超えて，1週間の各日については，休憩時間を除き8時間を超えて労働させてはならないとしている。

・休憩（労基法34，40，67）：労基法は，使用者は労働者に対し，休憩は，労働時間が6時間を超える場合は少なくとも45分，労働時間が8時間を超える場合は少なくとも1時間を，労働時間の途中に与えなければならないとしている。

・休日（労基法35 ～ 37，60）：労基法は，使用者は労働者に対し，休日は，原則として毎週少なくとも1回付与しなければならないが，例外として4週間を通じて4日以上付与することも可能であるとしている。

　しかし農業においては，農閑期に十分休養を取ることができる，休憩を与えなくても農業従事者は何時でも自由に休憩がとれる等の理由から，労働者には，「この時間を超えて労働させてはならない」という法定労働時間（原則「1週40時間，1日8時間」）がない。使用者は労働者に法定労働時間を超えて労働させても違法とならず，使用者は労働者に休憩や休日を与えなくても違法とはならない。

　また，農業に従事する労働者には労基法でいう時間外労働や休日労働はないので，時間外労働及び休日労働に関する割増賃金の規定の適用もない。

　さらに，年少者（未成年者のうち，満18歳未満の者）と妊産婦には，時間外労働，休日労働及び深夜労働をさせてはならない等の特例があるが，農業はこれも適用除外である（ただし妊産婦の深夜労働は禁止）。

　なお農業においても深夜労働の割増賃金は適用除外とされていない。労基法上，使用者が，午後10時から午前5時までの間において労働させた場合においては，その時間の労働については，通常の労働時間の賃金の計算額の25％以上の率で計算した割増賃金を支払わなければならない。

2）適用除外の弊害と考えられること

　労基法の労働時間関係が適用除外であることが，農業にとって弊害となっていると考えられることについて，いくつか述べてみたい。

（1）長時間労働が許容される根拠となっている

　「労務管理の基本は，労働時間の管理である」と言われることも多く，労働者を保護する目的で「労働条件の最低基準」を定めた労働基準法の中にあって労働時間関連事項の定めは最も重要な項目と言っても過言ではない。農業はこの労基法の最重要項目が適用除外であり，長時間労働のリスクから労働者は法律で守られていない。適用除外は長時間労働が許容される根拠となっているのである。

　また，法定労働時間を超える長時間労働をさせても割増賃金の支払い義務もないため「労働時間の適用除外は農業に与えられた特権だ」と考える経営者も多い。適用除外は他産業一般企業並みの労働条件の提供を難しくしているのである。

（2）扱いが一律でないため混乱が予想される

　かねてより，農業であっても労基署が適用除外を認めないケースがあるという話を地方で勤務する農協職員等から聞いていたこともあり，2014年11月に，筆者は全国47都道府県の労働局に電話をして，労基法41条の労働時間等の適用除外について除外としないケースはあるのか，又その判断基準は何か，という確認をした（**表7-1**）。

　約3分の1の県で，実態によって判断する（天候に左右されない場合は41条の適用がないこともあり得る）としており，農業であっても法律の趣旨に沿わない場合は労基法の適用除外事項を適用除外としていないケースがあるという実態を垣間見ることができた。

　農業であれば適用除外という労働局もあれば，実態によって現場の監督官の判

断に任せるという労働局もあり，今後，雇用型農業が増加する中で混乱が予想された。

　筆者は，2014年の調査時に「実態によって判断する」と回答していた労働局を中心に2021年 8 月に電話にて再度同じ質問をしたが，（※印の県） 7 年の間に考えや方針が転換されたケースもあり，実態は刻々と変化していると考えて間違いないだろう。

(3)　誤解から「労働時間管理が不要」と考えられる可能性

　農業は労基法第41条によって，労働時間関係が適用除外とされている。

　労基法第41条では，労基法で定める労働時間・休憩・休日に関する規定は，農水産業従事者，管理監督者等，監視・断続的労働従事者，宿日直勤務者のいずれかに該当する労働者については適用しないとしているのである。

　農業が労基法の労働時間関係が適用除外であるということは，労働時間を例にとれば，事業の性質上，天候等の自然条件に左右されることから， 1 日 8 時間であるとか， 1 週40時間という法定労働時間の規制になじまないことを理由として，具体的には，法定労働時間を超えて労働させても違法とならず，ペナルティとしての割増賃金の支払いも必要ないことをいう。ただし，労働者に対して労働時間に応じた賃金を支払わなければならないことは農業であっても他産業と変わらない。当然，使用者には労働者の労働時間を適正に把握，管理する責務がある。

　これに対し，適用除外に該当するもう一つの代表に管理監督者がある。管理監督者の適用除外とは，管理監督者はその立場上，所定労働時間に拘束されず，厳格な時間管理になじまないことを理由としており，実質的には，「管理監督者は労働時間に応じた賃金を支払う対象者ではない」ということとなり，実務的には，2019年 3 月以前は労働時間の把握の義務の対象からすら外れていた。同じ「適用除外」と言っても内容は農業の場合とは異なる。

　ところが，農業の現場では「農水産業の適用除外」を「管理監督者の適用除外」と同じように理解し，誤った労務管理をしているケースがある。具体的には，労働時間の管理をせず，そのために労働時間に応じた賃金が支払われていない不利益な扱いを受けている労働者がいるということである。

　筆者は，2002年に社会保険労務士として開業し，農業にかかわる仕事に携わる

ようになってから，農業の労働条件や労働環境の実態をつぶさに見ていく中で，月給制や日給制の労働者を雇用している農家や農業法人の多くで労働時間の管理をしていない実態があることに気が付いた。また，相談会等で以前は月給制の農業経営体で働いていたが，残業代がなくて給料が安いから時給制の経営体に転職したという労働者にも会った。

　経営体に労働時間の管理をしていない理由を尋ねると「農業は労働時間が適用除外だから」労働時間の管理は不要と答えるケースが多かったが，農業は労働基準法そのものが適用除外だと答える経営者も結構多く，いずれにしても月給や日給で賃金を払っている労働者の労働時間の管理をしていない経営体は多かった。

　実態として，農業で雇用されている労働者の多くが管理監督者と同じ扱いとなっていたが，一般企業の管理監督者と違い，農業の労働者の給与は最低賃金ベースの基本給のみであることが多く，労働者の多くが低い賃金で長時間労働を強いられていた。

　筆者は，この状況を鑑み「農業の労働時間関係の適用除外は管理監督者の適用除外と違い，使用者は労働者の労働時間の把握と算定の義務がある」ことを周知させることを目的として，著作（「農業の労務管理と労働・社会保険　百問百答」2005年全国農業会議所）を発表した。

　現在，多くの農業経営体において適切な労働時間管理がなされており，2002年当時の状況とは大きく異なるものの，「農業の労働時間適用除外」を「管理監督者の適用除外」と同一視している経営体は今なお存在する。

（4）外国人材の扱いに予想される混乱

　わが国における外国人材受入の基本的な方針は，専門的・技術的分野の外国人材は積極的な受入が可能で，それ以外の分野ではさまざまな検討を要するという考えのもとに行われてきた。農業分野においては，従来，在留資格「技能実習」で入国した外国人材が技能実習生として全国各地で活躍している。外国人技能実習生に対しては，他産業との均衡を図る意味から，労基法の適用がない労働時間関係の労働条件について，基本的に労基法の規定に準拠するよう指導されており，事実上「適用除外の除外」扱いになっている。（「農業分野における技能実習移行に伴う留意事項について」農林水産省農村振興局地域振興課2000年3月，「農業

分野における技能実習生の労働条件の確保について」農林水産省経営局就農・女性課長2013年3月28日）

　2019年4月1日に改正入管法が施行され，新しく在留資格「特定技能」が設けられた。これにより，深刻な人手不足と認められた建設業や介護，飲食料品製造業等，農業を含む12分野において外国人労働者の就労が可能となった。特定技能外国人は労働者なので，日本人労働者と同様の扱いになり，労基法第41条により法律の一部（労働時間，休憩，休日とそれに係る様々な条項）が適用除外となる。具体的には，労働時間の上限規制等はなく，規制がないためペナルティとしての割増賃金の支払い義務は深夜割増を除き，ない。

　外国人に対して「技能実習生には割増賃金あり」，「労働者には割増賃金なし」という2種類のルールが混在することになり，外国人材に対する労基法の適用の矛盾が顕在化し混乱することが予想される。

3）農業労働の特殊性と所定労働時間

　農業労働は他産業にはない多くの特徴があり，これは「農業労働の特殊性」とも言われ，一般的に労働時間の管理を難しくし，結果的に農業の労務管理を難しくしている。農業は作物によって農繁期と農閑期があり，この結果，労働分配に不均衡が生じる。これを「農業労働の季節性」というが，たとえば農閑期である冬季には仕事そのものがないという地域では，常勤労働者を継続的に雇用することは困難である。

　労基法は，1週40時間，1日8時間労働と1週間に最低1日の休日を原則としており，労基法第36条により時間外労働・休日労働に関する協定（以下「36協定」）を締結し，所轄の労働基準監督署長に届け出ることを要件として，時間外労働として，1日または1週の法定労働時間を超えて労働させ，あるいは休日労働として1週1日または4週4日の法定休日に労働させることを認めている。

　労基法で限度として定めている1日8時間及び1週40時間のことを「法定労働時間」といい，また「所定労働時間」とは，会社等で定めた労働者に働かせることができる労働時間のことで，たとえば，1か月の所定労働時間とは，月給制の従業員が1か月間に働くことを義務付けられている時間のことである。他産業では所定労働時間を設定するにあたっては，法定労働時間を超えて設定することは

できないが，農業では法定労働時間が適用除外なので，これを超えて所定労働時間を設定することが可能である。

　他産業では労使間で36協定が締結されていれば，使用者は労働者に法定労働時間を超えて労働させることは可能だが，この場合，法定労働時間を超えて労働させた分については法律で定められた割増賃金を支払わなければならない。ところが農業では，法定労働時間から大きく逸脱しない範囲で，1日の所定労働時間や1週間の所定労働時間を自由に設定することが可能であり，また，他産業のように残業時間に対して割増賃金を払わなければならないということもない。農業は，所定労働時間の設定が労務管理の大きなポイントだといえるだろう。たとえば，農繁期には1日や1週間または1か月の所定労働時間を長く，反対に農閑期には所定労働時間を短く設定するといったことが可能であり，休日を農繁期は少なく，その分農閑期に多くし，年間を通じた休日数を他産業並みに付与しているというケースもある。

　所定労働時間を法定労働時間の「週40時間」を基本に設定している農業の事業場は年々増えている。他産業を大きく下回るような労働条件で優秀な労働力を確保することは困難なことなどの理由から，所定労働時間や休憩・休日の設定は，できるだけ法定労働時間に近づけるよう努力すべきである。

4）変形労働時間制の利用や準用

　変形労働時間制とは，労働の繁閑の差を利用して休日を増やすなど，労働時間の柔軟性を高めることで，効率的に働くことを目的とする制度である（労働基準法32条の2〜5）。

　他産業においては，1日8時間又は1週40時間の法定労働時間を超えて仕事をさせた場合は，割増賃金を支払わねばならないが，変形労働時間制は，労基法で定められた手続を行えば，その認められた期間においては，法定労働時間を超えて働いた場合でも，この期間内の平均労働時間が法定労働時間を超えていなければ，割増賃金の対象として扱わないとする制度である。変形労働時間制は，仕事内容等に応じて「1か月単位」「1年単位」「1週間単位」「フレックスタイム制」がある。「1か月単位」や「1年単位」の変形労働時間制は農業でも活用しやすく，実際に多くの経営体が利用もしくは準用している。

　とくに外国人技能実習生に対しては，労働時間・休憩・休日等に関して他産業に準拠するよう指導されており，法定労働時間を超えて実習させたり，法定休日に労働させたりした場合は，法定の割増賃金の支払い義務が生じることになるので，外国人技能実習生に対しては，変形労働時間を利用するケースは多い。

〈「１年単位の変形労働時間制」を準用した法人の就業規則の例〉
　「１年単位の変形労働時間制」を準用し所定労働時間を１年間平均して１週40時間以内とする例である。始業終業時間が５パターンあり，１日の所定労働時間は，７時間，7.5時間，８時間，8.5時間の４パターンを設けている。
　年間の休日は，99日としており，繁忙期（４月～10月）は，隔週休２日制ペースで閑散期（11月から翌年３月）の休日日数は，毎月10日以上あるというメリハリあるスケジュールになっている。
第●条　所定労働時間は，１月１日を起算日とする１年単位の変形労働時間制を準用し，１年を平均して１週あたり40時間以内とし，１年の所定労働時間は2,085.5時間以内とする。
２　１年を１か月（２回），２か月，３か月，５か月の期間に区切り，各期間によって始業・終業時間が異なる。期間毎の１か月の所定労働日数，始業及び終業時刻，休憩時間を次のように定める。

期間	１か月の所定労働日数	期間の所定休日数	始業時間	終業時間	休憩時間	１日の所定労働時間	期間の所定労働時間
１月１日～３月31日	18日	36日	8:00	16:30	10：00～10：15 / 12：00～13：00 / 15：00～15：15	７時間	378時間
４月１日～４月30日	22日	8日	7:30	16:30	10：00～10：15 / 12：00～13：00 / 15：00～15：15	７時間30分	165時間
５月１日～９月30日	25日	28日	7:30	18:00	10：00～10：30 / 12：00～13：00 / 15：00～15：30	８時間30分	1,062.5時間
10月１日～10月31日	25日	6日	7:30	17:00	10：00～10：15 / 12：00～13：00 / 15：00～15：15	８時間	200時間
11月１日～12月31日	20日	21日	7:30	16:00	10：00～10：15 / 12：00～13：00 / 15：00～15：15	７時間	280時間
合計（年間）	266日	99日					2,085.5時間

3　前項の時間は，業務の都合その他やむを得ない事情により必要がある場合は，あらかじめ通知して，全部または一部の従業員に対し，始業・終業の時刻を変更することがある。

4　1年の途中で入社・退職した従業員については，適用された期間の所定労働時間の合計と当該期間の所定労働時間が平均月所定労働時間であったと仮定した場合の合計との差について所定労働時間の合計が平均月所定労働時間の合計を超える場合には，精算して追加賃金を支給するものとする。

（休日）

第●条　各月の休日日数は，次のとおりとする。

1月	2月	3月	4月	5月	6月
13日	10日	13日	8日	6日	5日
7月	8月	9月	10月	11月	12月
6日	6日	5日	6日	10日	11日

2　各人の休日は前月15日までにシフト表で定める。

3　業務の都合により会社が必要と認める場合は，あらかじめ前項の休日を他の日と振り替えることがある。

表7-1　労働局担当者への聞き取り調査抜粋（2014年11月，2021年8月）
（労基法41条の除外の有無）

都道府県	質問）労基法41条の労働時間等の適用除外の除外としないケースはあるか
東北地方A県	食料品製造業とみるか農業とみるかの判断となる。ビニール栽培は適用除外でよい。きのこもきのこの栽培の範囲では適用除外だが，その後加工などをすれば製造業となる可能性がある。日本標準分類で分類されるため，もやしは製造業
東北地方B県※	雨天の時は作業不可というような業務が適用除外となるため，場合によっては製造業と取り扱われる可能性もある。実態によって判断され，この作目は対象・対象ではない，という基準はない。 2021年8月 ①加工設備を有する場合②食料品製造業に分類される場合（もやし）については適用除外の除外となるが，それ以外については基本的に農業として扱う。
東北地方C県※	天候に左右されるかどうかというところが大きな区分となるが，実態によって判断されるため，区分を明確にすることは難しい。 2021年8月 工場で工程を管理できるような製造業は，適用除外にはならない。分類で判断するが，分類自体が不明瞭な場合も多いと考えられる為，監督署で個々に判断する。
関東地方D県	きのこ栽培など天候の影響を受けない場合は適用除外の除外となる。天候の影響をうけるかどうかで判断される。
関東地方E県※	農業に分類される以上，適用除外の例外とはならない。 2021年8月 最近よく相談を受ける。農業に分類されるかどうかが判断基準となる。もやしは食品製造業であり，農業ではないということになる。天候に影響を受けるかどうか等を検討するというよりは，農業に分類される限り労働時間関係は適用除外という扱いである。
関東地方F県※	農業であっても，法の趣旨に鑑み，天候に左右されない場合など適用除外の例外となる可能性がある。 2021年8月 農業に分類される限り，天候に左右されるかどうかを判断基準にすることなく適用除外にせざるを得ない。

関東地方 G県※	実態に応じて判断する。
	2021年8月 食料品製造業は該当せず，農業であれば適用除外であるが，それだけではなく，農業と言っても，全てが室内で労働時間が管理できる体制で行っている事業であれば，適用除外とは一律に言えない。監督署にそれぞれ確認するしかない。
関東地方 H県※	特にない（室内でも農業）
	2021年8月 もやしは食料品製造業であり，適用除外の対象にはならない。きのこの場合には製造業に分類されるケース，農業に分類されるケースが有る為，その分類に応じて農業に該当するのであれば適用除外。
中部地方 I県※	特にない
	2021年8月 例えばきのこを生産している場合であっても，製造業に分類されるような加工と言えるケースと，栽培している農業に分類されるケースが存在する。これらのどの業種に該当するかで判断する。判断はケースバイケースの為，監督署が行う。
中部地方 J県	屋内での作業で天候に左右されない場合は，食料品製造業と判断される場合がある。ビニールハウスであれば，天候に左右される側面があるため，農業として適用除外。
中部地方 K県	加工設備を有する場合。特に加工設備を有し，もやしえのきを栽培するものを製造業とする
中部地方 L県	日本標準産業分類でもやしは製造業。きのこは農業だが，屋内であること，機械装置をつかう場合は労働時間管理については適用除外の例外とする方針である。（該当労働局の方針とのこと）
関西地方 M県※	個別に判断するため基準を示すことは難しい。
	2021年8月 業種で判断する。農業に分類されるか食料品製造に分類されるかで判断する。
関西地方 N県	農業という分類になれば室内であっても適用除外。
中国地方 O県	労働局独自ではないが，コンメンタールのとおり加工設備を有する場合は製造業として取り扱う。
中国地方 P県	基準はないが，天候に左右されるような農業を適用除外としており，それに該当しないような室内作業は適用除外としないケースも想定できる。基準はない。
四国地方 Q県	統一的な基準はなく，個々に判断
	2021年8月 業種で判断するものの，天候に左右されない場合は労働時間を管理できると考えられる。出来れば労働時間を管理するのが望ましい。
四国地方 R県	業種で判断するので，製造業に該当しない限り，適用除外と理解してよい。
九州地方 S県	天候に左右されるかどうかで判断する，個々の事情による。

第2節　優良事例

1）法人の概要

法人名	株式会社関東地区昔がえりの会				
代表	小暮郁夫				
法人設立	1999年				
所在地	埼玉県児玉郡上里町勅使河原717				
事業内容	農産物の生産・販売及び作業受託・営農支援・新規就農者の育成				
生産品目	加工業務用野菜（玉ネギ，キャベツ，白菜，小松菜　他）				
従業員数	合計43人	正職員19人	パート26人	障害者4人	高年齢者2人　外国人材12人
資本金	7,000万円				
売上高	7億1,000万円				
平均勤続年数	3年1か月				
平均年齢	34.5歳				
年間休日数	108日（2021年）				

2021年7月現在

2）事業の現況

　1975年当時，日本経済は第一次石油ショック後の大きな転換期にあったが，農畜産業分野においても従来からの農家が畑を耕しながら一方で畜産を手掛けると

いうやり方から，農耕と畜産の専業化が進み，弊害として大規模化した畜産業の排泄物が大きな環境問題になってきていた。このような状況の中，農耕と畜産をつなげていくシステムの構築を考え，ライフサイクルが出来るような畜産排泄物の処理システムを開発，提案する組織が設立された。これが後の「昔がえりの会」で，当会は現在，健康な農産物づくりに取り組む農業生産団体として，相互扶助の精神を基に，農産物の生産や集出荷を通じて，末永く地域農業を支え貢献できる農業生産法人として活動している。

　1997年に埼玉県児玉郡市内の農家30名で，関東地区昔がえりの会の前身である「ひびきの郷湧気100倍研究会」が設立され，「昔がえりの会」の醗酵堆肥を用いた特別栽培農産物の栽培試験が開始された。1999年に埼玉県児玉郡上里町に「有限会社　関東地区昔がえりの会」が資本金1,320万円，株主30名（会員農家）で発足され，認定農業者として認定された。2005年に農業生産法人としての要件を満たし，加工食品事業部を発足させると，2008年には，農畜産物処理加工及び集出荷貯蔵施設の竣工，加工工場操業開始し（ほうれん草・小松菜・いんげん・アスパラ・ブロッコリー・枝豆等の冷凍野菜の製造），その後，大手外食企業にカット野菜工場として貸し出し，野菜を契約で納品するなど，以降，順調に規模を拡大，売上を伸ばし現在に至っている。

　なお，雇用面においては，2012年から「農の雇用事業※」を活用し埼玉県農業大学校を卒業した新規就農希望者を毎年採用している。また，2014年から，インドネシアから外国人技能実習生を定期的に受入れている。

※「農の雇用事業」は2021年度で終了

3）労働条件や人材育成に対する取組み

　社長の小暮氏は，「社長の仕事は従業員に自己成長の機会を与えることである」と言い，現場の仕事は可能な限り現場に任せている。かねてより労働条件や恵まれた福利厚生等で従業員からの評価も高い法人である。今回，本書執筆に当たり，直接社長の小暮氏に面会し，労務管理や人材育成，労働条件や各種制度等について，用意した質問に対して丁寧に回答してもらった。

（1）従業員を雇入れるときの自社のアピールポイントは

・独立就農体制をきちんと用意していること

・長く働き続けることも可能で将来的に役員登用の道もあること

・事業継承は従業員を中心に考えていること

「定年まで雇用する，という一般企業の発想はなく，農業の世界に来たい人は受け入れ，辞めたい人は辞めてもらう，修行したい人は修行してもらうというのが会社の基本スタンスである。」

「30人の仲間で作った会社で，初めから同族経営にすることは考えていない。農業を本気でやりたい人，能力のある人は役員になったり社長になってもらってよいと考えている。しかし，反対に言われたことしかできない人は，当社は職能等級制賃金制度を活用しているので，ある時期で給与は頭打ちになるだろう。」

「当社は，従業員に対して，少なくとも数名の部下を統率できる実力はつけてもらうというつもりで人材育成をしている。また，独立就農を希望する者には，①会社が農地を分ける，②会社施設や会社の農機具を利用できる独立支援制度を用意している。」

（2）従業員を雇入れるときに応募者の何を重視するか

・素直であること

・仕事に対して前向きな姿勢があるか

「従業員の採用は，①書類選考，②面接，③インターンシップ（1週間以内）という段階を踏んでいる。実際に入社前に働いてもらってミスマッチをなくすようにしている。」

「入社を希望する者にインターンシップを経験し，入社するかどうかを判断してもらうということだが，会社の方から入社をお断りすることも少なくない。農業に対して自分なりの高い理想を持ち過ぎていて，現実の農業の厳しさを知らない方が意外と多く，こういう人は，経験上入社しても長続きしないので最初にこちらからお断りしている。」

「一般企業に来る者は，ある意味標準化していて，能力や性格等が一定範囲にあって大きな差はないと思うが，農業に来る者は，能力差等の上下の幅が大きい。凄く優秀な者もいれば，その反対もいる。できるだけそれぞれのキャラクターに

合わせた育成を心掛けていて，会社としては，入社した者については，最低3年は働いてもらいたいと思っている。」

（3）定年年齢は何歳か，定年後の再雇用は何歳までか
・定年は60歳
・定年後の再雇用の年齢上限はない

（4）どのような賃金体系か。定期的な賃金改定はあるか，ある場合どのように決めているのか
・正社員は月給制，非正社員は時給制
・毎年4月1日で定期昇給を実施している

「正社員の賃金は，基準内賃金として，基本給（年齢給＋職能給），手当（職務手当，営業手当），基準外賃金として，時間外手当（休日労働手当，時間外労働手当，深夜労働手当），その他手当（家族手当，通勤手当，消耗品手当）からなる。」

「採用時の賃金額（基本給）は，高卒で186,000円，大卒は高卒より高く設定している。定期昇給は，最低賃金の昇給率に合わせている。最近の埼玉県の最低賃金の昇給率は3％なので，最近の昇給率は3％である。」

職務手当は，役職に応じて次表の額

役職	支給額（月額：円）
部長，本部長	50,000
統括，課長	40,000
担当課長	20,000
農場長、係長	20,000
リーダー	6,000
サブリーダー	3,000

「営業手当は，営業職に対しての手当で，月額20,000円。家族手当は，扶養される妻に月額5,000円，18歳未満の子一人につき，人数に制限なく月額3,000円。通勤手当は，月額10,000円を上限に実費支給（自動車などの交通用具を使用している従業員に対しては距離に応じて上限あり）。

消耗品手当は，出勤日数に応じて支給

出勤日数	支給額（月額：円）
1～9日	1,000
10～19日	2,000
20日～	3,000

　時間外手当は，労基法に従った割増賃金である（休日労働35％，時間外労働25％，深夜労働25％）。」

(5) どのように労働時間を管理しているか
・現場作業員は作業中にメモ書きし，夕刻に自らパソコン端末に入力
・管理部系はタイムカード

　「たとえば，夏は早朝から仕事をして午後の暑い時間3～4時間程度休憩を入れている。始業，終業，休憩時間は個人に任せており，ラインで報告がある。労働時間は，その日のうちに申告させないと忘れてしまうので，毎日終業時に自己申告させている。具体的には，各自が毎日終業時に労働時間をクボタのKSASへ入力している。」

(6) 雨天で予定していた作業ができない場合の対応
・現場の判断で臨機応変に対応している

　「毎月，労働カレンダーを用意している。月の所定労働時間は（他産業並みの）172時間で，実労働時間が所定労働時間を超えた時間を残業時間としている。

　始業時間，就業時間，休憩時間は現場の状況に応じて個人の判断に任せており，たとえば，夏は早朝から仕事をして，午後の暑い時間に3～4時間程度休憩を取ったりしているが，このような作業状況は現場管理者からその都度私にラインで報告が送られてくる。」

(7) 休日はどのように決めているか
・原則として，週休2日制である

　「総務等の管理部系は，土日休みである。現場作業員は，農場長が各労働者と相談しながら休日のローテーション決めている。国民の祝日は休日としていない。休日出勤は振替扱いとしている。」

（8）年次有給休暇の取得状況

・会社側から年休日を指定している

「正社員，非正社員問わず退職時に年休消化するケースが多い。」

（9）就業規則等の規則を作成するうえで留意していること

・標準的な中小企業の福利厚生や労働基準法等で定められた内容を適正に順守

「農業法人だから許されるということはなく，一般（通常）の労働基準法を適用している。労働基準法の適用除外事項を除外としていないということである。当社は，一般企業を目指している。」

（10）退職金制度はあるか

・中小企業退職金共済制度を利用している

「掛金は，月額1万円から加入し，勤続年数に合わせて掛金も増やしており，新卒採用者が定年退職時に1500万円程度になるように調整して掛金を積み立てている。」

（11）従業員に対して研修制度や福利厚生等で用意しているものはあるか

・新入社員研修がある

・埼玉県の海外派遣研修（8日前後）に従業員を参加させている。過去7年間で15人派遣している

・提携企業の加工実需者主催の勉強会に年6回程度，1回1～3人程度参加させている

・関東近県の農業生産法人への短期研修に派遣

・独立就農を希望する者向けの社内研修（独立就農塾）を予定している

・資格取得にかかる費用を助成している

・主食米を提供している

「新入社員研修は，取引銀行系のシンクタンクを利用させてもらって，これは2日間，当社で3日間，合計5日間実施している。」

「独立就農塾は，就業時間中に社外講師を招いて実施する。内容としては，経営編は，中小企業診断士が講師で13回，実践編は，農林振興センターや人材育成

コンサルタントの講師で10回，技術編は，専門家を招いて土壌勉強会を12回予定している。」

「また，資格取得にかかる費用を補助している。具体的には，フォークリフトやトラクター等の大型特殊免許の取得にかかる費用は全額会社持ちである。」

「普通免許がオートマ車限定免許の従業員には，オートマ車限定免許解除にかかる費用の半額を補助している。」

「その他の福利厚生として，当社ではお米を好きなだけ持って帰ってよいとして，常に用意している。これは，本当に食べたいだけ持って帰ってよいという制度で，従業員に非常に好評である。」

「これは福利厚生といえるか分からないが，過失事故での什器備品等の損壊に伴う修理費用は，全額会社負担である。たとえば，トラクターの操作誤りで配管を潰す事故は毎年のようにあり，5万円程度の修理費用がかかる。こういう従業員の過失による事故にかかる修理代の弁済は一切従業員にさせていない。どうも，こういう修理代を弁済させる農業法人は結構多いようで，以前，当社を辞めて他社に転職した人が，転職先の会社の機材を壊して弁償させられたことに嫌気がさして当社に戻ってきたことがあった。」

（12）外国人技能実習生について
・技能実習生は，全員インドネシアからの女性である

「本国に婚約者がいる者が多く，一定年数日本で真面目に稼いで帰国している。当社は優良事業所になっているので，3号で合計5年まで在留することが可能で，さらに希望すれば，その後，特定技能の在留資格で5年在留することができる。本国に婚約者がいない者は日本に残りたがる者が多いので，技能実習生から特定技能への移行を希望する者は一定数いると考えている。

彼女たちは，日本のお米が大好きなので，当社の主食米提供制度を大いに活用している。多分，月額の食費は2万円程度で済ませているのでないかと思う。」

（13）労務管理上，とくに留意していること
・事故防止である

「農業では，従業員の安全管理が労務管理上もっとも重要なことだと考えている。

おかげでこれまで，たまに収穫時に鎌でけがする程度の事故はあるが，大きな事故はない。作業改善対策は，情報の共有化としてホウレンソウ（報告・連絡・相談）や5S（整理・整頓・清掃・清潔・躾）の徹底に努めている。」

（14）労務管理について，社労士のアドバイスを受けているか

・社労士と顧問契約を締結している

　「社労士と顧問契約を締結して，12年程度になる。法的なアドバイスは，必ずしも会社の実情に合っているわけではないが，リスク防止という観点からは非常に助かっている。実務上，依頼することが多いのは就業規則等のチェックである。」

（15）「農業の働き方改革」（雇用改善）を実行しているか

・専任の担当者の設置

・健康管理に資する取組みの実施

・36協定の順守

・年次有給休暇の5日以上の強制取得

　「働き方改革担当職員は，営業補助の女性正社員で，栄養士の資格を持っていることもあって，健康管理についての研修会や教室を開催している。従業員が積極的に年休を消化するように「有給休暇取得の申請及び受理に係る適用規定」を作成した。」

（16）従業員を育成するうえで留意していることはあるか

・仕事を任せる。体験を積ませる

・モチベーション維持・向上の取組みとして，福利厚生等の充実，公平な評価及び適正配置の実施，生産担当職員等のスキルアップを目指す各種取組みの実施

　「ある程度失敗をすることを前提として仕事を任せている。なるべく多くの体験を積ませ，自分の頭で考える癖をつけさせている。」

　「福利厚生や労働条件は，農業法人としては良い方を目指すという考えではなく，一般中小企業並みを目指している。」

　「人事評価は，年2回実施しており，①自己評価，②上司評価，③会社評価，④個別面接と段階を踏んで丁寧に行い，評価は，昇給，賞与，研修派遣等に反映

させている。」

　「生産担当職員等のスキルアップの取組みとして，品目等の担当制にすることによる責任の明確化，専門知識の早期取得，高度化を目指す手段として，研修旅行，視察，勉強会，講習会，展示会，地域活動の参加に取り組んでいる。」

　「農業は，規模が大きくなればなるほど社長が手を出せるところは小さくなるというのが実感としてあり，従業員一人一人が自分の判断で仕事ができるようになることが必然的に求められるのが農業である。」

4）まとめ

　（株）関東地区昔がえりの会の労働条件や人材の育成についての考え方や具体的な仕組みを見てきた。社長の小暮氏の言葉の端々から，長年の経験に裏付けられた確固たる自信をうかがうことができた。また，貴重で豊富な話の内容から，「企業経営にとって従業員の育成が最重要である」という思いと，実際に非常に多くの資金，労力，時間等の資源を従業員育成に注ぎ込んでいる実態を知ることができた。

　労基法の適用除外事項について，同社の労働条件や福利厚生は，一般中小企業並みを目指しているため，所定労働時間は法定労働時間を基準としているように適用除外事項については，基本的に適用除外としていない。労働時間の扱いについて，適正な労働時間管理ができるシステムを活用し，労働者に毎日きちんと労働時間の報告や申告を行わせている点も農業としてはユニークである。

　また，同社の福利厚生の多様さと充実度も特筆すべきである。「目指しているのはあくまでも一般企業並みの労働条件や福利厚生」とのことだが，たとえば，中小企業においては退職金制度がないというのは，「普通」と言っても過言ではない現代において，「新卒者がフル勤務した場合の退職金額が1500万円」という退職金額は大企業並みと言ってもよいかもしれない。また，研修や勉強会の充実度も一般的な農業法人の常識をはるかに上回っていると言ってよい。

　同社で働く従業員からは，「休暇も取りやすく，恵まれた環境に大変感謝しています」という言葉を直接聞くこともできた。最後に従業員からの返事である，次の言葉で本稿を締めくくろうと思う。

　〈「関東地区昔がえりの会」を（友人・知人に対しするように）紹介してくださ

い。〉

　「ただ何気なく仕事をするのではなく，自身で考え，行動することを応援してもらえる職場です。スキルアップに繋がること間違いないよ。」（女性24歳・勤続年数2年）

第2部　常雇に依存し発展する法人経営と人材マネジメント

第8章
長期的視点に立った従業員の人材育成の取組
―北陸地方の稲作法人を対象に―

澤田　守・田口　光弘

第1節　稲作法人における従業員の育成

　稲作法人においては，土地利用型で多くの経営耕地面積を有し，農繁期と農閑期の労働時間の差が大きいという特徴を有する。特に稲作においては機械化が進展しており，農業技術を習得し，農業機械のオペレータを育成するためにも，長期的な視点での人材育成が必要とされている。また，圃場条件の違い，自然条件の影響，機械作業の多さからは，農作業の安全性の確保という労務管理の視点も重要になる。ここでは北陸地方にある稲作法人のY社の事例をもとに，従業員の人材育成，労務管理に関する取組について考察する。

第2節　Y社の概要

　Y社は，北陸地方にある稲作を主体とする農業法人である。1985年に現代表の父が農業経営を本格的に始め，現代表が就農後，1992年に雇用従業員の確保などを目的として有限会社Y社を設立している。

　Y社は市街地から15kmほど離れた豪雪地帯の中山間地域に位置する。会社設立後は，地域内の農地を中心に借地面積を拡大し，2021年には経営耕地面積が112haに達している。近年は経営耕地面積を無理に拡大するのではなく，地域内の農地の集積率を高めることで作業効率を上げ，地域農業の維持に貢献しようとしている。中山間地域のため，圃場は小区画のところが多いが，連担している圃場に関しては，地権者の同意を得て自社の機械で独自に圃場整備を行っており，1 haを超える圃場もある。

　Y社の組織は役員が3名，従業員（正社員）が10名，パート・アルバイトが32名で構成されている（2021年調査時点）。正社員の年齢別分布は，20代が6名，40代が2名，50代以上が2名となっており，平均年齢は36.3歳と比較的バランス

経営体基本情報（2021年）

法人名	有限会社Y農場	法人設立（西暦）	1991 年
		創　業（西暦）	1985 年
所在地	中部ブロック			
事業内容	米の生産、加工、作業受託			
農地・施設等の規模 飼養頭数等	田 112ha			
従業員数	合計　42人	正職員	10人	パート・アルバイト	32人
資本金	3.5 百万円			
売上高	170 百万円			
平均勤続年数 （正職員）	6.4 年			
平均年齢 （正職員）	36.3 歳			
年間休日数 （正職員）	122 日			

のとれた年齢構成となっている（**表8-1**）。従業員の勤続年数は，10年以上が2名，5年以上10年未満が2名，5年未満が6名となっており，平均勤続年数は6.4年である。勤続年数が短い従業員が若干多い理由としては，新規に2019年に4名，2020年に1名を採用していることが影響している。

表8-1　Y社の従業員の構成

（単位：人）

	役員	従業員（正社員）		
		30 歳未満	30～50 歳	50 歳以上
男性	3	6	3	1	2
女性	0	4	3	1	0

資料：Y社資料より作成。

　経営の中心作目である米は，法人設立当初から消費者等への直接販売などを行い，独自に販路を確保している。Y社の農産物販売金額は1.3億円（2020年）で，そのほとんどを米販売が占める。さらに近年では米の付加価値向上のため，餅加工販売や米粉クレープの移動販売などに取り組んでいる。その他に農業以外の収益部門として，冬季間に地域の除雪作業を請け負っており，年間3千万円程度の事業収入がある。Y社では，春季から秋季にかけては農作業，冬季は地域の除雪作業を担うことで周年的な作業体系を確立している。

第3節　Y社の従業員の採用・募集

　Y社の従業員の採用・募集についてみると，以前はハローワークでの募集が主体で，新規学卒者を中心に採用してきた。新規学卒者を選ぶ理由の一つは，Y社の稲作栽培技術などを教える際に，農業に関する余計な知識が少ない方が望ましいと考えたためである。しかし，近年ではより採用範囲を拡大するため，新規学卒者だけではなく中途採用者も採用している。

　ハローワークの求人票に記載する仕事内容は「米と野菜の生産」，「冬期の農産物の加工業務及び道路除雪業務」，「農産物直売所またはイベントなどの出店時のお客様対応」の3つである。労働条件に関しては，基本給16～18万円，賞与は年2回（1ヵ月分），週休2日制（土日祝祭日，月平均労働日数21.3日）となっており，社会保険が完備され，他産業と同等の労働条件を確保している。

第4節　Y社の採用方法の特徴

　Y社では，従業員採用に際して様々な工夫を図っている。その一つが会社見学を通じた情報提供である。就職希望者に対しては，採用面接の前に必ず会社を見学させており，来社した際に会社の企業理念，労働条件，残業時間の実態などについて，経営者が1時間～1時間半程度をかけて詳細に説明している。特にY社では，企業理念として地域農業への貢献を第一に掲げているため（**図8-1**），将来的に他地域で

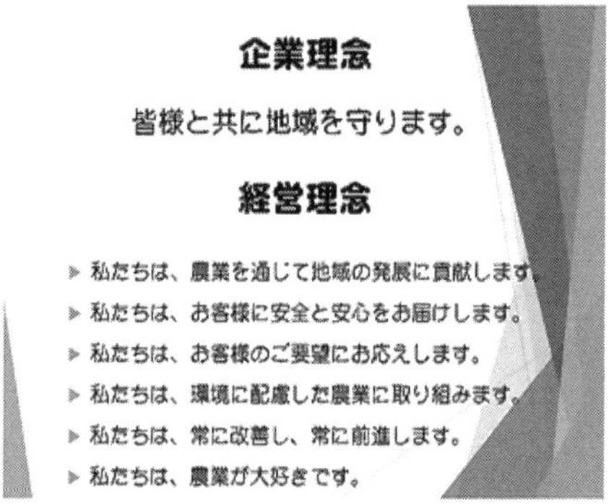

図8-1　Y社の企業理念，経営理念

資料：表8-1に同じ。

独立希望をもつ場合は採用しないことなどを説明している。また，採用後の離職を防ぐために就職希望者にはあえて5月のGW，9月の農繁期には厳しい労働環境になることを伝え，それでも働きたいという強い意欲がある場合にのみ，採用面接を実施している。そのため，月に3名程度就職希望者が来社することもあるが，会社見学のみの場合も多く，採用面接に至る人は少ない。また，採用面接時に会社方針に合わない傾向がみられる場合には，採用後のミスマッチを防ぐため

にも不採用としている。

　もう一つが採用試験の実施である。Y社の採用試験に際しては，面接の他に作文，数学のテストがあり，数学では濃度の問題など，農業に必要な知識について出題している。作文に関しては具体的なテーマを決め，テーマに沿った文章を書かせている。採用試験では，正答率の高さではなく，就職希望者が農業に対する熱意がどの程度あるのか，どの程度真剣に丁寧に書いているのかという点を重視している。

第5節　Y社の人材育成の特徴

　Y社の大きな特徴が，従業員に対する労務管理，人材育成の取組である。経営者は，経営者自身が事故などに遭遇し，経営に関与できなくなった場合でも，法人が維持・存続できる仕組みを作ることが重要と考え，従業員の人材育成に取り組んでいる。Y社の人材育成施策の特徴として，以下の点をあげることができる。

1）作業別責任者制度の創設

　第一の特徴が作業別責任者制の創設である。Y社では2009年にJ-GAP認証を取得するなど，農場内のルール作りや組織体制の見直しを積極的に進めてきた。会社の組織図は，**図8-2**のようになっており，一定の年数を経た従業員は，各部門の責任者になるようにしている。特に，Y社の特徴は稲作の作業工程別に責任者を配置している点である。この作業別責任者制度では，稲作の作業内容を種子選

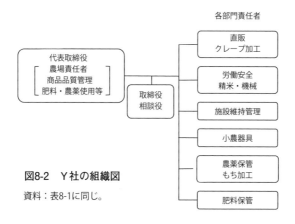

図8-2　Y社の組織図

資料：表8-1に同じ。

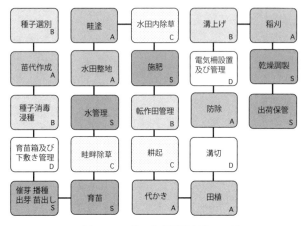

図8-3　Y社の作業別責任者の一覧

資料：表8-1に同じ。
注：作業責任の難易度に応じて背景色が異なる。難しい方から順に，S，A，
　　B，C，Dとなっている。

別から出荷保管に至るまで23の工程に分解し，工程ごとに責任者をつけている（図8-3）。そして責任者は担当作業について，作業の段取り，人員配置，資材・機械の使用に関する計画立案などを行う。この制度の特徴としては，経営者も他の従業員と同様に担当以外の作業については責任者の指示に従っており，従業員に多くの権限を付与している点が挙げられる。

　作業別責任者は，原則毎年入れ替えを行うことになっており，前年の11月に担当する責任者を決めている。この仕組みにより，年数を経ると従業員はどの作業を任されても対応可能になるとともに，担当以外の作業にも関心を持って仕事をするようになっている。

　また，23の各工程は5段階に難易度が分かれており，難易度と給与の評価制度が連動している。そのため，高い難易度の工程の責任者になった場合，給与額が増加することになり，従業員は能力向上へのインセンティブが付与される仕組みとなっている。難易度はアルファベットで示しており，一番難易度が高いのはSで，次いでA，B，C，Dの順に難易度が設定されている。Sに関しては育苗，水管理，乾燥調製などが該当し，Aに関しては稲刈，防除，Bは種子選別，溝上げ，Cは畦畔除草，Dは溝切などが該当する。この難易度に関しては収量，品質に重要な影響を及ぼす作業が高いランクになっている。

2）ミーティング活動と人事評価

　第二の特徴がミーティング活動の充実である。Y社では毎日朝礼を実施し，作業別責任者がパートを含めた従業員に対して作業スケジュール，使用する機械及び資材，さらに労働安全上の留意点などについて入念な打ち合わせを行っている。その他には，週1回全従業員が出席して週間ミーティングを実施している。週間ミーティングでは，作業の進捗確認とともに，翌週の作業計画などについて作業別責任者が説明を行う。各作業計画について綿密な打ち合わせを実施することで，翌週の作業計画，人員配置が決められ，作業全体の計画，各従業員の従事内容について意思統一が図られている。

　また，Y社の事業年度は11月1日から始まるが，年度末となる10月中旬には年次の総括会議を開催し，作業別責任者としての反省や気付いた点を挙げている。さらに総括会議の議論をもとに，次年度の経営目標を10月下旬までに策定し，経営者が作業別責任者を割り当てる。従業員は作業別責任者の決定を踏まえ，次年度の個人別目標を立てている。個人別目標は社内で見えるところに張り出すとともに，翌年の総括会議で達成できたかどうかの自己評価の報告を行う。この個人目標の達成度合いが人事評価にも結びつく形をとっている。またY社では，年1回，全社員が社内の評価項目に沿って，従業員同士の多面評価（360度評価）を実施している。従業員は他の従業員の評価を得ることで，自己評価と周囲の認識との違いを知ることが可能になっている。

3）労務管理の取り組み

　次に，Y社の労務管理の特徴については，以下の三点があげられる。第一の特徴が，農作業安全に向けた取り組みである。製造業などにおいては，労働安全衛生マネジメントシステム（OSHMS）の適用が進められているが，農業分野での活用はいまだ少ない。Y社では定期的に労働災害の発生リスクがある作業の洗い

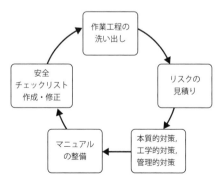

図8-4　Y社の安全衛生の取り組み（農作業）

資料：表8-1に同じ。

出し，及びリスクレベルの事前評価を行っている。その流れは**図8-4**に示すように「作業工程の洗い出し」→「リスクの見積もり」→「本質的対策，工学的対策，管理的対策」→「マニュアルの整備」→「安全チェックリスト作成・修正」というサイクルを回すことで，労働安全の向上に取り組んでいる。特に潜在的な事故要因に関しては，**表8-2**のように，危険性または有害性，リスクの除去，低減措置の検討を実施している。労働災害が生じる可能性について発生可能性，ケガの重大性から，災

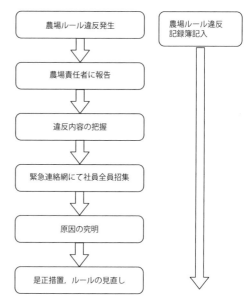

図8-5　農場ルール違反時管理手順フローチャート
資料：表8-1に同じ。

害のリスクを見積もるとともに，リスクの低減措置について具体的な措置の検討を行っている。また，農作業の開始時には，従業員がその日の作業の注意点をホワイトボードに記載し，日常的に作業の注意喚起を図っている。

　さらに，Y社では農場ルールを整備し，ルール違反時のフローチャートを定めている（**図8-5**）。具体的にはルール違反が発生した際には，違反記録簿への記入とともに，従業員全員に周知し，原因究明を行う。違反の際に，なぜそのような違反に至ったかというプロセスの検証を行うことで，違反の再発をなくし，作業改善につなげている。このような労働安全衛生マネジメントの取組は，従業員の労働安全に対する意識を高め，安全面の向上につながっている。

4）多様な従業員が活躍できる労働環境の構築

　労務管理の第二の特徴として，多様な従業員が活躍できる労働環境の改善があげられる。Y社では従業員の中で女性が4割を占めており，女性従業員が機械のオペレーターを担うなど生産現場等で活躍している。Y社の場合，女性でも作業

表8-2　Y社における危険性または有害性、リスクの除去、低減措置の検討例

作業手順	作業区分（定常/非定常）	労働災害に至るプロセス（ハザード）	見積り・評価（現状）					リスクの低減措置		措置後の見積り・評価（予測）				
			危険状態が発生する頻度	ケガに至る可能性	ケガの重大性	リスクポイント	リスクレベル			危険状態が発生する頻度	ケガに至る可能性	ケガの重大性	リスクポイント	リスクレベル
フォークリフト2.5tにて、かけ土板プレコン（1t未満）をパレットに乗せ、かけ土板ホッパー上部チェーンブロックに組をかける。	定常	チェーンブロックにプレコンをつるす位置がセンターでなかったため、プレコンをつり上げた時、荷ぶれを起こしホッパーが転倒し作業者の背中に当たり打撲する。（ホッパーが転倒）	1	4	10	15	IV	本質的対策	天井クレーンを1台増設する→設置済み	1	1	10	12	IV
								工学的対策	ホッパーをアンカー固定する					
								管理的対策	プレコンをつるす位置を表示で周知させる	1	4	6	11	III
								個人用保護具の使用	ボディープロテクターを着用する					
		チェーンブロックのフック位置が低かったため、プレコンがフックに接触、フックが大きく揺れて玉掛け作業者の頭部にぶつかり打撲する。（フックが大きく揺れて）	2	2	3	7	II	本質的対策	天井クレーンを1台増設する→設置済み	1	1	3	5	II
								工学的対策	プレコンが来るまでチェーンブロックを用意しない					
								管理的対策	フックの空荷上げ高さの位置を表示しておく	1	1	3	5	II
								個人用保護具の使用	ヘルメットを着用する	2	2	3	7	II

資料：表8-1に同じ。

がしやすい労働環境をつくるために，通常20kg単位の肥料袋について10kg単位の袋をつくり，田植え時に使用している。労働環境として，誰もが働きやすい環境づくりに努めることで労働力の確保につなげている。

5）夏場の作業時間の変更

　労務管理の第三の特徴が，夏場の炎天下の作業に対応した労働時間の変更である。労働時間に関しては，夏場の健康管理のため，数年前から天気予報で最高気温が30度を超える日が3日以上続くと予想される日から，就業時間を5時から9時，14時から18時の8時間に変更し，高温となる昼間の作業は極力避けるようにしている。近年，夏場の気温上昇が続き，従業員が屋外で安全に働くことができる環境ではなくなっている。また，就業期間中に木陰などで休むことで，計画どおりに作業が進まないなどの不都合が生じる。そのため，従業員の理解を得たうえで，夏場の就業時間を変更し，猛暑の時間帯での作業を避けている。この就業時間に関しては，最高気温が30度未満の日が3日続くと予想される日から，元の就業時間に戻すようにしている。夏場の就業時間の変更に関しては，朝5時からの早朝勤務となり，また終業時刻も18時と通常より遅くなるため，従業員にとって負担となる点が多い。しかし，従業員の安全を確保したうえで，夏場の作業を計画的に進行させるためには，就業時間を変更させる以外に方法は見当たらない。稲作では夏場の作業が不可欠であることから，熱中症対策という視点から有効な取組とみることができる。

第6節　地域農業への貢献と従業員育成

　Y社では，企業理念として地域農業を守ることを最優先に掲げており，そのために地域住民への貢献を念頭に置いた経営を心がけている。農作業を実施する際は，地域住民の迷惑にならぬように民家が密集する場所の移動は避け，圃場間の移動時には道路に落ちる泥土の清掃を行うなど，様々な配慮を行っている。このような活動もあってY社は地域社会からの信頼を得ており，地域内の7割の農地を集積している状況にある。

　Y社の場合，作業別責任者制度という仕組みで，従業員への権限委譲を積極的

に進めながら，従業員の能力向上を考えた長期的な人材育成施策を実施している。さらに人材育成と並行して労務管理においても，農作業安全に向けて対策を徹底しており，安全で働きやすい労働環境を実現することで，人材を定着させ，会社組織の充実を図っている。

第9章
豪雪地帯における安定的な正職員雇用
—明確に用意しているキャリアパス—

堀部　篤

第1節　豪雪地帯で正職員を採用するには

　本章の対象事例は，北海道水田地帯に位置し，玉ねぎの生産・販売を主要事業としているA株式会社（以下，A社）である。今野（2019）が示す通り，北海道の耕種農業においては，個別経営単位での常雇は難しい。正職員の雇用のためには，冬期間の業務（給与支払い）が必要となる。本章では，道内でも雪の多い地域に位置するA社において，正職員を雇用するための工夫を明らかにする。またA社は，キャリアパスを明確に用意していることも特徴的である。これは，経営主自身が新規参入者で，第三者継承としてA社を継承した背景がある。正職員のキャリアパスとして，自社の経営幹部か，独立就農することを提示しているがその理由と内容を明らかにするのが，本章の第二の課題である。

第2節　A社の経営概況

　A社は，田14ha，畑6haで，有機栽培・特別栽培玉ねぎを生産し，2020年度は1億900万円を売り上げている。玉ねぎのほかは，トウモロコシを約80万円生産している。また，A社は関連会社としてB販売株式会社（以下，X社）を設立し，一体的に運営している。X社は，社員はおらず，A社の代表取締役社長（aさん）が，X社の代表取締役社長も兼ね，A社が生産した農産物のほか，近隣農家から集荷し，販売，営業等の実務を行っている。

　A社の特徴として，代表取締役社長であるaさんが，非農家で地元外出身の，新規参入者であり，前経営主から第三者継承を受けていることが挙げられる。aさんの妻は正職員として勤務している（役員ではない）が，経営自体は家族経営よりも法人組織経営の側面が強い。また，今後の経営権の継承についても，家産

経営体基本情報（2022年）

法人名	株式会社A社	法人設立（西暦）	2013 年
		創　業（西暦）	1969 年
所在地	北海道ブロック		
事業内容	生産，消費者直売，作業受託		
農地・施設等の規模 飼養頭数等	露地野菜（主に玉ねぎ）		
従業員数	合計　26人	正職員　　6人	パート・アルバイト・派遣　20人
資本金	19百万円		
売上高	109百万円		
平均勤続年数 （正職員）	4 年		
平均年齢 （正職員）	40 歳		
年間休日数 （正職員）	60 日		

として継承という側面はほとんどなく，いずれは（早ければ2～5年後にも）2018年まで従業員だった現役員のbさんを含め，近年雇用した者への経営継承を目指している。

第3節　A社の組織体制と労働条件

1）労働力構成

A社は，代表取締役社長であるaさんのほか，正職員5名および次期社長候補のbさんがおり，正職員の平均年齢は40歳程度で，平均勤続年数は4年程度である。正職員には，それぞれ防除や選果等の主担当はあるが，明確な部門制はとられていない。常勤パート従業員はいないが季節雇用するパート従業員と，派遣社員により，農繁期の作業をまかなっている（詳細は後述）。

2）給与水準・賞与・昇給・退職金

表9-1は，A社における正社員の労働条件である。給与水準は，求人の際には月給17～25万円と公表している。実績としても，現在いる正職員には18～24万円程度が，諸手当込みの基本給として支払われている。また，今年から役員になったbさんの給与は，これよりももう少し高く，30万円弱程度となっている。

表9-1　A社における正社員の労働条件

所定労働時間	4〜9月10時間（7〜18時、休憩1時間） 10〜3月7時間（8〜16時、休憩1時間）
休日	週休1日（年間通じて） 所定年間休日52日実質60日程度
公的保険	労災保険・雇用保険・健康保険・厚生年金保険
手当（月当たり）	扶養一人5千円、住宅2万円程度 通勤5千〜1万円、暖房7〜10万円（冬期間）
賞与	毎年12月2か月（良い年は3か月）
昇給	毎年5千〜1万円（全員）
退職金・企業年金	なし

資料：A社資料および聞き取り調査により作成。

　賞与は毎年12月に支給しており，通常は給与の2か月分，会社の経営状況が良いときは，3か月分支払う年もある。ｂさんは役員となったため，社員以上の賞与（100万円程度）と役員手当も得ている。

　基本的に全員を毎年昇給させており，ここ数年は月給で5,000〜1万円程度の昇給実績がある。制度化された人事評価の仕組みはないが，昇給制度により一定のモチベーション向上につながっていると考えている。

　退職制度，退職金の積み立て制度は，現在，導入していない。前経営主への顧問料の支払いがなくなれば，退職金の積み立てを始められるのではないかと，想定している。公的保険には，労災保険，雇用保険，健康保険，厚生年金保険に加入している。

3）労働時間・休日

　労働時間は，季節により異なり，農繁期（4〜9月）は，7〜18時の10時間（休憩1時間），農閑期（10〜3月）は，8〜16時の7時間（休憩1時間）である。ただし，夏季は，特に防除で忙しい時期があり，残業がやや多めとなっているまた，早朝から作業を行う場合もある。

　休日は，基本的に日曜日である。仮に日曜日に出勤した場合には，振替休日を100％取得させている。日曜出勤は，夏季に4，5回程度である。有給休暇取得は，なるべく促している。夏季休暇は2，3日，年末年始の休暇は1週間程度である。

4）採用ルート・採用への考え方

　求人は，ハローワーク，農業人材求人サイト，新農業人フェアを利用している。

採用への考え方は，性別，年齢，国籍は関係ない，と考えている。ただ，過去には女性の採用もあったが，現在はａさんの妻以外は，男性，日本人である。採用にあたって，面接時での判断のポイントは，農業への知識よりも，周りを見て行動できるかを重視している。例えば，「分からないなりに，自分から動こうとしているか」などの点である。これは，車を置く場所でもわかるという。

　また，農業で働くことへの動機も重視している。給与水準は，近隣の中小企業と差がないように苦心しているところではあるが，都心部の企業と比較し，給与水準と労働負担ではどうしても割に合わない部分がある。そのため，農業が好き，独立志望など，モチベーションがないと継続できない。このことについては，面接時にあらかじめ伝えたうえで，勤務するか判断してもらっている。

第4節　A社の人材育成とキャリアパス

1）従業員育成

　従業員の育成について，それほど体系立てられた育成方法は取られていない。目安としては，1年目は他の正職員の補助的な業務を行い，2年目にはパート従業員の業務管理を行う。3年目以降では，担当する部門について，社長と相談しながら業務の段取りを行う。

2）キャリアパスへの考え方

　A社の従業員育成やキャリアパスの提示については，代表取締役自身が新規参入（第三者継承）者であることと関連している。そのため，正職員には今後長期間農業で働き，やりがいを感じながら，一定以上の所得を得るためには，ゆくゆくはA社の代表取締役または役員になるか，A社以外で自身が経営主となるか，の二つの道を想定，提示している。

3）自社の経営継承

　ａさん（55歳）自身が新規参入者であることから，家産としての継承ではなく，法人としての経営の継承を考えている。ａさんの興味は幅広く，A社のメインの事業のほかに，ロシアでの技術指導や，国産ジン（ハーブを使用したハードリカー）の開発など，すでに多くを手掛けている。そのこともあり，A社については3〜

５年後くらいでの継承を考えている。また，経営の継続的な発展は，現在の従業員にとっても，そのくらいの時期での継承を想定することがプラスに働くと考えている。

　次期代表取締候補としては，勤務８年目のｂさんが想定されており，2019年度から取締役となった。もともと次期代表候補としての自覚のあったｂさんは，役員となって，より精力的に勤務している。ａさんとしては，徐々にｂさんに対して経営に関する情報の共有，経営方針についての相談を進めている。経営を継承するには，資金が必要で，次期代表取締役には，1,000万円程度の株式取得を望んでいる。そのために，次期社長候補のｂさんには，給与の一部を自社積み立てさせているが，理想の金額まで達するには長期間かかってしまうという問題がある。

　法人経営としては，ａさんへの退職金も必要で，1,000万円前後が目安として考えている。販売を手掛けるX社については，次期経営体制が望めば，ａさんが引き続き経営しても良い考えである。

4）新規参入（独立就農）への支援

　正職員には，A社の経営幹部を目指すほか独立就農も勧めており，農地所有者や地域への仲介等の支援を行っている。ａさんは，資金，施設等の点から社員が独立就農する際は，いわゆる居抜きを基本に考えている。

　ただ，居抜きでの独立就農は，成立直前でとん挫したことがあり，成立させるには多くの課題があるようだ。以前，玉ねぎの機械業者から情報があり，近隣市で居抜き（機械や農地の権利を含めた経営の継承）での経営継承の調整を試みた。しかし，契約成立直前で，経営移譲者がより高価での販売を望み，成立しなかった。当事者同士の交渉だとお互いの利害が対立せざるを得ないため，最終的にまとまらなかったり，継承側が大きな負担をすることになりがちだ。

5）ａさんによるA社の継承

　ここで，ａさんがA社を継承した経緯を簡単にまとめておきたい。ａさんは，農業経営を考えた際，通常の独立就農（無給（薄給）での研修＋自己資本での設備投資）では負担が大きいと考え，給与を得られる法人従業員として技術を学びながら，可能であれば居抜きで法人経営を継承出来たらよいと考えた。（一社）

北海道農業会議等の関係機関に，求人情報などについて相談した。経営継承の可能性があると書いてあったのは二件のみで，家族と相談し，立地などを考え，A社に勤務することにした。

　A社で従業員として勤務していたころは，月給20万円程度，日曜日休み，冬期間を含めて7時から18時の勤務が基本で，夏季は相当量の残業があった。労災保険，雇用保険，健康保険に加入していた。

　技術指導についてはほとんどなく，「盗んで身につけろ」という方針であった。2007年頃，当時の経営主がけがをし，防除等の主要作業をaさんのみで行うこととなり，経営継承に向けて大きく進んだ。もともと求人情報に経営継承が掲げられており，aさんも希望していたことから2008年に代表取締役社長になった。

　ただし，金銭のやり取りや権利・名義を含めた継承の方法は事前に検討されておらず，調整は難航した。前経営主は，前経営主個人名義の農地，法人への貸付金の返済，機械・設備，のれん料，退職後の顧問料を求めたが，相場が形成されていないため，両者が妥当と思える金額に大きな開きがあった。自治会役員，農協役員，役場，弁護士などに相談し，各者からの意見ももらったが，両者が折り合う妥協点へと調整されることはなかった。結果としては，aさん自身が覚書を作成し，前経営主了承の下，公正証書とした。金額は，前経営主の希望に沿う形となり，1億円を超える支払いのほか，顧問料を2020年まで年間240万円，支払い続けることになった。

　aさんとしては，A社の社員が独立就農する際は，より妥当な金額でスムーズな経営開始を望んでいるが，当事者のみでの交渉への限界を感じている。関係機関による金額の査定を含めた，より強い調整を期待している。

6）人材育成・定着に関して特に力を入れている点

　現在のA社およびX社の経営はaさんが築いてきた側面が強いが，aさんは，これからは社員全員が共感できる会社理念を作り上げていくことが大切と考えている。そこで，コンサルティング会社の助言を得て，会社理念構築のためのミーティングを実施している。

　また，その際には，カードゲームをしながら，それぞれの考え方を披露する取り組みを行っていた。カードには，安定，利己的，利他的，謙虚，リーダーシッ

プなどの言葉が書かれ，順に「自分に必要ないもの」を捨てていく要領だ。それぞれ，「それを捨ててしまうのか」と楽しみながら，意見交換を行えたとのことである。

写真　会社理念構築に向けた，カードを利用したミーティング風景

　今後，社員に経営が継承されたあとは，他の社員も役員，幹部職員としての活躍が期待されるが，「自分たちの会社だ」という思いを強め，モチベーションの向上につながる取り組みだ。

第5節　豪雪地帯における正職員安定雇用の要因

1）正職員雇用への考え方

　北海道では冬期間の農作業の確保が難しく，一部の大規模法人や畜産経営以外では，正職員としての雇用は容易ではない。A社では，年間を通じた雇用の場の確保，および所得向上の取り組みとして，①集荷販売事業，②多様な雇用形態による労働力調整を行っている。

2）離職の動向と対策

　近年採用した中で，1年程度で離職した正職員は4名いた。そのうち現在も農業を行っているのは，2名，農作物の販売・流通に関わっているものが1名，不明が1名である。役員候補ではあったが，他の地域で農業を行っている者もいる（もともと本人に馴染みのある地での就農だったため，就農に際してaさんは調整等は行っていない）。

　aさんは，農業はやや特殊な仕事ではあるため，働いてみなければわからない点も多く，ある程度の離職率はやむを得ないと考えている。また一方で，農業経験があればよいわけでもない。一例ではあるが，ほかの農家で働いた経験がある人が，面接時に，福利厚生をすごく聞いてきたことがあった。面接で，確認するのは当然のことではあるが，金銭的条件を最初に言い出す人はうまくいかない，とみている。

3）年間を通じた集荷・販売事業

　A社は，販売部門としてX社を共同運営している。X社には社員はおらず，a
さんが，X社の代表取締役社長も兼ねている。また，周辺の農家・農業法人でX
社に出荷するためのY生産組合を組織し，生産への助言，集荷・販売を行っている。
さらに，2018年の数値であるが，Y生産組合のほか，他の生産法人等を含め31組
織から集計3,718t（うちA社は846t，22.8%）を集荷している。販売金額は，計
2億4,056億円（うちA社8,638万円，35.9%）である。aさんの所得は，A社から
の役員手当は少額であり，X社からの役員手当と，農協役員手当を合計してよう
やくそれなりの額になるようになっている。

　A社の生産物は，特別栽培のものや独自のブランドもあり，単価が高くなって
いる。独自ブランドはコンサルティング会社に依頼し，ネーミングやロゴを含め，
商品戦略，広報戦略を練っている。通常の特別栽培玉ねぎは80円/kg程度で販売
することが多いが，独自ブランド玉ねぎ（特定のほ場で生産・特別栽培）は120
円/kg，有機JAS認定玉ねぎは130円/kg程度で販売可能となっている。

　またA社は，トラックを所有しており，自社で保管・選別・出荷・配達業務を
年間通じて行っている。これにより，高価格での販売，スポット的な需要への対
応，冬期間の作業の確保が達成されている。

4）多様な雇用形態による労働力調整

　冬期間も上記の業務があるが，農作物の生産・管理は春（2月からハウスでの
種まき）から秋に集中する。正職員の労働時間は，農繁期と農閑期で差をつけて
いるが，それでもこの差を埋めることはできない。

　そこでA社では，多様な雇用形態，具体的には，パート従業員と派遣社員により，
必要作業量の増加に対応している。北海道では，派遣会社による農作業派遣があ
る程度定着しており，A社でも，6月から11月まで利用している。なお，基本的
には同じ人に依頼し，引き受けてもらっている。パート従業員と派遣社員は，単
純労働に近い作業を行ってもらうが有機栽培の部分は直接雇用しているパート従
業員が行うなどの差がある。

　図9-1は，月別の雇用形態ごとの労働時間（人日）である。正職員は，繁閑に
より労働時間に差があるとはいえ，そこまで大きな時間差はない。生産部門の作

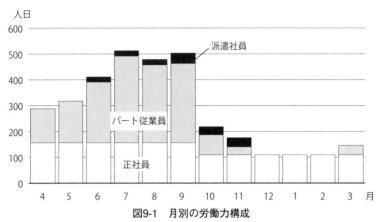

図9-1　月別の労働力構成

注：正社員は6名×26日として計算。また，4〜9月は10時間，10〜3月は7時間のため，
10〜3月はそれ以外の月の70%の人日とした。

業量の増大は，基本的にはパート従業員が担当しており，さらにそれでも足りない場合に，派遣社員が利用されていることがわかる。

第6節　多様な労働力の組み合わせと正職員のキャリアパス

　豪雪地帯に位置するA社では，冬期間に雇用の場を準備するために，集荷・選果・販売・配達事業を行っていた。また，労働力の季節差を調整するために，単純作業は多様な雇用形態（パート従業員，派遣社員）を組み合わせていた。

　またA社は，正職員のキャリアパスとして，自社の経営幹部か独立就農の二つを提示していた。これには，社長自身が新規参入者で，第三者継承としてA社を苦労して継承してきた背景もあった。正職員に対しては，毎年，確実に昇給させることと，賞与を2か月分支払うことで，仕事へのモチベーションを高めていた。

参考文献

今野聖士（2019）「農業雇用労働力の地域的需給システムの展開—北海道・東北地方における個別・臨時型雇用型から地域的・常雇型への転換—」『食農資源経済論集』70（1），pp.1-10

第 10 章

野菜と加工場の組み合わせで拡大を続ける大規模法人

―職場での外国人と日本人の組み合わせ―

堀口　健治

第 1 節　野菜生産と24時間稼働の加工場を経営する大規模法人

　1962年に今の代表取締役の父が農地を買い求め，翌年から農業を始めたのがこの法人の出発点である。68年にはこんにゃく栽培を開始し，その後加工に取り組んでいるが，こんにゃくは今も主力商品である。有機農業者の集まりである会社（Y社）設立にも参加し，集荷・販売に大きな力を発揮している。

　現在では，グループの中心会社であるD社（1994年法人設立）のほかに，96年設立のY社（参加生産者の集荷・販売および新規就農者による農場），05年のS社（有機認証を得た葉物野菜の周年生産），06年のMS社（トマト周年生産），12年のB社（太陽光発電，バイオマス事業，保育所）等，短期間に経営の範囲を広げている。地域的には創業の地以外に県内，さらには他県にも栽培を展開している。本稿では当初以来の中心事業である農業および加工を担うD社，そして葉物野菜の有機部門を独立させたS社を対象にする。S社を加えるのは労務管理の点で本社のD社にまとめられており，2社の合計の従業員の数等を表示することがあるからである。

　グループ全体の中の3社の売上は19年で36億円であり，D社は9.2億円，Y社22億円，B社5億円等の構成になっている。Y社は出荷する生産者が多いので販売額は大きくなり，結果として売上は最大になっている。

　D社の業務は農産物の有機栽培（こんにゃくいも，白菜，小松菜，ほうれん草）および農産物加工（こんにゃく製品，漬物，有機冷凍野菜，惣菜等）であり，こんにゃくや漬物，冷凍野菜，惣菜等の工場を有している。加工場は24時間操業でありこの分野の収益が大きいとみられる。

経営体基本情報（2019年9月現在）

法人名	D株式会社	法人設立（西暦）創　業（西暦）	1994年
			1962年
所在地	関東ブロック		
事業内容	生産，加工・製造		
生産品目	工芸作物，露地野菜，施設野菜，果樹		
農地・施設等の規模飼養頭数等	畑20ha，樹園地0.5ha		
従業員数	合計　119人　正職員　29人　パート　90人		
資本金	9,550万円		
売上高	9億2,000万円		
平均勤続年数（正職員）	6年		
平均年齢（正職員）	38歳		
年間休日数（正職員）	105日（パートは週休2日制）		

第2節　従業員規模とその構成

1）全体の規模

　グループ全体では19年で208人だが，その半分を占めるのがD社の108人である。
　調査票（2019年9月現在）に書き入れてもらった数字だと，D社とS社合計で126人，うち外国人は43人である。126人の内訳は，役員7人（男3，女4），正職員は管理職7人（3，4），一般職22人（12，10）常勤パート90人（27，63）の計126人（45，81）で，女性が3分の2を占める。常勤パートが人数としては主力でアルバイトはいない。
　うち，外国人をみると，高度人材である技術・人文知識・国際業務ビザ（以下技人国ビザと略称）の人は正職員として扱われ，技能実習生は3号も含め，またその後の特定技能1号や特定活動も入れ，すべて常勤パート（日本人が主だが日本人と結婚した外国人も含む）と同じ時給職員とされている。外国人は正職員の管理職の女性1人，一般職7人（男4，女3）も技人国ビザである。常勤パートは35人（16，19）なので，外国人は合計43人（20，23）である。外国人が従事者

の３分の１を占める。男女別にみると男性は外国人が半分近くを占め，女性は３割弱の水準である。なお障害者はこの時点では常勤パートに男性１人がいる。なお常勤パートには，外国人とは別に，日本人を配偶者とする女性や永住者の外国人女性が含まれ，加工場ではこれらの定住外国人が日本人パートと一緒に仕事をしてきた。時期としてはその後に，技能実習生が加わる形である。農場での外国人受入れの時期より遅い。

２）外国人受け入れの歴史

　外国人をこの経営が受け入れたのは，村で中国人研修生を95年受け入れたのでそれに協力したのが最初である。毎回２名受け入れ，４月〜11月まで村の共同宿舎に泊まり，以後７年間男性１名，女性１名を引き受けてきた。98年には農業研修生として会社の宿舎に日系フィリピン人夫婦とインドネシア男性２名も受け入れ，99年にはフィリピン女性２人が来ている。

　00年から農業も技能実習の仕組みに入ったので，研修生で受け入れて来た今までの仕組みと異なることになった。受け入れ監理団体としては日本法人協会に依頼し，継続して実習生を受け入れ始めた。なお00年以降１名の失踪もこの法人にはない。02年はタイ人女性を２名，その後タイから男性２人，女性２人を受け入れて，農業で技能実習生の仕組みが定着した。08年にはタイ人実習生がグループ３社で20名ほどになっている。農業で働く外国人は，タイの技能実習生という仕組みが今も安定的に続いている。

　そして15年初めてベトナムから技人国ビザで２社に４名雇用した。加工場での専門的な仕事を期待したのであり，意欲や技術レベルが高いことが分かった。設備やメンテナンス等の専門的対応に成果を上げ，歩留まりが４％上がったとのことである。

　実習生とは異なる専門職の外国人の受入れをこの経営が早期に始めていることは特筆される。なお１名は退社したが３名は今も働いている。これが契機になり，ベトナムから加工場に実習生を４名，技人国ビザでさらに２名入れている。加工場はベトナム，農業は耕種・野菜と耕種・施設のタイ人と分けているのが本経営の特徴である。寮は一緒（ただし正社員の技人国ビザは別の寮）なのだが，分野は分けており，またタイ人は国際免許を持参させ日本の免許への切り替えを勧め

ている。なおタイからも１人，技人国ビザで入れて，タイ人が主力の農場での専門技術の発揮や指導を期待している。

　このように，技能実習生は，タイが人数としては主力（農場）だが，後にベトナムからも入れて（加工場），２国体制にしている。

　採用の半年以上も前に経営者夫婦は必ず現地に行って面接・選考し，直後，採用者の両親に会いに行くやり方を続けている。外国人を受け入れてから５〜６年後にこのやり方を始めた。その際，すでに雇用している同じ国の実習生からアドバイスや紹介・推薦を受け入れ，安定的に雇用できている。単身者だけでなく夫婦や親子で働くペアが７組もあるし配偶者が決まっている３人も雇用している。最近は個室の寮を完成させ，エアコン付き建物を新設している（22年６月は６番目の寮を建設中）。家賃は，新しい棟が月3.1万円の室料（メーターは個別），古い棟は月2.5万円に設定している。

　なお日本人の配偶者である人や永住者等の定住外国人を近在から積極的にこの経営は雇用して来た。加工場用である。このことはその後の技能実習生を受け入れる環境を積極的に作り上げることに結びついている。

　17年の資料によると，D社のみの外国人は26名で，うち技能実習生は２号のみ15名（男性８人，女性７人）のタイ人だけであった。職務は「作物の栽培，収穫，農産加工などの実習」とあり，所属は農場なので職種が畑作・野菜である。しかしこの時点で彼らよりも古くから働く外国人が加工場にはいた。日本人の配偶者等であり，フィリピン，中国，ラオス，タイが１人ずつである。永住者はフィリピン３人，台湾１人，であり，計８名で全員女性である。このうち所属が惣菜キット製造で６人，あとの１人は漬物製造でしかも係長（フィリピン）である。もう１人はこんにゃくだが，農業のタイ人実習生のコミュニケーション支援役も兼ねている。このように加工場では早くから日本に住む外国人を雇用してきたことになる。この他にベトナム大卒で技人国ビザがすでに３人おり，うちベトナム女性は工場で食品の品質管理，開発，工程管理を担っていた。あとの２人の男性は製造機械の整備設計，運転，メンテナンスを担当している。このように技人国ビザは重要であり，１年毎の更新になっている。

3）外国人の在留資格別人数とその職務

　外国人を19年６月の資料でみると，総数が47人で内訳が分かる。D社34人，S社13人である。

　D社は技人国ビザが６人おり，16年10月採用のベトナム男性２人（作業場所が加工場）と女性１人（資材），18年３月採用のベトナム男性１人，女性１人でいずれも加工場である。もう一人は18年８月のタイ男性１人で作業場所は農場であり，この分野では初めての採用である。残りの28人は以下である。実習生３号の２人のタイ男性（16年５月に１号で来日，３年後の19年６月に３号で雇用）は職種が畑作・野菜である。２号はタイ男性６人，女性６人でいずれも畑作・野菜である。１号はベトナムの６人女性で職種は惣菜である。他の１号はタイ男性４人，女性２人，職種は畑作・野菜である。

　技人国ビザは16年が最初だった。加工場や資材で専門の仕事を持っているが，後に雇用されるタイ男性は作業場所が農場であり，この人は技人国ビザの前にこの会社で技能実習生として働いていた。農場での栽培等，各種の仕事の指導等が専門になるとみられる。また１号でベトナム女性を18年から惣菜で加工場に雇用している。技能実習生としてベトナム人をこの時から導入し始めた。

　S社は技人国ビザ（19年６月雇用）のタイ女性が１人いて作業場所が加工場になっている。残りの12人はすべてタイの技能実習生で職種は耕種・施設園芸であり，３号１人（女性），２号５人（男３人，女２人），１号６人（３，３）となっている。多くが２号の３年目には帰国するやり方で，４，５年目も勤めることができる３号は少なかったのが特徴である。能力ある人が選抜されるようである。なおこの３号の人は16年３月に技能実習生として１号に雇われ３年経過した19年４月に３号になっている。ただしコロナ禍の下で，従来のように３年で帰国するという傾向が女性の場合でも少なくなってきていて，特定技能を使ってもより長期に働きたいとする傾向が出てきているようである。

　なお近在の専門学校の留学生であるベトナム，ネパール，エジプト等の６人をインターンシップとして受け入れており，作業場所は限定せず，共通で受け入れている。インターンシップの受け入れは半年，あるいは最長１年といろいろ話があるようだがスポット的で，そう多くは無いようだ。なお海外大学（ベトナム，タイ）からのインターンシップも受けており，これまでは３か月の特定ビザで来

日し，彼らは報酬や飛行機代を受ける形である。また所属大学の単位も日本のインターンシップが終了すると取れる仕組みである。この時点ではこの経営は受け入れていなかった。ただ経営者は，外国人の受け入れを，技人国ビザ，技能実習生，そしてインターンシップと，3種類をあげていた。

4）農場と加工場

　経営として，農業とそれを原料にした加工場が車の両輪になっている。68年こんにゃく栽培を開始し90年には加工を始めている。95年には漬物加工を始めた。その後はこんにゃくの新加工場（98年），漬物工場（03年），冷凍倉庫（05年），こんにゃく工場増設（10年），漬物冷凍工場増設（12年），こんにゃく工場増設（14年）等相次いで施設を拡大している。12年にはこんにゃくの輸出を始め，有機こんにゃく製品は世界的に高いシェアを占めている。なお経営全体として08年に天皇杯を受けている。

　94年に法人化し有限会社になっている。大根の栽培を標高差と斜面を考慮して栽培し，夏季の栽培に成功，95年には4haに増やしている。さらに白菜やレタスの栽培も始め，00年には有機認証をこんにゃく栽培と加工で取得し，小松菜やニラも有機認証を取得している。02年には有限会社を株式会社に組織変更し，翌年には漬物工場を新設，また冷凍野菜を本格的に始めている。この間，農地を拡大し，直近では40ha規模になっているが，D社とS社で10年をかけずに200haまでの拡大を企図している。近くの平地に農場を確保し，大根を5ha栽培し，機械化投資も行ってこれらの大型機械はタイの人が扱っている。

　加工場は今では24時間稼働で，年末・年始以外，継続している。ただし昼間は漬物，夜は惣菜加工に分けている。惣菜加工は週に2日の休みがある。漬物担当の人と惣菜加工担当の人とは別々のグループである。なお夜の部には0時から2時までの休憩時間がある。夜8時から12時までの人と深夜2時から朝6時までの人がおり，夜の部は15名位従事しており，昼間は20名位である。

　この場合，日本人は深夜を避けがちである。他方，深夜労働は割増があるので外国人に希望者が多い。コロナの下では，冷蔵のミールキットが大いに売れたので，出荷を考えての工場の夜の稼働は増えているが，これは外国人がいるおかげで回っているといえよう。しかし今後は工場を新設し24時間操業をやめようとし

ている。外国人も手が上がらなくなってきているようだ。

5）日本人・外国人の採用と最近の状況

　ここでの特徴は以下の２点である。

　農場での労働力は当初から日本人の採用だけではなく外国人に期待し，今ではタイの男女の技能実習生に大きく依存するようになっている。しかも外国の運転免許証の切替え（外免切替え）で日本の普通免許や準中型までも取り，大根の収穫機なども操作しチームのリーダーになっている人がいる。自らオペレーターになり，その後ろに，日本人を含め，２人，周りに４人位おり，３時間で10ａの大根収穫が可能である。搬送・搬出を入れると１日20ａの収穫で1,000～1,200ケースを出荷している。こうしたリーダーになるような実習生経験者が出ているのである。

　なお外免切替の受験料を７回までは法人が負担する。日本語での勉強とテスト，さらに運転などがありこれをパスするのは簡単ではないが，パスすると月1.5万円手当てが増えるので多くがチャレンジする。日本語のクラスが上がると同じように給料が増えるので，努力してそれらを得ようとしている。なお技人国ビザの人には，自国の免許証を持ってこれない場合は，法人負担で日本人と同じ免許講習を受けさせ取得させようとしている。

　直近５期の採用従業員数をみると，この間は正職員の管理職の採用は無いが，一般職は毎年あり，直近で男性１名，２期前は男性４名，女性１名，３期前は男女それぞれ４名，４期前は男性１人，女性２人，５期前は男性２人，女性１名と毎年のように採用している。常勤パートは人数がもともと多いから採用数も多いが，これを実習生とその他の人に分ければ，日本人が大半の常勤パートの採用数はそう多くはない。定着しているからである。

　実習生は直近で男性６人，女性12人，２期前は男性４人，女性５人，３期前は男性３人，女性７人，４期前は男性４人，女性５人，５期前は４期前と同じであり，在留資格により同期の実習生がまとまって帰国するので，それを補充する採用数も多い。これに対して日本人の採用数は，直近で男性１人，女性２人，２期前は男性２人，女性７人，３期前は男性３人，女性６人，４期前は男性２人，女性１人，５期前は男性２人，女性２人，と総数に比して少ない。離職率が低いか

らである。常勤パートの日本人女性は子供の年齢に応じた勤務時間帯の選択やさらには敷地内の託児所もあり，勤務しやすい。しかも正職員は大卒等新規採用もあるが，多いのはこの常勤パートからの昇格である。正職員になると時間外勤務もありこれを避けたいパートもいるが，他方で子供も大きくなって正職員になって勤務する人も出てくる。役員にはそうした人が含まれている。

　この経営は女性を積極的に雇用し，また高齢者の日本人も雇用しているところである。

　パートは主に地縁や従業員による紹介が多い。ハローワークにも求人を出す（直近ではパートは時給840円，野菜加工の正職員は月給18.9万円，営業事務は同じく時給840円）が，応募者は少ない。

　ナビ等の人材募集サイトは19年から取りやめ，ホームページに応じてくる人を面接している。直接こちらにエントリーシートを送ってくる人は，真剣に考えてくる人が多いようである。そのためホームページの充実を図っている。日本人大学生のインターンシップを1～2週間ぐらい98年頃から始め，03年くらいは17～18人ほど受け入れていたが，今は行っていない。内定を出しても実際に来ないし来ても定着しないからである。

　正職員は新卒も受け入れているが，最近は高卒をやめ大卒に絞っている。農業高校は簿記をやっていないし，商業高校は簿記をしているのでそちらに重点を置いてきたがやはり経営を数値として捉えることに慣れていないとして，大卒に絞ったとのことである。また新・農業人フェアに参加し，農業に意欲ある転職希望者・中途採用者につなげている。

6）労働条件の内容と改善

　40歳代の男性農場長を例にすると，農繁期の4月～11月は所定労働時間が週40時間，1日8時間，8時始業，17時半終業，休憩1.5時間だが，実労働は6時始業，18時終業，休憩は2時間になっている。農閑期の12月～3月は，所定労働時間は農繁期と同様だが，実労働は終業が17時，休憩1時間になっている。休日は所定が年間105日だが実質は78日である。これは農繁期と農閑期に分かれ，農繁期は4週5休である。農閑期は4週8休である。

　36協定は締結されていて時間外労働は月平均45時間，年間530時間であり，多

い月は 8 月〜 10 月である。

　他の取り組みは，共用トイレの設置，作業効率化を積極的に進め，人材育成は昇進・昇格制度，能力・実績評価制度の整備，また社内研修の実施，外部研修会参加への助成はすでに行っている。公的保険はすべて加入済みである。退職金は定年慰労金制度に置き換えている。手当は通勤，役職，資格，慶弔，賞与などがある。なお技能実習生は日本の運転免許取得で月1.5万円のアップになるし日本語のクラスが上がると金額が増える。

　なお託児所は敷地内に16年開設した。現在10人位預けているが常勤パートに非常に喜ばれ，応募者増加に大いに役立っている。

　就業規則は従業員が過去に議論して作成したもので，内容がよいものだったからそれを使っている。

　正職員のキャリアアップのプランは，入社して 1 年経過する毎に役職や業務内容が示されている。表には求められる能力・能力取得のためのOJT・能力取得のための研修・資格等が示されている。これに基づいての想定賃金も表示されていて，正職員にとって目標が分かりやすいし，逆に評価もしやすいように見える。

　正職員ではない技能実習生は年に 1 回評価して給与を数％あげ，その上で 3 号に残すか検討する。常勤パートは，正職員の賞与額に相当する時給の引き上げを従業員から求められたので，ボーナスは出さず，そのようにしている。

第 3 節　D社の働く人の直近の構成

　コロナを経過した後の，22年 6 月時点のD社の人の構成は，**表10-1**のごとくである。今では外国人が全体の半分弱を占めるに至っている。なお日本人と結婚した外国人など，定住外国人は日本人の数の中に入っている。

　内訳をみると，正社員（月給社員と表では表現）のうち 6 名が技人国ビザであ

表 10-1　2022 年 6 月時の D 社の人員構成

	計	役員	月給社員	時間給社員		
日本人	64	6	25	33		
外国人	54	−	6 （技人国）	48	技能実習生 特定技能 特定活動	29 14 5
計	118	6	31	81		

る。パート（時間給社員と表現）の日本人は33名（農業は0名，加工23名，事務10名）である。パートに位置づけられているが，外国人は48名（農業13名，加工35名）で，実習生29，特定技能14，特定活動5の構成であり，コロナの下で帰国せず特定技能になっている実習生が結構いる。その分，実習生数が少なくなっている。予定していた外国人が来日出来ない分，残っている人で対応したのである。しかし規模拡大のために7名を国内の遠隔地から，業者の紹介でオンライン面接し，特定技能ないし特定活動で受け入れていた。仕事に意欲のある外国人が多いという印象とのことであった。

　時間給は同じなので日本人も同様に採用する経営方針だが，応募者が少ない。そのためパートのところでは少しずつ外国人の割合が増してきている。なお118名の総員で男40，女78人だが，農業ではほぼ男女同数であり，加工場のところで，女性の比率が高い。

　農場では日本人と外国人が混ざってチームを構成し，しかも同じ数の男女で作られていることが多い。なお技能実習の職種が異なるので，露地野菜と施設園芸とでは異なるチームに構成される。加工場ではラインごとにチームになるが，食品製造業でも実習生は職種が分かれるので，それに合わせて所属する。しかし特定技能では飲食料品製造業という業種として全般の業務を担当できるので，チームに分散し配属されることになる。

　D社および関連会社は外国人が増えるにつれ，現場での作業配置等はそれぞれの担当部署に任せているが，外国人財支援課を別途設けることでサポート体制を設けている。入管への申請・対応は当然であるが，来日後の定着への応援，また日常生活を含め支援している。例えば病院への同行とか，いろいろな相談に乗れるようにしており，職場から離れた時間・場所でも対応できるようにしているのである。

第11章
構成員が稲作・正職員の若者が転作を担う農事組合法人

堀口　健治

第1節　農事組合法人G農場の仕組み

1）構成員が自己の水田で主食用稲作を受託・法人職員が残りの農地を耕作する仕組み

　全体として集落営農という単体経営の形を作り上げ，実績をあげる農事組合法人G農場の事例である。

　集落農業の担い手であるG農場に地域のほとんどの農家が構成員として参加し，自作してきた水田等の農地を利用権の形でG農場にすべて貸し付ける。その上で貸し付けた自分の水田の稲作について，G農場から本人に作業委託の形で耕作・管理が依頼される。兼業農家である多くの農家は機械をまだ保有しているので，稲作だけなら耕作が可能である。大型機械による作業は農場から支援してもらうが，できるだけ農家が自ら耕作することを目指す組織である。

　しかし構成員から，断られれば依頼することはできない。実際，作業を引き受ける農家・農地が減ってきていて，法人が耕作する直営面積が増えている。なお正確に言うと，この他に，地域には専業農家が一定数存在することが必要だとして，それなりの規模と人を今も有する農家（彼らも構成員になっているが）にも耕作・管理を依頼している。というのは増え続ける耕作放棄の農地をすべて法人職員だけで耕作することは難しいので，地域の農地の耕作継続のため。一定数の専業農家の存続を期待し，彼らに委託して経営を応援しているのである。水路や畦の管理等もあり，地域に一定数の担い手が必要なのである。だがなかなか専業農家の育成・存続は難しいようだ。

　中山間地域であるY地区の2013年の水田面積は341.3haだが，半分の177haを，09年に発足したこの農場が経営・管理している。14年には208haとさらに拡大し，地域の約6割もの農地を経営する。18年では254ha（構成員545名）をカバーし地域の345haの74％をひきうけている。農家数でいえば8割カバーしている。内訳は，食用米142ha，飼料稲（稲発酵粗飼料あるいはWCSとも）22ha，飼料米

経営体基本情報（2021～2022年）

法人名	農事組合法人G農場	法人設立（西暦）創　業（西暦）	2009 年
			年
所在地	中国ブロック		
事業内容	生産，消費者直売，作業受託		
生産品目	稲作，露地野菜等		
農地・施設等の規模飼養頭数等	22年水張面積256ha：水稲132ha，飼料米含む生産調整123ha（うち直営・水張102ha：水稲25ha，飼料米含む生産調整77ha）		
従業員数	合計　21人　　正職員	17人	パート	4人
資本金	56万円		
売上高	21年収益合計3億1,215万円，うち営業収益1億7,219万円		
平均勤続年数（正職員）	22年5月末時点・5年9か月		
平均年齢（正職員）	同上・36.1歳		
年間休日数（正職員）	21年度：125日		

23ha，飼料用ソルガム4ha，白ネギ5ha，野菜他57ha，となっている。なおこの数字は「農業経営改善計画認定申請書」（19年9月10日）の現状（18年度決算）の経営面積の資料によるものである。これらの数字は他の資料の数字と若干異なることがあるが，これは確認した時点や概念の相違などにもよる細かな違いである。

　上記の「経営体基本情報」にあるように，この農事組合法人が受けている面積は，直近の22年で水張面積256haであり，地域の75%を占めている。水稲作付が132ha，その他の飼料米を含む生産調整の面積が123haであり，内訳は飼料米SGS（ソフトグレインサイレージ）34ha，その他野菜14ha，稲発酵粗飼料13ha，自己保全管理7ha，地力ソルガム8ha，白ネギ5ha，キャベツ4ha，大豆3ha等となっている。

　そのうち農場が直営するのは，水張面積102haであり，水稲作付25ha，そして飼料米を含む生産調整77ha，その内訳は飼料米SGS33ha，稲発酵粗飼料8ha，飼料米玄米7ha，地力ソルガム4ha，白ネギ3ha，キャベツ4ha，大豆2ha，自己保全管理1ha等である。

　法人の設立当初からの方針で，集落の農業を維持し，働ける人は働いて，自分

の水田（主として主食用稲作）は自ら守るという構成員の意思を尊重している。法人に参加した後も，従来のように稲作を継続したい農家は，農家ごとに主食用稲作のための肥料等の投下経費や収穫した収量，販売額等を経由する法人が管理し，これを法人の全体の収支の中に取りこんでいる。他方，法人は正職員を雇用し，構成員の多くが耕作する主食用水田以外の田，あるいは放棄された水田等の転作やその他作物を栽培し，また大型機械等による作業委託も引き受ける。

　すなわち，一つの法人ではあるが，二つの内容を持っている法人といえよう。

　一つは，法人が直接経営する転作等は正職員で行い，収入から人件費等の費用をすべて差し引いたのちの収益などを構成員に返す仕組みである。

　他方は，主食用稲を自作する構成員は，法人を通して作った米の販売や使用する資材の購買を行うことで，農家ごとの収支が法人に記録され，作業等に対応する労働分に相当する残余が構成員に圃場管理料として戻ることになる。この分野を法人経営の中に取り込んでいるということである。これは個人の経営の自由度を保証し，自分の機械を使い，栽培を工夫して単収等をあげコストを下げるならば，その成果がその構成員に戻る仕組みを持っているということである。法人の中に包摂しながらも，個人の栽培・管理等の努力，そしてそれへのインセンティブを残している。この法人の設立の趣旨である，集落農業を維持し，働ける人はできるだけ働くことを尊重することを実現しているのである。

　構成員が行う主食用稲作と法人が行う転作等の土地利用という，複数主体による農地の高度利用といえよう。役員は代表理事組合長，理事・副組合長2人，理事5人，監事2人，資本金は22年3月末の貸借対照表によると資本金56万円である。

2）収支の仕組み

　構成員が稲作を行う分を除く（先述したように，稲作やその他作物に，構成員ではあるが専業経営として従事する人が一部いるが，この分ものぞく））と，残りは農場直営になる。18年では農場の直接管理面積は77haであり，うち17haが水稲作付，残りの60haが転作作物の作付であり，直営比率が3割になる。この比率は年々上がってきている。農作業を行うことができない高齢者が増えているからである。農場直営の部分でも収益を上げるために野菜作付等に力を入れており8.7haに拡大してきている。またこれ以外に職員による作業受託が多くある。

　その仕組みを損益計算書で説明しよう。

　18年の営業収益は2.1億円（参考に 5 年前の13年だと 2 億円でありこの 5 年でほぼ横ばい）で，この他の作付助成収入などを入れた営業外収益や特別収益を合わせると，収益合計は3.1億円になる。この中で注目すべきは費用の部の中にある圃場管理料5,400万円である。これは構成員が行う水田での基幹的な作業の対価であり，面積や投入労働量の記録に基づき計算され，支払われる。圃場管理料は営業収益の26％を占める。なお米価が変動すると圃場管理料も変動することになる。すなわち米価が下がればこの額は減少するのである。

　法人の仕組みとしては，各人が作業する水田も含めて，構成員の農地のすべてを法人が利用権を設定し借りる形になっている。費用の中の地代は，利用権を設定してあるすべての構成員の農地に払うもので，総額1,400万円（10 a 当たり5,000円）であるが，これは標準的な地域の地代である10 a 9 千円よりも低く設定してある。地代は全員に払うが，それを低く抑え，むしろ構成員には作業することを勧め，それに対応する圃場管理料や最終的に決算の総会で決まる従事配当が構成員に多く残ることを尊重しようとする考えを反映している。なお損益計算者の中の労務費5,500万円は雇用している法人職員の労賃等である。

　転作はスケールメリットを期待し法人が作業するが，ここでは従来からの飼料米に加え飼料米SGSの導入を大いに行い，放棄水田の活用・機械の効率使用・補助金の獲得を実現している。なおその他の作物の作業等には，働ける構成員を雇用したり作業委託等を行うことで，構成員に所得を得る機会を増やしている。もっとも圃場は平均的に小さく，圃場の枚数は2,100枚と報告されており，その中の900枚は10 a 以下だと言われている。こうした圃場での作業はなかなか効率的に行かず苦労が多いと思われる。

　最後に，全体をまとめた収入と支出により当期純利益が5,700万円と，全体の収益合計3.1億円の18％を占める額が発生したが，この中から構成員に配る仮払従事分量配当4,700万円を差し引くと 1 千万円の実質利益が出る。

　地代を低く抑える代わりに，就業の機会を構成員に提供し，また職員による転作やその他作物，受託作業等の法人の仕事に従事した労働に対応して払われる額も確保しつつ，構成員が行う作業等への支払いが支払われる仕組みである。地代を低く抑え，働く人の労働所得に純収益が多く回るように設計していることがわ

かる。

　しかし最近の米価の実質的な下落は，上記のように工夫した経営の仕組みにも打撃を与えている。19年と21年の収支決算書を比較してみよう。19年は，営業収益 2 億77万円，営業外収益7,131万円，その他を含め，収益合計が 3 億965万円になる。この中には当期純利益6,509万円，これから仮従事配当5,530万円を引き，法人としての実質収益は956万円になる。これに対して，21年は，営業収益が 1 億7,219万円，営業外収益9,776万円，その他を含め，収益合計が 3 億1,215万円，この中には当期純利益6,390万円，これから仮従事配当5,174万円を引き，法人としての実質収益は1,216万円になる。

　違いは，営業収益の中の米代金が，19年は 1 億3,410万円，21年は9,607万円と，4 千万円弱の差がある。このことは19年の圃場管理料4,538万円が，21年は1,341万円という，激減をもたらすことになった。これは大きい。

　他方，従事分量配当は，組合の剰余金の分配であり，組合員が事業に従事した作業量に応じて分配する配当であり，組合が各種の農業を経営し剰余金を多く発生することで，組合員に分配を多くもたらすことになる。

　本組合は，各種の農業からの収益でカバーし，組合員である構成員の収入確保の形に貢献していることを強調しておきたい。

　中山間地域直接支払いおよび多面的支払い，環境支払い等の取り組みも積極的であり，また和牛繁殖の事業を起こし，放牧技術も取り入れながら収益をより多く上げようとしている。これはその技術を導入して既存の和牛繁殖農家の経営拡大にも貢献するであろう。飼料稲や飼料米SGSは地域の畜産に大きく貢献している。そして収益性の高い野菜の取り組みを強化し，有機農業への拡大も目指している。すでに大豆の有機認証を取得し，他にも拡大しながら，有利販売にもつながるように企図している。そして米の栽培や販売への取り組みを強化して，米価下落の打撃を避ける方途を模索しているのである。

第 2 節　正職員の役割と報酬等の位置付け

1 ）転作等を引き受ける職員の役割と報酬の仕組み

　構成員の多くが自らは取り組まない転作を，耕作放棄地を含め，団地化し大型機械等を使うことで，個人経営では実現できない収益を農場直営で実現してきた。

正職員として若者を雇用し，できるだけの報酬を支払い，さらには雇用継続や今後の自立の可能性などを示すことで定着を図るとしている。

　正職員を中心に管理している19年の圃場面積は，食用米で19ha，残りの62haは最大の飼料米SGSの18ha，16haのWCS飼料稲，飼料米玄米の7ha，地力ソルガム5ha等であり，これに収益性を期待される野菜が加わる。なお直近のそれは前掲の表に示しているとおりである。

　職員体制としては，米部門，野菜部門，それに営業総務があり，職員はそれぞれに張り付いている。19年の時点では米が6名，野菜が5名，となっている。正職員は月給制で勤務3年以内は月額16万円から18万円，4年以降は18万から20万円である。それぞれの部門ごとにリーダー，サブリーダーがおりそれぞれ23万から25万，20万から23万，さらにマネージャーだと25万円以上である。賃金表として目安であるが，経験および年齢に対応しての月額表が出来ており，上記の額に対応している。これに成果配分としてのボーナスがあり，作業実績や，米部門と野菜部門の職員のみに適用されるが販売物から経費を除いた余剰金額もボーナスの基礎になる。すなわち責任を持った水田や畑の単収や余剰金額が客観的な数字になる。

　22年の時点では，正職員は17人で，米班6名，米班の野菜担当3名，野菜班4名，畜産1名の計14人で，他に営業・事務等がいる。

　なお今後の方向としてはオペレーターの請負制も構想し，個人等の意欲やその成果が反映できる方向での仕組みも検討している。若者にとってどの仕組みが意欲をさらに引き出し，その仕事に定着して夢を実現できるかを検討しているのである。新規独立の可能性も提示できるようにするとのことである。1職員としては必要な事業量は，「野菜で1町，米では10町」としてまだその目標に達していないが，販売額1千万円を基準に，「食べていける農家」の育成も構想の中にある。農場からの独立という道もある。こうした方向が示されている中で，職員の募集には何とか対応できている状況である。

　なお現時点では成果配分を強める仕組みの強化に重点を置いている。

2）部門別の管理方式

　労働時間の管理でこの法人の特徴は，米部門と野菜部門とに分けていることで

ある。時期が異なるがそれぞれ1年間を農繁期と農閑期とに分けている。

米部門をまず見よう。

農繁期は5〜11月で所定労働時間は週40時間，1日に8時間で，始業は8時，終業は17時半であり，休憩は1時間半である。実労働時間は週42.5時間，1日8.5時間である。始業が8時で終業が18時になっているからである。休憩は同様に1時間半である。

農閑期は12月〜4月で所定労働時間は週40時間，1日8時間，始業は8時，終業17時半であり，休憩時間も1時間半と同様である。しかし実労働時間は週39.5時間，1日7.9時間，始業8時，終業17時20分となっている。休憩は1時間半である。

年間休日は所定が105日，実質は104日である。農繁期，農閑期ともに週休2日となっている。

次に野菜部門をみよう。

農繁期は10月〜3月である。所定は週40時間，1日8時間で，始業8時，終業17時半となっており，休憩は1時間半である。実質は週41.5時間，1日8.3時間になっている。始業が8時，終業が17時50分である。

農閑期は4月〜9月である。所定は同様である。しかし実質は週40時間，1日8時間だが，始業が5時と早く終業が18時になっている。なお休憩時間が5時間である。

年間休日は所定が105日だが，実質は58日と短い。農繁期と農閑期の所定休日は週休2日と同様である。

しかし野菜部門の農閑期は月によりさらに細分化されているので説明を加えたい。

4，5，8月は出荷がない農閑期で8時半から17時半の勤務だが，半日勤務・連休取得を要請している。6，9月は6時ないし7時から18時までで，120〜180分の休憩が多い。体の健康に合わせた措置である。7月は上記の農閑期の記載の通りで，5時から19時ないし20時になっている。ただし気温に合わせた180〜300分の休憩がある。

なお概算であるが，人数は1職員に必要な事業量は野菜で1ha，米では10haとして，必要人数の計算をしているという。ただしお米の場合，作業受託（飼料

稲の作業受託21haや構成員からの収穫等の作業委託等）を含め計算している。また畦の草刈等多くの作業を職員が行っている。

3）その他の取り組み

年間の作業の平準化，データの記録・活用，紙帳票や手書き作業の電子化，作業の機械化・自動化の促進，SNS等による作業の方針や進捗の情報共有等が行われている。公的保険はすべて加入している。手当は通勤，慶弔，賞与がある。

採用従業員数は，18年度の直近期で男性2人，女性1人，17年で男性2人，15年で男性1人，14年で男性3人と，この間の採用数の増加を反映している。19年4月現在での正職員の13名のうち，最長の勤続年数は8年，それ以下は非常に若い構成であり平均年齢34歳，勤続年数4.3年となっている。直近は前掲の表のとおりであり，勤続年数が伸びているので平均年齢もあがっている。

4）求人の条件とリクルートの状況

求人票（19年7月）を見てみよう。フルタイムは以下のようである。雇用期間の定めがない正職員であり，今回の職種は農作業員となっていた。基本給は月額16万円であり，賃金締め切りは毎月末の翌月20日払いである。就業時間は8時半から17時半，休憩時間60分であり，週休二日制である。年間休日は114日，6か月経過後年次有給休暇は10日になっている。なお就業時間は，特記事項として「都合により就業時間が前後することがあります」とあり，「農業なので農繁期など天気や日の時間に左右されます」と示されてある。定年制は一律65歳，勤務延長は無いが再雇用はあると書かれている。

なお試用期間はあり，最大3か月，時給850円とある。ここでは対象者の年齢が40歳以下と明示されていて，「長期勤続によるキャリア形成のため若年者等を対象」とするとなっている。学歴は不問である。

パートタイムは以下のようである。キャベツの出荷（積み込み）作業（一箱10〜15kgキロ）で，雇用期間は19年9月以降から11月10日までであり，契約更新の可能性あり（ただし条件あり）と書かれているが，最長翌年3月末までとなっている。基本給は時間換算額で1,000円のみで，手当はないので，時間額1,000円になる。就業時間は7時から12時の間の4時間程度となっている。休憩時間はない。

　実際の今までのリクルートは，パートタイマーも含め，ハローワークは実績が少なく，地縁血縁等のルートであり，法人の構成員の子息も雇用されている。この時点で雇用されている職員の中に，県農大から２人，県の人材バンクでＩターンの人が１名おり，多様なルートを使うことで人材を求めていることになる。代表理事組合長の講演を聞いてその理念に共鳴し就職してきたものもいる。

　最近は資料等を読み，直接応募してくる女性が多いとのことである。中国ブロックのこの地域では，卵生産・加工・サービスの農場，きのこ園，県畜産農協など著名な農業や食の活動を展開している団体・企業が立地し，その一環としてG農場の活動も注目されているようである。地域での生協を含め消費者との直接の関係を強めている活動は，多くの人に注目されているのである。そういう中で，新規就農等を考える若者が自ら資料等をチェックし，エントリーシートを直接に出してきたり，あるいは面会に来る動きが起きているようである。圃場でのトイレなどを整備し，こうした条件の改善に対応すれば，さらに意欲的な応募者が増えると思われる。

第3節　検討している課題

　すでに正職員については，各人の成果の反映として，ボーナス等に適切に反映することを検討しているが，特に時間管理が課題である。全員が所定の2,040時間内におさまっているが，熱心な職員は他からの依頼もあり，今年度の野菜部門では４月～翌年１月の10か月で数名は2,000時間に迫り，他は1,600時間になっている。効率がよい職員ほど他から頼られ，長時間働き，そうではない人は時間が少ない。これについて賃金の総支給額をタイムカード時間で除してみると，県の最低賃金を上回ることは確認しているが，効率よく働く職員の時給は計算上安くなることになってしまう。

　これに対してどのように時間管理するか，検討すべき点である。もっともボーナスについてはその原資のひとつになる野菜の収益差がどの程度あるかも問題である。

　総合的な時間管理と各人の成果への配当であるボーナス等について検討課題があると言えよう。特に作業の多くは各人がバラバラに行い，その効率などをどのように計測するか，農業特有の評価の問題があると思われる。

第12章
従業員の確保および定着を目的とした待遇の改善
―北陸地方の大規模施設園芸作法人を対象に―

飯田　拓詩・堀部　篤

第1節　施設園芸作経営における人材育成とF社の特徴

　施設園芸作は労働集約型の作物であり，以前から雇用労働力の導入がみられていた。これまでは季節雇用として女性を雇用することが主であったが，近年では，男性の正職員を雇用する経営体も増加している。また正職員を雇用している経営体が大規模であるため，正職員は管理労働，季節雇用やパート・アルバイト等は直接労働のように，業務の分担がみられる（国立研究開発法人農業・食品産業総合研究機構2020）。このような作業環境を背景に，既存研究においても施設園芸作の労務管理の課題の一つが，管理職の育成であることが指摘されている（山田ら2020）。

経営体基本情報（2022年）

法人名	株式会社F社	法人設立（西暦）創　業（西暦）	2014年
			2014年
所在地	中部ブロック		
事業内容	トマトハウス事業，加工事業，植物工場事業		
生産品目	ハウス：フルーツトマト，加工事業：野菜類・果実類の加工品，植物工場：葉物野菜		
農地・施設等の規模飼養頭数等	トマトハウス：3.6ha　加工工場：1,400㎡　植物工場延床面積：3,600㎡		
従業員数	合計　131人	正職員　18人	パート・アルバイト　111人
資本金	1億1,000万円		
売上高	6億7,000万円		
平均勤続年数（正職員）	法人設立から数年しかたっておらず，若い正職員が多い		
平均年齢（正職員）	28歳		
年間休日数（正職員）	106日		

　本章では，北陸地方で施設でのトマト栽培，植物工場での葉物栽培，青果物の加工を行っている株式会社F社（以下，F社）を事例に，正職員の労務管理について検討する。F社は，関東地方で（トマト等の生産，集出荷，販売）を行う農業法人の子会社として2014年に設立された。トマトハウス部門の3.6haをはじめ，各事業部門は大規模である。そのため，直接的な作業を担うパート労働力の確保と，それらを管理する正職員の両方の確保，能力育成が急務であった。そこでF社では，待遇改善を積極的に行い，正職員及びパート・アルバイトの定着，能力向上を図っている。

第2節　F社の経営概況

　北陸地方のF社は，法人設立が2014年で，施設栽培でトマトを栽培しているトマトハウス事業，加工工場で青果物の加工を行う加工事業，葉物野菜を栽培する植物工場事業の3事業がある。それぞれの事業開始は，トマトハウス事業が2015年，加工事業が2017年，植物工場事業が2018年である。F社では各施設を整備し，生産・出荷等の業務体制を構築し，組織運営体制を固めてきた。代表取締役社長のa氏は，親会社の社員としてF社の立ち上げから携わっていた。F社への入社以前は，製造業でのR&Dやマーケティング，業務改革，事業戦略構築といった経験をしてきており，そうした経験を活かして，大規模な農業法人の経営を行っている。

　3つの事業部門の経営面積は，トマトハウスの施設が3.6ha，加工工場が1,470㎡，植物工場が3,650㎡である。役員及び従業員は3部門合計で131名在籍しており，その内訳は役員が代表取締役社長を含めて2名，正職員が18名，パート・アルバイトが約100名である。また正職員には，各事業全体の運営を担う管理正職員と生産物の栽培・管理を担う一般正職員がいる。生産物の販売は，主に親会社を通じてスーパー等へ出荷している。その割合は特にトマトでは，親会社が7割，新規開拓が3割ほどの割合である。トマトハウス部門を中心に生産量は伸長しており，2021年度の売上高は約6.7億円である。F社の特徴の一つに，工業を掛け合わせた作業環境である。3つの事業部門の業務内容は以下の通りである。

　まずトマトハウス部門は，高糖度のフルーツトマトの「フルティカ」を栽培している。栽培方法は，潅水の量を通常の栽培方法より絞ることで，糖度を高くし

ている。高度な技術が必要であり，機械を導入している。収穫量は年間約300 t
である。販路は親会社が過半で，残りはF社から西日本方面の食品スーパー等に
販売している。

　次に加工部門は，大葉・ネギ等の野菜類やいちご等の果菜類を，カットとフリー
ズドライ加工した商品を製造している。親会社での野菜の加工ノウハウに基づい
た設計を行い，商品製造能力は原料加工量ベースで1,000 ～ 2,000kg ／日である。
現在，これらの原料は，親会社などからの外部調達が中心であるが，今後は内部
で生産した農産物による商品の開発を検討している。

　そして植物工場部門は，2018年から稼働を開始した。主にリーフレタスを製造
し，業務用と小売用で供給している。日産収穫量（一日当たり生産量）は約1,500kg
である。F社の植物工場は日本初の食品安全規格である「ASIAGAP（アジアギャッ
プ）」を取得しており，国際線の機内食等にも採用されている。

　F社の経営管理の特徴は，このような大規模な施設での栽培を法人の設立当初
から展開していることである。つまり，人材の確保育成が急務である。

第3節　トマトハウス部門の作業環境と業務分担

1）トマトハウス部門の作業環境

　F社の3部門の作業環境は，それぞれ規模の大きな生産現場であり，正職員，
パートタイマーが業務を分担し，作業を行うことが必要である。またF社の作業
環境は，作業機械を導入し，作業の効率化，作業環境の改善を図っていることが
特徴である。そこで，トマトハウス部門の作業環境に着目し，F社の作業環境を
示す。

　トマトハウス部門では，トマト栽培の2棟のハウスと加工場での選果作業を行
う。トマトハウス部門の作業環境は，整理整頓が行き届き，体の負担に配慮した
環境であることが特徴である。F社は，2016年にASIAGAPを認証しており，作
業場では写真のように作業用具の置き場を整理している（**写真①**）。また，身体
への負担に考慮した工夫がいくつか施されている。まず，**写真②③**は，移動式の
台である。**写真②**はトマトの背丈が低い時に使用される低い台車で，**写真③**はト
マトの背丈が高くなった時に使用される高い台車である。台車の車輪をハウスの
地面につけられているレールに乗せ，移動する。この台車を使用することで，従

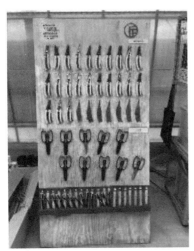

写真①：用具の整理整頓

写真②：トマトの背丈が低い時に
使用される低い台車

写真④：ハウス内上部に設置され
ているミスト

写真③：トマトの背丈が高くなっ
た時に使用される高い台車と作業
風景

業員は足・腰の負担が少なく作業をする
ことができる。これらに加え，夏場の温
度は35℃以上になるハウス内での暑さ対
策は，夏場の作業効率の維持のために重

要な取り組みである。**写真④**のワイヤーにつけられている機械は，ハウス内部の
温度を下げるためのミストを放出する装置である。この機械がハウス内部に複数
個設置されている。

2）トマトハウス部門の運営とOJTを中心とした正職員の能力向上

　このような作業環境で，トマトハウス部門では，部門全体や従業員の管理を行う正職員と，実際に作業に従事するパート・アルバイトという構成で作業を行っている（図12-1）。また，正職員は，部門の責任者として部門全体のマネジメントを担うチームリーダーと栽培管理やパートへの指示を業務とする一般正職員に分けられている。このような労働力構成の実現が，安定的したトマト生産を支えている。

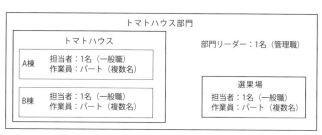

図12-1　トマトハウス部門のイメージ

資料：ヒアリング調査より筆者作成。

　チームリーダーは，部門のマネジメントを担い，トマトの需給調整，備品の管理・購入，パート・アルバイトの募集・採用・シフトの作成を行っている。特に需給調整は，重要な業務である。トマトの販売は，7割が親会社を経由している。そのため，チームリーダーは，親会社の販売担当者との調整及び相談を行い，トマトの欠品，廃棄がないよう取組む必要がある。また，トマトの結実状況を把握するため，一般正職員とのコミュニケーションも欠かさず，チームリーダー主導で積極的にコミュニケーションをとっている。

　2棟のハウスと加工場の運営・管理は，日本人の一般正職員3名が担当している。一般正職員の具体的な業務は，トマトの管理，各棟及び加工場へのパート・アルバイトの人員の割り振り，作業指示である。その際，選果場を第一優先に，その後A棟・B棟に振り分けを行う。トマトハウスA棟・B棟の担当である一般職は，F社の売りの一つである高糖度トマトを栽培するための栽培管理を担っている。高糖度トマトの栽培には，水の管理が重要であるが，F社が用いている栽培システムは排水がされないため，担当者の水管理が安定した収量の確保において不可欠である。

　トマトハウスでは，ハウス内の環境や水分量をデータ化し管理を行っている。しかし，それらのデータは実作業の補助として活用することができるが，水分の管理等を適切に行うには植物の観察が最も重要である。そのため，これらの技術の習得には，OJTが欠かせないと正職員は実感している。また，一般正職員は高度な水分管理に加え，パート等の作業管理を担う必要がある。このような管理業務についても，正職員は業務経験を通じた能力の向上を実感していた。

　正職員の能力向上に加え，実際の作業を担うパート・アルバイトの確保が重要である。F社の事業は一般的な農業事業同様，労働集約型の色合いが濃い。そのため，トマトハウスの事業開始当初，パート・アルバイトが十分に確保されず，正職員・パート社員一緒になって栽培・出荷作業を行った時期があったが，その後，業務が整理されてこのような役割分担が確立され，後に立ち上げた他部門へ落とし込まれていった。

第4節　F社の労働力構成

　F社の労働力は表12-1の通りである。また部門別の正職員，パート・アルバイトの人数は，図12-2の通りである。まず正職員の人数は，日本人が13名，外国人が5名の合計18名である。そのうち日本人の正職員は，管理正職員が3名，一般正職員が10名である。日本人の正職員のうち一般正職員は，若年層が多いことが特徴である。日本人の正職員の年齢を，表12-2で示した。管理職3名は，30

表 12-1　F社の労働力の概況

雇用形態	役員	正職員		常勤パート	アルバイト
		管理	一般		
合計	2名	3名	15名	103名	8名
日本人	2名	3名	10名	90名	8名
外国人	－	－	5名	13名	－

資料：代表取締役社長・a氏へのヒアリングより筆者作成。

表 12-2　年齢別の正職員数

		20歳台	30歳台	40歳台	50歳台
管理正職員	男性	－	1名	2名	－
	女性	－	－	－	－
一般正職員	男性	4名	2名	－	1名
	女性	1名	－	2名	－

資料：代表取締役社長・a氏へのヒアリングより筆者作成。

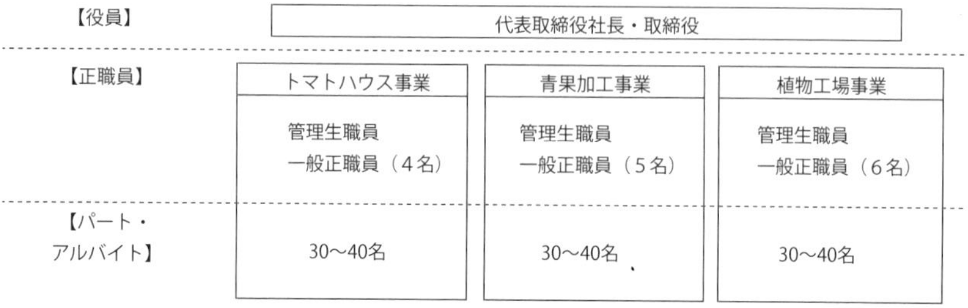

【役員】	代表取締役社長・取締役		
【正職員】	トマトハウス事業	青果加工事業	植物工場事業
	管理生職員 一般正職員（4名）	管理生職員 一般正職員（5名）	管理生職員 一般正職員（6名）
【パート・ アルバイト】	30〜40名	30〜40名	30〜40名

図12-2　各部門の労働力構成

資料：代表取締役社長・a氏への聞き取り調査より筆者作成。

注：パート・アルバイトの人数は，時期により変動があるためおおよその人数を示した。

歳台1名，40歳台2名である。一般正職員10名は，20歳台が5名，30歳台が2名，また現在在籍している日本人の正職員はすべて，自宅から車で通勤できる範囲に住む地元採用者である。

　次にパート・アルバイトの人数は，111名である。パート・アルバイトは女性が多く，全体の約8割を占めている。年齢は30代から50代で，子育てをしながら働く女性も多く在籍している。

　なお正職員，パート・アルバイトには，それぞれ5名，13名の外国人が在籍している。正職員は，高度人材制度を活用して，来日している。出身地は，ベトナムが3名，ウズベキスタンが2名である。これらの正職員の待遇は，日本人の正職員と同様である。パート・アルバイトは，技能実習生及び特定技能である。F社では，コロナウィルスの感染拡大により，働く場を失った技能実習生，特定技能の外国人が国内に多くとどまっていることに鑑み，雇用人数を増やしている。これらの技能実習生，特定技能の待遇は，パート・アルバイトと同様である。

第5節　正職員及びパート・アルバイトの採用と待遇

1）正職員の採用と待遇

　正職員の募集は，第一次産業ネット，あぐりナビといった全国規模の農業求人サイトへの掲載や地元の説明会への参加，ホームページでの採用情報の掲載を行っている。なお，採用時では総合職・一般職といった区分けはしていない。新規学卒者が多く年齢も若い一般正職員者は，地元の説明会への参加，ホームページへの応募による採用が主である。一方管理正職員3名は，いずれも中途採用者

表 12-3　管理正職員 3 名の経歴

年齢	担当部門	入社年	最終学歴	前職
32 歳	青果加工	2017 年	国立大学農学部	食品商社 （営業）
38 歳	植物工場	2015 年	私立大学大学院 （理工学）	大手自動車会社 （設計・開発）
41 歳	トマトハウス	2014 年	私立大学福祉関係学部	障がい者施設所長 （梨の栽培）

資料：代表取締役社長・a 氏へのヒアリングより筆者作成。

表 12-4　正職員の労働条件

労働時間 （休憩）	8 時～17 時（休憩 1.5 時間）
休日	週休二日制 年 106 日/年 ※夏季 3 日、年末年始 5 日の休日あり
賃金制度	基本給：月給制（19 万円～35 万円） 昇給：人事評価による昇給 昇給額は，主に役職によって異なる 賞与：年 2 回
手当	住宅通勤
公的保険	労災雇用健康厚生

資料：代表取締役社長・a 氏へのヒアリングより筆者作成。

である（**表12-3**）。また，F社の経営スタイルや取り組みに興味を持っていることや，全国規模の求人から応募しているといった特徴がみられる。ただし，いずれの管理正職員も，管理職業務を前提とした採用ではない。前述の通り管理正職員は，高度な管理業務を担う必要があるが，このような能力は作業経験を通じて培われる。そのため，設立当初から大規模に経営を展開しているF社では，サラリーマン経験のある 3 名の能力は貴重であったと考えられる。

　正職員の労働条件は**表12-4**の通りである。まず，正職員の就業時間は 8 時から17時，休憩が 1 時間確保されており，所定労働時間は 8 時間となっている。なおトマトハウス部門では，パートの作業が17時までに終わらず，時間外労働が必要となった場合は，正職員も会社に残業することとなっており，時間外労働は月平均25時間，年間300時間となっている。時間外の労働に対する手当は，30時間分の時間外労働手当として業務給に含まれている。

　次に休日は，年間106日で，正職員間でシフトを組んで，業務が滞りなく行われるようにしている。以前は親会社に合わせて，月 7 日，年間休日92日であった。この休日日数は一般的な産業と比べると少なく，労働力を他産業との競争で確保

する必要がある状況においては，改善が必要であった。そこで，休憩時間を1日1.5時間から1時間へ減らすことで，休日日数を増やした。なお，以前の1.5時間の休憩は，作業の状況によって必ずしも確保できていたわけではなかったため，休憩時間の縮小による現場への影響はなかった。

　そして賃金は，基本給，賞与，手当が支給される。基本給は月給制で，金額は19万円から35万円である。昇給は人事評価によって決まる。昇給額は，職務に応じたランク及びランクごとに設定されている等級によって決まる。現在の仕組みでは，一般正職員であれば，等級が1つ上がるごとに約1万円昇給し，ランクが一般正社員から管理職に上がるタイミングで約8万円昇給する仕組みとなっている。なお，これらの昇給の仕組みを賃金表で示し，正職員が確認できるようになっている。

　昇給額が人事評価で決まる一方で，賞与額は部門の成果をもとに評価し，金額が決まる。代表取締役社長は，農業の場合チームでの作業が重要であり，個人の評価を正確にすることは容易ではないと考えており，部門ごとの成果を反映した仕組みを作っている。また，支給額は基本給の何倍という算定方法である。そのため，一生懸命に働く正職員とそうでない正職員とは基本給が異なるため，賞与額でも差がでる仕組みとなっている。

　人事評価に応じた賃金制度は，2021年度から導入している。これまでは，人事評価やそれに応じた賃金制度の構築，導入を模索していた。多様な経歴を持つ正職員が在籍しているF社では，特に，中途採用者に対して，前職の給与を考慮して同社での給与を決めてきた経緯があるが，同社としてのあるべき給与基準に収れんさせる必要があった。また，正職員自身からも，自身の働きに応じた賃金制度への要望が出ていた。そのためこれまでは，新卒者を含む若い正職員には，同年代の他産業従事者との給与比較を考慮し，早目に給与の引き上げを行うなど工夫をしてきた経緯がある。現在の人事評価，賃金制度は今後も改善していく意向であり，特に昇給額の設定について，少ない金額でも毎年着実に昇給していく仕組み等を検討していく。

2）パート・アルバイトの採用と待遇

　前述の通り，F社ではパート・アルバイトの確保が，業務の運営において不可

表12-5　パート・アルバイトの待遇

労働時間 （休憩）	出勤：8時もしくは9時 退勤：12時・15時・16時・17時 休憩：1.5時間 ※出勤日は最低4時間勤務
週所定労働日数	週3日〜6日
賃金制度	基本給：時給制（860円〜970円） ※勤続年数等により変動あり
手当	通勤休日（20円/h）夏季

資料：代表取締役社長・a氏へのヒアリングより筆者作成。

欠であった。パート・アルバイトの募集は，ハローワークへの求人の掲載を行っている。これらのパート・アルバイトの確保は，地元の食品センターやスーパーとの競合となる。そのため，人数を確保するためには待遇の改善が必要であった。そこで，できるだけ作業負担のかからないように環境を整備することに加え，賃金の増額，柔軟な労働時間の設定を実施している。

　パート・アルバイトの労働条件は，**表12-5**の通りである。まず労働時間は，1日最低4時間勤務で，出勤時刻及び退勤時刻がそれぞれ選択できるようになっている。そのため，子どもの送り迎え等に対応した柔軟な勤務体系である。次に時給は，地域の最低賃金より高い850円から970円で設定されている。代表取締役社長はパート・アルバイトの確保において，特に時給の増額が有効であったと考えている。以前は，地域の最低賃金とほぼ同じ額であったが，時給を50円程度に増額したところ，人数が確保できた。

第6節　他産業の待遇を考慮した条件によるF社の人材確保

　F社では法人設立当初から大規模に経営を展開しており，正職員及びパート・アルバイトの確保，育成が急務であった。そこで，サラリーマン経験のある正職員を管理職に置き，彼らの採用の際には前職の待遇を考慮した条件を提示していた。また，パート・アルバイトの確保においては，地元の食品センターやスーパーの待遇を踏まえ，条件を決めていた。つまり，従業員の確保については，他産業との競合であることを踏まえた，休日日数，賃金の設定を行うことで，確保を実現していた。また，正職員の定着，育成に対しては，人事評価に基づいた賃金制度の導入を行っていた。F社では，中途採用者の存在が重要であり，それらの正職員の採用時には前職に応じた賃金を支払っていた。人事評価については，それ

らの中途採用者と新規学卒者の双方が納得できるような仕組みである必要があり，支給金額等を踏まえ納得できるような仕組みとして導入できる段階で導入していた。

参考文献

国立研究開発法人農業・食品産業総合研究機構（2020）『大規模施設園芸における組織づくりと人的資源管理』

山田伊澄・澤田守・納口るり子（2020）「生産品目の違いからみた農業法人における正社員の人材育成方策の効果の特徴と課題―施設野菜に着目して―」『農林業問題研究』56（3），pp.109-116

第13章
正職員への客観的な技術評価の仕組みによる正職員同士の人材育成の実現
—九州地方の大規模施設園芸作の事例を対象に—

飯田　拓詩・堀部　篤

第1節　正職員同士の人材育成の必要性とL社の特徴

　大規模に経営を展開する農業法人では，経営主が従事できる業務に限りがある。そのため，正職員の育成，権限委譲の必要性が指摘されている（澤田ら2018）。その中でも，正職員同士の技術指導は，指導業務の役割や権限を正社員に与えるだけでは実現できないと考えられる。株式会社L社は，九州地方を中心に大規模施設栽培によるベビーリーフの生産とパック加工，販売を行っている。L社の特徴は，独自の栽培技術の平準化を実現した技術指導方法である。これにより，年間700ｔという，全国有数の生産規模を誇っている。L社では，栽培技術の習得

経営体基本情報（2019年）

法人名	株式会社L社	法人設立（西暦）	2005 年		
		創　業（西暦）	2005 年		
所在地	九州沖縄ブロック				
事業内容	大規模ベビーリーフの生産・販売　農業コンサルティング				
生産品目	ベビーリーフ				
農地・施設等の規模 飼養頭数等	69ha（ハウス）				
従業員数	合計　122（42）人	正職員	51（29）人	パート・アルバイト	71（13）人
資本金	1億円				
売上高	19億円				
平均勤続年数 （正職員）	6 年				
平均年齢 （正職員）	正職員は新卒・中途問わず雇用				
年間休日数 （正職員）	112 日				

のために，日ごろのOJTに加え，筆記試験，勉強会を行っている。現在は，筆記試験，勉強会を正職員が運営している。

第2節　L社の経営概況と労働力構成

1）経営概況

　L社は，有機栽培によるベビーリーフの栽培，梱包，出荷を主に行う農業法人である。圃場は，九州地方を中心にハウス約800棟，総経営面積69haである。ベビーリーフ年間出荷量は，約700 t で，日本でも有数のベビーリーフ生産法人である。また販売先は，全国の生協や量販店・百貨店である。ベビーリーフの生産のほか，農業コンサルティング事業を行っている。L社の組織図は**図13-1**である。

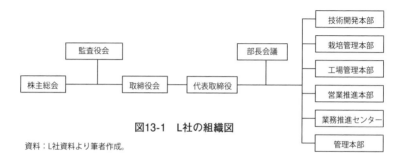

図13-1　L社の組織図

資料：L社資料より筆者作成。

　法人の設立は2005年で，前身のベビーリーフ生産法人の倒産した際，当時，別の会社を経営していた前代表取締役社長が経営を引き継いだ。現・代表取締役社長のａ氏は，前代表取締役社長の誘いを受け，L社に入社した経緯がある。L社の栽培における特徴は，独自の水分管理技術を用いた多毛作ハウスでの効率的なベビーリーフ生産である。この独自の水分管理技術の確立及び平準化に，ａ氏が大きく貢献している。

2）労働力構成

　L社で農作業に従事する従業員は46名で，正職員は男性が27名，女性が２名の合計29名，パート・アルバイトが男性11名，女性８名の合計19名である（**表13-1**）。なお，農作業に従事する女性正職員の雇用は，2018年からである。以前は，体に負担の大きい作業が多く，トイレや更衣室等の女性を雇用する環境も整って

表 13-1　L社労働力構成

雇用形態	正職員		常勤パート
	管理職	一般職	
合計	男性：6名	男性：21名 女性：2名	男性：11名 女性：8名

資料：代表取締役社長・a氏へのヒアリングより筆者作成。
注：示した人数は，農作業に従事する技術開発本部及び栽培管理本部のみの人数である。

いなかったが，女性が働ける環境が整えられたことから，現在は女性も積極的に雇用している。

　L社の正職員は，役職ごとに明確に権限が決められている。役職は統括リーダー，リーダー，主任，副主任，一般正職員に分けられている。**表13-1**で示している管理職は統括リーダー，リーダー，一般正職員は主任以下の正職員である。各役職の正職員の勤続年数は，統括リーダー，リーダーが7年目から14年目，主任，副主任が3年目から10年目，一般の正職員が2年目以下である。リーダー以上の役職を持つ正職員の重要な業務の一つに，一般正職員の技術指導がある。L社では正職員同士での技術指導を重視しており，性格診断を用いて班編成を組み，正職員同士のコミュニケーションが円滑に行われるよう配慮している。

第3節　L社の作業環境と作業技術の平準化

1）a氏による作業改善

　現在は日本一ともいえるベビーリーフ生産量を誇るL社であるが，高収量の実現に大きくかかわったのが，a氏による土壌の水分管理技術の確立とその平準化である。L社の前身の農業法人の経営を引き継いだ前代表取締役社長は，栽培技術を確立し，安定した収量を確保することを目指していた。そこで，前代表取締役社長は，九州の別の農業法人でベビーリーフ栽培の研究をしていたa氏に，L社のコンサルティングを依頼した。

　a氏は，大手不動産会社で建築士として働いたのち，2009年から九州の別の農業法人でベビーリーフの栽培に関する研究をしていた。2010年に前代表取締役社長からコンサルティングを依頼され，2011年にL社に入社した。a氏は前職の農業法人で，土質に合わせた水管理の方法に着目し，触診による水分量測定の方法を確立していた。コンサルティングを任されたa氏の主な取り組みは，第一に触

診による土壌の水分管理技術の平準化，第二にオペレーションの改善であった。

　まずa氏が確立した水分管理技術は，土壌中の水分量を触診で測定する方法である。触診による水分量の測定方法とは，土を手のひらで握り，握った際の土塊の数をA～Fの6段階に分け，水分量を測定する，という方法である。この技術の平準化のため，水分管理技術の手法をマニュアル化し，正職員の技術取得を促している。なお，L社では水分管理技術をはじめ，正職員が習得すべき技術を明確化し，L社では勉強会，筆記試験の実施，技術の客観的な評価を行っている。

　次にオペレーションの改善では，栽培技術のマニュアル化とともに，日々の作業におけるオペレーションの改善を地道に行った。当初は，毎日圃場に出て，「なぜこの作業が必要なのか。この作業が何につながるのか。」を従業員に説明し，細かなオペレーションの改善を積み重ねた。このような日々の作業の改善は，現在でも続けられている。L社では，部門ごとに週に1回「改善会議」が開かれている。「改善会議」では，各正職員が改善項目を決め，改善策と進捗状況を報告しあっている。

　このように，a氏による水分管理技術の平準化とオペレーションの改善を積み重ねることで，3年で黒字化，6年で売上10億円とした。

2）L社の作業環境

　L社の作業環境の特徴は，作業の効率化による労務軽減を目的とした機械の積極的な導入である。まずベビーリーフを生産しているハウスでは，2015年から農業技術開発企業と共同で開発した土壌管理システムを，一部のハウスで導入して

写真①：L社ハウス

写真②：土壌管理システム

いる。この土壌管理システムの導入により、どこでもハウス内の環境をみることができる。また、土壌管理システムで得たデータをもとに、遠隔地でも水まきができるように、ハウスのサイドにホースを取り付け、時刻を設定し自動で水まきが行えるようなシステムも導入している。なお、土壌管理システムの導入によりハウス内の環境は可視化されているが、触診による水分測

写真③：コンテナを運ぶ機械

定の技術を正職員が身に着けることは、安定した生産にとって重要である。そのため、これらのシステム導入後も、技術習得の取り組みは行われている。

　次に加工工場では、収穫したベビーリーフを工場の入り口から内部まで自動で移動させるロボットを導入している。これにより、以前まで男性が担っていた作業を効率化している。なお、これらの自社専用の器械も、自社で開発している。

第4節　生産部門正職員の労働条件と人材育成

1）人材の確保と労働条件

　まず正職員の確保だが、正職員の募集は、ハローワークへの求人の掲載、全国の大学校や農業大学校への募集など幅広く行っている。また、就職希望者と直接会うことが重要である、という考えから、就職フェア等にも積極的に参加している。また、新卒を中心に募集している。なお前述の通り、L社では複数の部門があるが、募集の発信は主に栽培管理部からで、工場管理部や営業推進部で働く正職員も、就職当初は農作業に従事する。

　正職員の労働条件は、**表13-2**の通りである。まず正職員の就業時間は8時間で、休憩時間は農繁期が2.5時間、農閑期が1.5時間である。次に休日は、週休二日制であり各正職員に対して曜日ごとに休日が割り振られている。また、各正職員の都合に合わせ休日を交換するなど、正職員同士でフレキシブルに対応している。年間の休日数は112日である。そして賃金は、年間で基本給及び賞与と、扶養、地域、通勤、役職、慶弔に対する手当がある。基本給は月給制で、金額はL社の

表 13-2　L 社正職員の労働条件

労働時間 （休憩）	【農繁期】 7 時〜17 時 30 分（2.5 時間） 【農閑期】 8 時〜17 時 30 分（1.5 時間） ※36 協定締結
休日	112 日/年
賃金制度	基本給：月給制 昇給：5,000〜6,000 円+評価による変動/年 ※賃金表あり 賞与：年 2 回
手当	扶養・地域・通勤・役職・慶弔
公的保険	労災・雇用・健康・厚生

資料：代表取締役社長・a 氏へのヒアリングより筆者作成。

所在地の上場企業と同等となるように設定している。昇給は，月給5 〜 6,000円程度で，人事評価による変動がある。なお初任給は，年齢，前職等を踏まえた金額を提示している。これらの昇給制度は，賃金表で正職員自身が確認することができる。賞与は，年2回支給されている。また，賞与とは別に年2回，評価の高い正職員に対して特別に手当が支給される。

　昇給額及び賞与額は，人事評価を踏まえ正職員ごとに決定している。人事評価では，職務遂行能力への主観的な評価，各正職員の設定した目標への達成度等への評価を行う。人事評価を公平に行うため，主観的な評価においては，その評価基準を一律に定めている。ただし，正職員の役職により期待される業務の能力等は異なるため，評価結果の配点の仕組みを工夫している。

2）人材育成の取り組み

　L社の特徴的な人材育成の取組みは，①定期的な勉強会・筆記試験の開催と②正職員の作業技術の習得度を測定，共有する「星取表」を用いた客観的な技術評価である。これらの取組みは，一般正職員の指導を担当する役職の正職員が，各正職員の弱みを把握することができ，正職員の作業技術の成長と平準化に寄与する。

　まず勉強会，筆記試験では，座学で栽培における技術・知識を学ぶ。勉強会，筆記試験の概要は，**表13-3**の通りである。このような勉強会と筆記試験が年に2回行われる。筆記試験は，各正職員の技術・知識の習得度合いに応じて，出題

表13-3　勉強会・筆記試験の概要

	勉強会	筆記試験
目的	座学により、栽培に関する知識・技術の習得を図る。	筆記試験により、勉強会で学んだ知識・技術の定着を図る。
内容	「植物生理学」「土壌学」「気象学」など栽培に関する知識、「IPM」「GAP」「HACCP」などの制度の概要、肥料設計・肥料選定の方法	評価は、80点満点

資料：代表取締役社長・a氏へのヒアリングより筆者作成。
注：いずれも，各正職員の技術・知識の習得度合いに応じて，「初級」「中級」「上級①」「上級②」に内容が分けられる。

	技術①	技術②	技術③	技術④	技術⑤	技術⑥	…
正社員A	☆	☆	◎	☆	◎	○	…
正社員B	○	○	◎	△	△	△	…
正社員C	◎	◎	△	△	☆	☆	…
…							

図13-2　「星取表」のイメージ

資料：A社資料より筆者作成。
注：△：1，○：2，◎：3，☆：4の評価とする。

内容が異なる。講義の内容は，「植物生理学」「土壌学」「気象学」といった栽培に関する知識や「IPM」「GAP」「HACCP」などの制度の概要，肥料設計・肥料選定などである。講義や筆記試験は，正職員の技術・知識の習得につながるとともに，筆記試験の結果は，統括リーダー・リーダーが各正職員の弱みを確認する機会となり，作業時の技術指導に活かされている。このような勉強会と筆記試験は，現在は統括リーダー・リーダー主導を中心に行っている。以前はa氏が担当していた講義や試験問題の作成も。統括リーダー・リーダーが行っている。

　次に「星取表」では，各正職員の作業技術の習得状況を評価している。「星取表」では，各従業員の技術の習得状況を4段階で示している（**図13-2**）。星取表を会社内の誰にでも見られる場所に掲示することで，各従業員の弱点を知ることができ，各従業員の弱点に合わせた指導が実現している。評価項目は，上述の水分管理技術のほか，作業機械の操作技術等である。

第5節　L社による正職員同士の技術指導の実現

　L社では，独自の水分管理技術をはじめとした作業技術を正職員が習得することが，安定した生産において重要であった。そこで，作業技術のマニュアル化，客観的に評価する仕組みを作ることによって，それらの指導を管理職である正職員が主体となって運用していた。正職員の指導に限らず，経営主が正職員へ業務，

権限を委譲する際には，その業務に対する認識を双方が共有し，その実行を経営主がある程度詳細に把握できる仕組みが必要であると考えられる。L社においては，簡単な作業ではない農作業に関する技術のマニュアル化を行い，それらをもとに正職員が技術指導を行うことのできる仕組みを構築していた。

参考文献

澤田守・澤野久美・納口るり子（2018）「農業法人における正社員の人材育成施策の特徴と課題─農業法人アンケート結果を用いた分析から─」『農業経営研究』56（2），pp.33-38

第14章
観光農園の積極的拡大と支える雇用労働力
―大規模化でパートから正職員依存に移行―

堀口　健治

第1節　観光農園の拡大・安定化―父が起こしたサクランボ観光農園の抜本的な量的・質的拡大

　この観光農園は，祖父が1969年に果樹園を創業したものがもととなり，86年に父が有限会社O観光果樹園として法人化したものが出発点になっている。その後01年に現社長が取締役に就任したのち，積極的に温室を取り入れるようになった。なぜなら露地栽培のサクランボ観光農園は時期が6月上旬から7月上旬までの1か月という短い期間に限られるからである。

　観光農園同士だけではなく，生産し出荷する農業経営者の側から見ても，サク

経営体基本情報（2021年）

法人名	（株）Cファーム	法人設立（西暦）	1986 年		
		創　業（西暦）	1969 年		
所在地	東北ブロック				
事業内容	生産，消費者直売，通販，加工・製造，観光・交流，飲食				
生産品目	果樹				
農地・施設等の規模飼養頭数等	樹園地 10ha				
従業員数	合計　20人	正職員	10人	パート・アルバイト	10人
資本金	300 万円				
売上高	3 億円				
平均勤続年数（正職員）	7〜8 年				
平均年齢（正職員）	42 歳				
年間休日数（正職員）	90 日（110日を目指して改定中）				

ランボの時期は短いので，収穫のためのパートタイマーを生産者同士で取り合うことになる。労働に関わる最大の問題である。しかしこの点を，この観光農園の経営者は，観光農園そのものを規模拡大し，その拡大した経営を通年雇用者に依存することで切り抜けてきたといえよう。通年雇用することで正職員にして，確実に人手を確保できたからである。

　観光農園の開園時期を長くすることで果実狩りを長期化し，さらにカフェの開設や加工・ショッピング・自販機設置など，６次化を取り入れることで経営規模を拡大し，それに対応する正職員を地元で得るようにしたのである。

　具体的に述べよう。サクランボの収穫時期は温室なら早期化し全体の期間を長くできる。温室化で５月20日頃から６月上旬までサクランボ狩りが可能になる。そして予約も確実に予定することができるようになった。雨の日でも指定日に客を受け入れることが可能になるからである。

　このＣファームでは，温室サクランボのハウス１号園が05年に完成し，その後，露地にも雨よけハウスを次々と建てた。今では温室だけで50ａ７棟になっている。

　さらに露地には遮光を取り入れ，サクランボ狩りの時期を７月下旬まで伸ばせるようにした。そのため観光農園では，サクランボ狩りは５月〜７月までの３か月に伸ばすことができ，法人の18年の年間2.5億円売り上げのうち６割をこの時期に得ている。なお規模拡大に応じて売上高は確実に増え，15年は1.9億円，16年2.1億円，17年は2.4億円となっている。しかし20，21年はコロナで観光客は激減した。そのため通販に全面的に切り替えた。この通販主体への切り替えの工夫は後に述べるが，21年度は３億円（うち通販が2.5億円）の売り上げを達成できたのである。

　果物狩りを希望する客の受け入れの時期を伸ばすために，サクランボの成園を１haずつ最近借り入れている。また桃とブドウがそれぞれ70ａ，リンゴと洋ナシ（ラ・フランス）はそれぞれ80ａ確保されている。サクランボ農園７haとあわせて園地が計10haあるので，ここの観光農園は５月〜11月まで果物狩りが出来るようになった。

　なお22年の入園料は，お土産は別にして，細かく分けて設定している。ハウスさくらんぼ狩り（要予約）は５月中旬から月末まで，個人3,300円，団体3,080円，なお子供は3,080円，未就学児1,980円である。通常のさくらんぼ狩りは，６月下

旬から 7 月まで，個人1,980円，団体1,650円，子供1,650円，未就学児1,100円である。またVIPこだわり佐藤錦狩り（6 月下旬から指定日のみ）と紅秀峰狩り（7 月上旬から指定日のみ）はいずれも要予約で，ハウスさくらんぼ狩りを少し下回る額に設定し，リピーター客の受入を狙っている。また 8 月10日から 9 月上旬までのもも狩りは，個人1,100円，団体990円，8 月上旬から10月中旬のぶどう狩りは770円，660円，9 月下旬から11月下旬のリンゴ狩りは660円，550円と設定し，需要とコストを考えながら，細かい価格設定をしているのが特徴的である。

　周辺の農家は丹精込めて栽培しているサクランボの樹木が気になり，他人が入る観光農園化に踏み切るのはそう多くはなく，国道に面して駐車場，店，そして樹園地と一体的に展開しているC観光農園は，極めて集客力が強い。

　なお10haのうち，法人所有は1haのみで，父からの借入が 4 ha，以降の借入が 5 haである。購入を依頼されることもあるがなかなか価格が合わないので，今も規模拡大の主力は借り入れである。借地期間は最近借り入れた 2 haが20年で，今まで10年が最も長かったのを修正できた。うち 1 haはベテランの園主を雇う形での借り入れであり，またもう一つの 1 haは病気で経営をやめた人から借り入れている。借地料は幅があるが代表的なものは10 a 当たり約 2 万円である。1 万円から 5 万円の幅があるが，5 万円は温室が設置されているところである。借地期間は，新たに苗を植えて成園にし，回収を考えれば，20年は欲しいが，周辺の農地ではまだまだ短く，そのためここでは成園になっている園地を積極的に借りるようにしている。18年に初めて農地中間管理機構を経由しての借地ができ，これで10年という借入ができるようになったが，今回の20年は望ましい借地期間である。なおサクランボの借地でもめた事例はこの周辺でもあるが，その場合は地主にやむを得ず返還した際に，借り手はハウスも移築し成木も抜いて移植したと聞く。サクランボだから，収支が合ったかどうかは不明だが，抜いて移築するほどの価値が借り手にはあったのであろう。こうしたトラブルを避けるためにも今後は借地期間を延ばす努力をしたいという。

　観光農園として15年にはカフェを開設し，国道沿いに駐車場も確保した。2 階にあるカフェからは眺望と周りの果樹園を楽しむことができる。最近，駐車場も舗装し，車椅子等のお客さんを大事にしている。

　16年には 1 階にショップ，事務所を併設した。多目的トイレも併設している。

こうした努力の結果，果物狩りで年約4万人，カフェだけの利用で2万人と，計6万人の客を受け入れた。なお約9割は県外からの客で，主力は宮城県とのことである。

　カフェは，遅い時期に収穫の果物や高所の残り物などを加工した商品を提供することにも繋がり，収益が安定化する。また積極的に加工にも取り組んでいる。ただし1次加工は地元の加工業者に委託し，設備投資のリスクを回避しながら，売れ筋の商品の開発に大胆に取り組んでいる。この際，女性社員のアイデアや取り組みが大きな力になっている。

　なお法人の現在の資本金は300万円で役員は3名（代表取締役，父，弟）である。

第2節　雇用労働力の状況と定着への工夫

1）正職員を重点にした雇用体制

　考え方として，収穫時期のみに雇用するパートタイマーへの依存を少なくし，安定した通年雇用者の確保を目指した。10年にトイレをリニューアルしただけではなく，16年に作られた新社屋には従業員専用のトイレ，休憩室を用意している。さらにシャワールームも設けた。この結果，前は従業員の定着率は低かったが，上記の改善の結果もあり，勤続年数は伸びてきている。働く側も通年雇用を希望し，雇う側も安心して経営戦略を展開できる。

　社員は約半分が女性で，加工，販売，カフェ，観光等を担っているが，彼女らも生産・栽培部門にも関わってもらい，従業員は各種の仕事をこなせるようにしている。このことがお互いに休暇を取りやすくしている。季節性のあるアルバイトよりも，正職員が通年雇用者として働き，観光期間ではない冬のような農閑期にも，剪定等の仕事に加わってもらい，また加工でも仕事があるようにしているのである。

2）勤務体制

　13年4月改定の就業規則を見ると，従業員の労働時間は週44時間，1日で8時間となっている。8時始業，17時終業，休憩時間は10時から15分，昼は12時から1時間，15時から15分，計1時間半である。また変形労働時間制を適用しているが年少者や妊娠中の女性などを適用外としている。休暇は勤続年数に応じて有給

休暇の日数が明示されている。定年は満60歳等になっているが，下記は正職員の
いくつかの事例を示している。幅があるようで，事例として見ておいてほしい。

(1) 16年4月初めに雇用された正職員の雇用契約の事例

　雇用期間の定めのない正職員で，年間に農繁期と農閑期に差のある勤務時間で
ある。5月1日から12月20日までは実労働が週に42時間，始業8時，終業17時で
休憩時間60分である。12月21日から4月30日までは実労働週に36時間で始業9時，
終業17時である。休憩時間は60分。年間を通じた平均週労働時間は44時間，平均
月労働時間が193時間になっている。なお所定外労働は月当たり30時間となって
いる。

　休日は定例日の月当たり4日で，年次有給休暇やその他の休暇は勤続年数によ
る付与となっている。

　基本賃金は月給19万円，毎月月末の締めで翌月10日支払いである。昇給は毎期
毎に判断となっている。賞与，退職金は無いことになっているが，中小企業退職
金共済事業に入り準備している。定年制は60歳である。労災，雇用保険の労働保
険は適用済みで社会保険は厚生年金，健康保険に加入済みである。

(2) 15年10月初めに雇用された正職員の雇用契約の事例

　雇用期間の定めのない正職員で，年間に農繁期と農閑期の差がない勤務時間で
ある。週に48時間で始業8時，終業17時，休憩時間は60分である。年間を通じた
平均週労働時間は48時間，平均月労働時間が192時間になっている。なお所定外
労働は月当たり30時間となっている。

　休日は定例日の週当たり1日で，年次有給休暇は法定通り，その他の休暇は10
日となっている。

　基本賃金は月給25万円，住居手当が月1万円，通勤手当が月に5千円，家族手
当が5千円である。毎月15日の締めで当月25日支払いである。昇給は業務成績に
応じ毎年4月昇給である。賞与，退職金はある。定年制は65歳になっている。労
災，雇用保険の労働保険は適用済みで社会保険は厚生年金，健康保険に加入済み
である。

（3）この法人で雇用されているものの代表的な事例

　40歳台で役職がない男性の事例を述べておこう。この人の労働時間は農繁期（5月〜11月）と農閑期（12月〜4月）で異なる。農繁期は週44時間の所定労働時間で1日に8時間である。始業が8時，終業は17時で，休憩時間は1.5時間である。農閑期は週40時間，1日7時間の労働である。始業は9時，終業は17時，休憩時間1時間となっている。年間休日は85日，農繁期は4週4休である。農閑期は4週8休になっている。時間外では月平均20時間，年間240時間で特に多い月は6，7，8，9月になっている。

（4）その他の従業員のための取り組み

　屋内と野外にトイレを設け，さらに本社内にシャワー室を設けている。作業の効率化としては，整理整頓，柔軟な就労体系，データを記録して活用し，紙帳票や手書きの代わりに電子化を進め，SNS等による作業の方針や進捗の情報を共有化している。また経営者と，あるいは従業員間でのコミュニケーション促進を図っている。

　また人材育成としては社内研修や外部研修参加への助成などを設けている。

　公的保険としては，労災，雇用，健康，厚生年金等に加入している。退職金では中小企業退職金共済と会社単独の退職金がある。手当・賞与は，扶養，通勤，役職，慶弔，賞与等の制度がある。産前産後の休業は有給，育児時間は無給，育児・介護休業は有給，看護休暇は無給となっている。

　従業員採用は，いずれも一般職で，20年次の調査では男女1名ずつ，2期前は女性1名，4期前に男性1名，他に常勤パートに女性1名，5期前に一般職の女性1名と，正職員を増やしている。他方で，1名の退職，現代表取締役になって正職員2名がやめており，定着率の向上が求められていた。しかし正職員に重点を置きだしたこともあり，平均勤続年数は7〜8年と伸びてきている。勤続が13から14年という長い正職員も3名出てきている。

（5）リクルート

　今までのパートタイマーからの通年雇用・正職員への転換，さらには従業員からの紹介などが多く，近在の人が多い。いずれも縁故採用である。その結果とし

て，未婚者は2名のみで，既婚者の人が多く，このような形で正職員に採用されるのが多いというのがこの経営の特徴である。いずれも通勤可能な範囲の人たちである。なお新しく雇用する場合は，農の雇用事業を積極的に使っており，すでに5〜6名をこれで雇用している。

3）大手旅行会社と組んだ農業体験ツアー

　観光農園は，入園客のサクランボ狩りで残った部分が結構あるし，高いところにある果実は残りやすいものである。しかし客対応に忙しい正職員をこれに振り向けるのは難しい。ために2年前からツアー客を招き入れ，こうした部分への誘導を考えた。

　すなわちツアー客でもボランティアで果物狩りを楽しみながら働いてもらうことを意図したのである。地元ではパートタイマーが払底しているので，都会からのツアー客をあてにしたことになる。

　19年秋の「ラ・フランスの農業体験ツアー5日間」の内容を旅行会社のホームページで見ると，宿泊は温泉宿を予定し，ホテルでオリエンテーション，タクシーでの送り迎え，一日昼食時間1時間を除いて作業時間7時間となっている。なお週の真ん中の日は休みで周辺の観光にあてる。朝と夜の食事はホテルで，昼食はおにぎり弁当が提供される。

　料金は通常のグループツアーよりも安く設定してあり，これが意外に都会のシニアに人気でほぼ毎回人数を満たしている。これらの人を受け入れる農家側は，パートタイマーを雇用するのに相当する金額を負担する。ただし受け入れにはコツがあり，労働者としての受け入れではなく，ボランティアで労働力不足の産地を応援に来てくれた人という意識での受け入れが必要とのことであった。しかし都会からのシニアの客はこうした仕事をむしろ楽しみ，農園が用意する脚立を使い，高いところにある果樹を刈り取ってくれる。

　中にはこの仕事を楽しみにして，長期に滞在しツアーを複数回連続して受けてくれる常連も出て来たとのことである。19年のサクランボでは3〜4戸が受け入れ，Cファームもそれに加わり，全体60人のうち20人を受け入れている。これが繰り返されるのである。来る人はほとんどが1人でグループに加わった人で，60歳以上の都会の人達である。これが縁になり個人で直接連絡を取り，ボランティアで

来てくれる人も出てきている。こちらとしては地元のパートと同じ時給で払うようにしている。

　今まで考えていなかった都会の労働力の支援である。

4）コロナ禍の対応

　20年はコロナに始まるが，これへの対応は11年の東日本大震災のときの経験が役立っている。というのは，11年のときは事情がよくわからず，いずれ観光客は回復するものと思い，そのままで時期を待った。しかし結局，客は復活せず，またサクランボは時期を失って商品価値を失ってしまったのである。ために今回は，即座に通信販売に移行し，観光農園は休業にした。通販のお客は，通常時に書いてもらってある名前・住所のリストが元になる。一斉にお客さんに連絡を取り，購入を訴えた。さいわいに販売は好調であった。

　むしろ，サクランボを取り入れるのに，この農園での収穫量を正確に把握しておらず，そのため，販売可能量，そしてそれに必要な雇用労働力を計算できなかった。観光農園でお客が食べたり，お土産で買って帰る量を，今までは正確に把握していなかったからである。

　概算だが急いで収量を計算し，現在の正職員10人，パート・アルバイト10人などをまずは収穫に充てたが，さらに10人，多い時は15人の雇用を必要とした。さいわいに近くの温泉の旅館・ホテルの従業員で，自宅待機になっている人を雇用することができ，必要な人数を確保できた。

　コロナ前は多くの来場者があったが，22年はどの程度回復するか，通販の体制も維持しながら，様子を見ながらの営業になろう。10年前までは団体客が主力であったが，それ以降は家族連れが主力である。

第3節　観光農園の長期化による周年の仕事づくりと正職員を主力とした勤務体制

　経営戦略としては観光農園に主力を置き，残りをショップでの販売や通販にあて，さらには加工にもあてることでショップ等での利用に向かわせるなど，価格が変動する市場依存を無くすことで安定した経営を維持している。その場合，最大の問題は労働力の確保であり，それも臨時労働力ではなく正職員として通年雇用する戦略が有効である。採用ルートは近在の既婚者等を主に探し定着化に力を

入れていることが分かる。縁故採用が双方にとっても有益のようである。

　なお臨時労働力は必要なときは使っており，最近，広まってきた「day work 一日農業バイト」は，即時性が高いと評価していた。ある日程で，急に人手を要するときに，スマホで必要な人数を求めて，雇用条件を入れて募集すると，即座に応答してくれるのはありがたいようだ。

　こうした臨時労働力は大事だが，正職員が主になっていて主要な作業は彼らにより維持されていることが前提である。突発的な，計画外の労働等を，臨時労働力に依存することになろう。正職員による長時間労働で対応するのは難しいからである。

第 15 章
多様な正職員業務の能力育成における人材育成と評価への紐づけ
—九州地方の果樹作法人を対象に—

飯田　拓詩・堀部　篤

第 1 節　果樹作経営における人材育成の特徴とK社の取組み

　農業法人の正職員が従事する業務は，生産から収穫に至るまでの農作業，農産物の加工に関わる業務等,多様である。そのため正職員が習得すべき栽培の技術・知識は，特定の期間のみ作業に従事する臨時雇が必要な技術より，高度である。そして果樹作は，特に高度な栽培技術の習得が必要な作目の一つである。果樹作では，急傾斜地の圃場が多く作業機械の導入が容易でないため，整枝作業，選定作業といった樹体の管理作業，摘果，収穫といった果実の管理作業を手作業で行う必要がある。特に樹体の管理作業は，熟練技術が不可欠である。(長谷川2008)。

経営体基本情報（2022 年）

法人名	株式会社 K 社	法人設立（西暦） 創　業（西暦）	1996 年
			明治時代
所在地	九州沖縄ブロック		
事業内容	柑橘類生産・集出荷（グループ出荷）・販売，作業受託		
生産品目	みかん，デコポン，ポンカン，パール柑，甘夏みかん，晩柑，梨，柿		
農地・施設等の規模 飼養頭数等	樹園地 15ha（グループ合計 40ha）		
従業員数	合計　23 人	正職員	11人

従業員数	合計 23 人	正職員	11人	パート・アルバイト・派遣	12人
資本金	500 万円
売上高	2 億 4,000 円
平均勤続年数 （正職員）	現在，在籍している正職員は 10 年目以上が 3 名，その他は 1〜5 年目
平均年齢 （正職員）	67 歳が 1 名，その他は 30 歳〜40 歳台
年間休日数 （正職員）	93 日

　また果樹作に限らず，規模の大きな農業法人の場合，日々の農作業の計画，運営を正職員が中心となり行うことが考えられる。そのため正職員は栽培技術の習得に加え，自身の作業情報の管理及び共有，正職員同士のコミュニケーションといった，効率的に業務を行う能力も必要となる。また，これらの能力は技術指導のような指導による能力向上ではなく，日々の業務において効率的な業務を遂行することを醸成するような労務管理が必要であると考えられる。このような高度で多様な業務スキルを必要とする正職員の人材育成には，直接的な技術指導に加え，技術・知識習得度合い，業務行動のフィードバックが重要である。

　正職員を多く雇用している農業法人において，人事評価を導入し業務のフィードバックを行っている経営体がみられる（田口ら2018）。しかし，農業においては，売上等の指標では必ずしも正職員の能力，働きを評価することができず，また事例においても評価に対して不満を持つ正職員がいることがわかっている（澤野・澤田2019）。このように農業法人の人事評価については問題への指摘があるものの，有効な人事評価の運用方法の分析はみられない。

　本章では，九州地方で柑橘類を中心に生産，集出荷，加工を行っているK株式会社（以下，K社）を事例に，栽培における高度な技術・知識の習得と効率的な業務の遂行が必要な正職員に対する人材育成を検討する。K社の正職員は，長谷川（2008）が示した栽培における熟練技術の習得が必要であるとともに，作業進捗等の管理，正職員同士の意思疎通を図り効率的に業務を行う必要がある。K社では，複数種類の柑橘等を広範な圃場で栽培しているため，日々の作業進捗等の情報管理及びその共有が欠かせない。また，生産，集出荷，加工の作業を部門に分かれて行っているため，部門間での正社員同士の意思疎通，協力関係が必要なのである。

　K社では，このような栽培における高度な技術・知識と効率的な業務運営のための多様な業務遂行の能力に対して，特徴的な取組みを導入している。具体的にはまず，筆記試験・実技試験で，柑橘等の栽培において基礎的な知識・技術の習得度を測っている。次に，効率的な業務を行う上で不可欠な作業情報の管理，共有，正職員同士のコミュニケーションを積極的に促す仕組みがある。そして，上記の取組みの結果を評価に紐づけ，評価に応じて手当を支給している。

第2節　K社の沿革と現在の経営概況

1）K社の沿革

　K社は前身の家族経営から規模を拡大し，現在のような生産，集出荷，加工を行う経営体になった。K社の前身であるミカン農家は，明治時代から続く農家で，現在の代表取締役社長であるa氏は4代目の経営主である。代表取締役社長・a氏は，自動車会社のディーラーとしての勤務を経て，K社3代目経営主の娘との結婚を機に，前身であるミカン農家に就農した。就農当初は生産のみを行っていたが，代表取締役社長a氏が経営主となった1988年から自身での出荷を始め，1989年からは周辺地域でミカン農家を営んでいた親戚農家6軒とグループ出荷を始めた。その後，経営面積，グループ出荷軒数を拡大していき，2009年に農業生産法人として株式会社化した。現在の経営面積は15.0ha，グループ出荷軒数は16軒である。

　K社の特徴は，高品質の果実を安定して生産する栽培方法と，それらの自社ブランドとしての販売である。K社では20種類の柑橘類と梨，柿を周年で栽培している年間を通して出荷できる体制である。これらの果実を，植物の生理的な循環を利用した特別な栽培方法で栽培し，高品質な果実の安定した生産を実現している。そして，販売においては，代表取締役社長考案の独自のネーミングを付して，自社ブランドとして販売している。2009年の農業生産法人としての株式会社化を契機に選果場を建設し，生産物の選別・箱詰めを自社で行うようになった。箱詰めの際，独自のネーミングを記した段ボールでの箱詰め，シール等を同封し，九州地方のスーパー，全国の消費者へのネットによる直接販売を行っている。

2）各部門の労働力構成と役割

　K社では農産部，加工部，営業・経理部の3部門を設置しており，正職員は主に所属する部門の業務に従事する。K社の役員数及び部門ごとの従業員数は，**表15-1**の通りである。役員は3名で，代表取締役社長a氏とa氏の妻，a氏の長男である。a氏の妻は，営業・経理部門の業務に従事している。また，a氏の長男は農場長として農産部の統括を担っている。正職員は，農産部に7名，加工部に1名，営業・経理部に3名が在籍している。正職員の年齢は，**表15-2**の通り

表 15-1　K社の役員数及び部門ごとの従業員数

役員	代表取締役社長・a 氏	
	a 氏・妻	
	a 氏・長男（30 歳代）	
正職員	農産部	男性6名、女性1名
	加工部	男性1名
	営業・経理部	男性2名、女性1名
常勤パート・アルバイト	男性4名、女性8名	

資料：代表取締役社長・a 氏へのヒアリングより筆者作成。
注：季節によりアルバイト人数に変動あり。

表 15-2　各部門の年齢別正職員数

	20歳～30歳代	40歳～50歳代	60歳代	合計
農産部	4名	2名	1名	7名
加工部	1名	—	—	1名
営業・経理部	1名	2名	—	3名

資料：代表取締役社長・a 氏へのヒアリングより筆者作成。

である。いずれの部門でも20歳～30歳代の若い正職員が多い。また11名の正職員のうち，8名が2017年以降に入社している。正職員のその他の属性は，11名の正職員のうち9名は，法人所在県内の出身者であり，農産部の正職員7名のうち4名は，別の農業法人で就農経験がある。

　現在所属している正職員の多くが入社した2017年頃から，代表取締役社長・a氏は，生産から加工までの作業に関する計画，運営を農場長及び加工部正職員（30歳代），営業・経理部（30歳代）に任せている。日頃の業務内容は，販売先の注文を踏まえ，農場長，加工部正職員（30歳代），営業・経理部（30歳代）の打ち合わせで決まる。なお，代表取締役社長・a氏が，それらの決定に一切かかわっていないわけではなく，定期的な会議で進捗及び方針を確認し，その都度アドバイス等をしている。また，圃場での作業も現在は正職員が主体となっているが，代表取締役社長・a氏は積極的に圃場に出て正職員へ技術的なアドバイスを送っている。

第3節　正職員の業務内容と人材育成の取組み

1）K社の作業環境と効率的な業務への取組み

　K社では，柑橘，梨，柿を合計20種類栽培しており，年間を通して圃場での作業がある。また圃場は，K社加工場及び事務所がある場所から，10km以上離れ

た場所にも点在している。このような作業環境の中で，正職員が中心となり生産，集出荷，加工までを効率的に行うには，作業情報の管理，共有と正職員同士の活発なコミュニケーションが不可欠である。

　作業情報の管理は主に，2011年に導入したクラウドサービスを用いて行っており，これらの情報を朝礼，定期的な会議で，正職員全体で共有している。現在は，正職員全員にipadを持たせ，現場で作業状況を入力・確認できるようにしている。なお，導入しているクラウドサービスは，必要な機能を独自に設定することができ，圃場の作業状況のほかに，出荷先や価格，作業日報の記入などを，クラウドで行っている。特に作業日報では，正職員が作業における気づき，反省を記し，それに対して代表取締役社長・a氏がアドバイスを送るツールともなっている。

　このような業務に関する情報共有だけでなく，業務が3つの部門に分かれているK社では，別部門の正職員及び従業員同士のコミュニケーショを重要視している。そこで，レクリエーション，飲み会を行ったり，正職員同士が日ごろの感謝を伝え合う手紙のやりとりなどを行っている。

2）農産部正職員の業務内容と習得すべき知識

　農産部正社員の主な業務は，樹体の管理作業及び果実の管理，収穫作業，K社加工場への運搬作業である。これらの業務を行う上で必要な知識・技術は，作業経験を通じて培うことが重要である。ただしK社の特殊な栽培方法及び圃場条件から，以下のような，現場作業を行うのみでは習得が難しい知識・技術がある。

　まずK社の栽培方法の特徴は，植物の生理的な循環を利用した特別な栽培を行うための知識である。K社では毎年安定した収量を確保するために，肥料や農薬には頼らず，植物の代謝等を理解し本来の力で成長を促している。その栽培方法は，例えば剪定等の樹体の管理作業において，樹体の生育状況を観察し，適切な判断が必要である。つまり正職員は，これらの作業を行う上で，植物の生理等の基礎的な知識が必要なのであり，このような知識は現場の作業のみで習得することは難しい。

　次に圃場条件では，K社の圃場は石積み樹園地に位置している。そのため，正職員は，圃場に移動するために，傾斜地走行に特有の運転技術を習得する必要がある。圃場へ移動するための道路の多くは，コンクリート舗装がされている。た

だし，その道路は，目的地へ直線で敷かれているのではなく，ジグザグに敷かれている。そのため圃場へ行くには，スイッチバック式の運転の技術が必要である。また，このような道路を，荷台に荷物を載せた状態で安全に走行するには，ロープの縛り方等の荷積みの仕方が重要である。これらの技術は，作業で実践する前に，訓練し習得する必要がある。

3）独自の試験及び勉強会による栽培知識・技術の習得

　K社では，このような作業経験だけでは習得が困難である知識・技術の習得のため，独自の筆記試験及び実技試験，勉強会を開催している。まず筆記試験では，K社における特殊な栽培方法を理解するために必要な基礎知識とその他業務を行う上で必要な知識等が出題される。具体的には，植物生理に関する基礎的な知識，柑橘類の栽培における基礎的な知識，自動車を含めた機械の操作方法，事務作業の方法，その他文章読解問題などの一般常識が出題される。次に技術試験は，上述の筆記試験で4級以上を獲得した正職員に対して行われ，剪定等の樹体の管理に関する作業，荷台へのロープの結び方など筆記試験で習得した知識・技術が定着しているかを，代表取締役社長・a氏が確認する。技術試験の評価内容は**表15-3**の通りである。技術試験は「運転」，「操作」，「農作業」，「事務作業」の4つの区分に，いくつかの具体的な技術・業務を評価内容として設定している。これらを，0（できない），1（教わればできる），2（標準作業通りできる），3（異常時の対応ができる），4（改善指導ができる）の5段階で評価する。

　そして勉強会では，車，機械の運転方法を，代表取締役社長・a氏が直接指導する。具体的には，筆記試験，技術試験でも出題されるトラック荷台へのロープの結び方，農作業機械の操作，圃場移動において習得が不可欠な傾斜地走行の方法などに演習を行う。なお勉強会への参加は，正職員の自由である。

表15-3　技術試験の区分と評価内容

区分	具体的な評価内容
運転	トラック，マニュアル車，フォークリフトなど
操作	草刈り機，リフター，箱作り機，選果機など
農作業	剪定，摘果，消毒液の作り方など
事務作業	経理ソフト，ワード，メールなど

資料：K社提供資料より筆者作成。

　このように作業外での学習の取組みがあるが，最も重要なことは得た知識・技術を現場の作業で実践することである。そのため，日々の業務におけるOJTも当然重要である。そこで，社長が圃場を周り，これらの技術を社長が実践して教えている。

第4節　正職員の労働条件

　K社は，賃金設計及び人事評価に特徴がある。その特徴は，人材育成の取り組みと評価を結びつけた賃金支給である。本節では，K社の人材育成の特徴である賃金設計，人事評価を含め，正職員の労働条件等の待遇を示す。労働条件は**表15-4**の通りである。

表 15-4　正職員の労働条件

労働時間（休憩）	【通常】 8時〜17時（休憩1.5時間） 【サマータイム】 5時〜13時（休憩1.5時間） ※36協定締結
休日	93日/年
賃金制度	基本給：月給制 ※40時間の固定残業代含む 昇給：6,000円+評価による変動/年 ※賃金表あり 賞与：年2回
手当	特別手当・扶養・通勤・役職 資格・慶弔・禁煙
公的保険	労災・雇用・健康・厚生 ※中小企業退職金共済加入

資料：代表取締役社長・a氏へのヒアリングより筆者作成。

1）労働時間・休憩・休日

　まず，正職員の就業時間は8時〜17時，気温の高い夏場は5時〜13時である。休憩はいずれも1.5時間である。時間外労働は月平均10時間，年間120時間で特に収穫物の多い12月は多くなる。時間外労働に対する手当は，40時間の固定残業代として給与に含まれている。休日は月6〜11日間，設定している。K社では年間の休日計画をカレンダーで社員に示している。農産部はカレンダー内の各月の右下の部分に記載されている月の休日数を目安に，社員同士で休日を決めている。休日カレンダーのイメージは**図15-1**である。8月はお盆の時期を中心に休日が

5月

月	火	水	木	金	土	日
		1	2	3	4	5
6	7	8	9	10	11	12
13	14	15	16	17	18	19
20	21	22	23	24	25	26
27	28	29	30	31		
				休日数 7 日		

8月

月	火	水	木	金	土	日
			1	2	3	4
5	6	7	8	9	10	11
12	13	14	15	16	17	18
19	20	21	22	23	24	25
26	27	28	29	30	31	
				休日数 11 日		

図 15-1　休日カレンダーンのイメージ

資料：K社提供資料を参考に，筆者作成。

あり，月11日が設定されている。それ以外の各月は，6日から8日の休日を設定している。

2）人事評価制度と賃金設計

　K社が正職員へ支給している賃金は，基本給，年2回の賞与，年1回の特別手当である。それぞれの金額は，正職員の働き，能力への評価できまるが，基本給及び賞与と特別手当では金額算定に用いる評価の方法が異なる。そして，特別手当として支給される賃金が，上述の人材育成の取組みの結果が反映された賃金である。

　まず基本給及び賞与額の算定は，正職員の日々の業務における意欲，態度への評価で決まる。評価者は代表取締役社長 a 氏で，「規律性」「実績」「貢献度」「コミュニケーション」の評価項目に対して，S，A，B，C，D，Eの6段階で評価する。正職員の評価は年2回行われ，その結果は4月と10月に行われる面談で，代表取締役社長から正職員へ伝えられる。また個人面談では正職員に対して，現在与えられている仕事の質や量は適切であるか，意欲を持って働くことができているかといった業務に関する事柄のほか，職場環境に対する気持ちや自身の能力を発揮できていると感じているかといった，間接的に日々の業務遂行に関わる事柄にまで気を配り，従業員の気持ちに耳を傾けることで従業員がより仕事に集中できるような職場環境の構築に活かされている。

　このような評価を踏まえ，まず昇給制度は，各正職員の評価と職務等級に応じて増額する仕組みとなっている。職務等級（E ～ S）は，入社前の経歴や学歴によって決まる。5等級で定められており，等級が上がるにつれて，評価に対する上げ幅は低くなる。例えば，職務等級Eの正社員がC評価だった場合，「号」は3つ上

がるが，職務等級Cの正社員がC評価だった場合「号」は１つ上がる。各等級と評価に対する基本給の上げ幅は，賃金表に示されている。賃金表のイメージを，**表15-5**に示した。

　次に賞与は，上述の評価と経常利益によって金額が決まる。K社では経常利益が３％以上であることが賞与支給の条件である。そして，「基本倍率」と「規律性」，「貢献・実績度」，「コミュニケーション」の合計倍率に基本給を乗じた金額が賞与として支給される。なお支給額算定の際，人事評価のS，A，B，C，D，Eはそれぞれ，0.25，0.2，0.15，0.1，0.05，0に換算する。賞与の概要は，**表15-6**の通りである。

表15-5　賃金表の例

号	Ⅰ等級 800			Ⅱ等級 950			…
	基本給	固定残業代	合計	基本給	固定残業代	合計	
1	150,000	43,353	193,353	157,200	45,434	202,634	
2	150,800	43,584	194,384	158,150	45,708	203,858	
3	151,600	43,815	195,415	159,100	45,983	205,083	
4	152,400	44,046	196,446	160,050	46,257	206,307	
5	153,200	44,277	197,477	161,000	46,532	207,532	
6	154,000	44,509	198,509	161,950	46,806	208,756	
7	154,800	44,740	199,540	162,900	47,081	209,981	
8	155,600	44,971	200,571	163,850	47,355	211,205	
9	156,400	45,202	201,602	164,800	47,630	212,430	
10	157,200	45,434	202,634	165,750	47,905	213,655	
…							

資料：K社提供資料をもとに，筆者作成。
注：賃金表は実際にA社で使われているものを参考に作成した。ただし，機密情報であることから，記載されている金額は実際にA社で支払われている金額とは異なる。

表15-6　賞与の概要

賞与額算定方法	各正職員の月給与額×倍率（経常利益＋人事評価）
評価項目	「規律性」「実績」「コミュニケーション」
評価方法	評価者：代表取締役社長・a氏 S（最も良い），A，B，C，D（最も悪い）で評価
倍率算定方法	【経常利益】 経常利益３％（賞与の支給条件）：1 ※実際は、経常利益が３％以下である場合、 倍率を1以下として算定し、賞与を支給している。 【人事評価】 S：0.25，A：0.2，B：0.15，C：0.1，D：0.05，E：0
実績	AもしくはB評価が多い

資料：代表取締役社長・a氏へのヒアリングより筆者作成。

3）技術・知識の習得度を評価に紐づけた特別手当の仕組み

　このように正職員の働きを，意欲，態度に関わる項目を設定し評価する方法は，一般的な人事評価の方法としてみられる。一方で，特別手当では，筆記試験及び技術試験の結果，勉強会の参加回数といった，正職員の知識・技術習得の度合い，効率的な業務の運営に関わる業務遂行，その他作業環境，職場環境の改善に寄与する正職員の実践，選択を評価し，支給金額を決めている。

　特別手当の評価項目は，「自社検定」「勉強会への参加」「日報の提出」「改善案の提出」「飲み会への参加」「研修旅行への参加」「レクリエーションへの参加」である。支給金額の決定方法は，「自社検定」が，上述の筆記試験の結果で級が一つ上がるごとに5,000円増額する。またそれ以外の評価項目は，事前に決められた予算額に対して，自身の参加回数，提出回数，獲得枚数が全正職員のそれらの合計数に占める割合を乗じた金額が支給される。なお，これらの支給金額算定に用いる数値は，代表取締役社長 a 氏，正職員が共有している。特別手当の各評価項目の支給条件を**表15-7**，金額算定の例を**表15-8**に示した。

表 15-7　特別手当の各評価項目の支給条件

評価項目	支給条件
自社検定	筆記試験の結果，4 級以上獲得
勉強会	勉強会の出席日数
サンクスカード	他の従業員から送られる手紙の獲得枚数
日報	日報の提出回数
改善	作業環境の改善案の提案数
飲み会	参加回数
研修旅行	参加回数
レクリエーション	参加回数

資料：代表取締役社長・a 氏への聞き取り調査より筆者作成。

表 15-8　特別手当の金額算定の例

	獲得数 （枚数・回数）	全体総数 （枚数・回数）	獲得数/全体総数 （%）	予算額 （円）
改善				50,000
サンクスカード	5	50	10	50,000
勉強会				50,000
日報	50	400	12.5	50,000
飲みにケーション	1	20	5	25,000
研修旅行				12,000
レクリエーション				12,000
特別手当支給額	（50,000×0.1）＋（50,000×0.125）＋（25,000×0.05）＝12,500			

資料：代表取締役社長・a 氏への聞き取り調査より筆者作成。

> ○○さんへ
>
> 先月の商談に向けた準備をありがとう！助かりました！
> いつも朝早くから職場に来ていて、すごいです！尊敬します！
> これからも、よろしくおねがいします。
>
> △△より

図15-2　サンクスカードの例

資料：代表取締役社長・a氏聞き取りより筆者作成

　これらの評価項目は以下の通り，直接もしくは間接的に，正職員の知識・技術の習得，効率的な業務の運営に関わる正職員の行動への評価なのである。まず「自社検定」，「勉強会への参加」は，上述の人材育成の取組みであり，直接的に正職員の知識・技術習得に関わる項目である。次に「日報」「改善」は，効率的な作業の実施に関わる正職員の行動である。「日報」は，クラウドサービスで管理している日々の作業進捗の報告と自身の気づき・反省の提出である。「改善」は，作業場や圃場の環境への「改善」の提案である。そのほか，「飲み会」「研修旅行」「レクリエーション」は，社員同士の交流につながる項目である。聞き取り調査を行った農産部正社員は，「レクリエーション」が先輩社員との関係を深める良いきっかけとなったと話していた。また，「研修旅行」は，先進的な農業法人への研修を目的としており，人材育成の取組みの一つである。

　そして正職員同士の協力関係に直接かかわる項目として，「サンクスカード」がある。「サンクスカード」は，従業員同士が日ごろの感謝を伝える「手紙」の獲得が支給条件である。具体的には**図15-2**のような手紙である。「サンクスカード」の導入により，社員同士が周りに目を配ることが習慣となっている．

第5節　取組みの効果と今後の課題

　筆記試験及び技術試験の実施，勉強会の開催を通じて，正職員自身も，知識・技術の習得を実感している。農産部女性（30歳代）は，特に勉強会での車の運転指導が非常に役立っていると評価している。傾斜地での運転技術は，平地での運転とは全く違うため，就農当初はその運転に危険を感じたという。しかし，勉強会での技術指導が役に立ち，現在は不安なく，運転ができている。

　また代表取締役社長・a氏は，人材育成の取組みと評価を結びつけることで，

知識・技術の習得，効率的な業務運営のための行動の習慣化につながっていると感じている。特に，日報の提出，勉強会の参加は，評価対象としたことで提出回数，参加回数が増えたという。今後の課題は，正職員が習得した栽培に関する知識・技術を，現場で発揮することである。K社の栽培方法では基礎的な知識の習得は不可欠であるが，現場においてはある程度失敗を積み重ね成長していくことが必要であるという。

第6節　K社の人事評価の特徴と有効性

　K社では，このような栽培における高度な技術・知識と効率的な業務運営のための多様な業務遂行の能力に対して，それらの習得度，貢献度を測り，人事評価に結びつけていた。このような人材育成の取組みを評価に紐づける仕組みが，正職員の技術・知識の習得，効率的な業務の習慣化に結び付いた。

　またK社の特別手当が正職員の日々の能力，業務への姿勢を評価への有効な人事評価であった理由は，以下のような運用方法であったからだと考えられる。第一に，売上等の客観的な成果では測定が難しい，正職員の成長，日々の業務への貢献を，評価することで，評価が難しい正職員の日々の働き，努力への評価を可能にしていた。第二に，支給額の決定に関わる数値を代表取締役社長・a氏と正職員が共有することで，正職員の不満が出にくい運用となっていた。

参考文献
長谷川啓哉（2008）「果樹作における季節雇用型経営のマネジメント」（金沢夏樹編著『雇用と農業経営』農林統計協会，pp.117-127
澤野久美・澤田守（2019）「農業法人における従業員評価の実態と課題」『農業経営研究』57（3），pp.23-28
田口光弘（2018）「農業法人における従業員の『作業遂行マネジメント能力』育成のポイント」『関東東海北陸農業経営研究』108号，pp.7-16

第16章
大規模採卵経営による高度な品質管理と労働環境整備
―東北地方の養鶏法人を対象に―

鈴村　源太郎

第1節　地域の農業概況と労働市場の特徴

　本章では，東北ブロックS市に本拠を置く有限会社F養鶏場を取り上げる。

　大規模な採卵経営であるF養鶏場は，生産からGP（Grading and Packing），出荷まで，一貫して対応する高度な設備を完備し，クリーンな労働環境整備を実現した経営である。飼養羽数は50万羽，売上高は23億円に達していながら，正職員の平均年齢は39歳と若く，平均勤続年数が10.5年と長い点などが特徴である。

　はじめに，地域の農業概況を整理しよう。**図16-1**には，（有）F養鶏場の立地するS市の農業事業体数と法人数の推移を示した。農業事業体数は2005年の2,172経営体から2020年には1,166経営体にまで減少しており，この間の減少率は05-10

経営体基本情報

法人名	（有）F養鶏場	法人設立（西暦）	1981 年	
		創　業（西暦）	1964 年	
所在地	東北ブロック			
事業内容	鶏卵生産，消費者販売			
生産品目	鶏卵，液卵			
農地・施設等の規模 飼養頭数等	飼養羽数（採卵鶏）50 万羽			
従業員数	合計　85 人	正職員	74人	パート　11人
資本金	1,000 万円			
売上高	23 億円			
平均勤続年数 （正職員）	10.5 年			
平均年齢 （正職員）	平均 39 歳			
年間休日数 （正職員）	104 日			

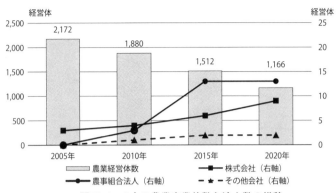

図16-1　S市の農業事業体数と法人数の推移

資料：農林業センサス。

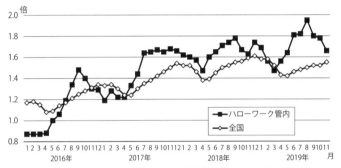

図16-2　ハローワーク管内の有効求人倍率の推移

資料：厚生労働省当該県労働局資料。

年間の13.4％から15-20年間には22.9％に高まっている。

　こうした中，同市内の法人数は，数的にはわずかながら増加している。2005年に3経営体であった株式会社（有限会社含む）は2015年には9経営体に増加しており，農事組合法人は集落営農の法人化などが進んだことから同期間に13経営体の新設が確認されている。

　ところで，本章で扱う（有）F養鶏場が相当数の常雇を擁する雇用型経営であることから，地域の労働市場の動向についても若干触れておきたいと思う。まず，**図16-2**に示したのは，F養鶏場が立地するS市のハローワーク管内における2016年から2019年までの月別有効求人倍率の変遷である。図によれば景気の緩やかな回復基調を受けて求人が拡大し，有効求人倍率はかなり高まってきている。2017

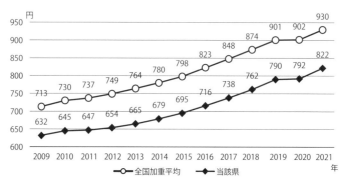

図16-3　全国と当該県の最低賃金の推移

資料：厚生労働省労働基準局賃金課。

年5月以降は，全国の倍率を平均で0.18ポイント上回るなど，売り手市場が顕在化しており，雇用側の企業にとっては厳しい環境となっている。また，最低賃金の動向であるが，当該県の2019年の最低賃金は全国の中で最も低い790円である。とはいえ，**図16-3**に示すとおり全国の動向に沿った形で当該県の最低賃金は過去10年間に158円，率にして25％上昇しており，農業法人のような中小・零細企業にとっては，生産効率の向上ないしコスト削減努力で最低賃金の上昇分をカバーするのは容易ではない。このように，近年は景気の回復ないし求人市場の緩和を受けて，雇用拡大を目指す農業法人にとっては厳しい環境が続いているといってよい。

第2節　（有）F養鶏場の経営概況

　（有）F養鶏場は，もともと近隣町内にて1964年に養鶏業を創業したが，1972年に農場をB地区に移転し，その地で1981年に資本金500万円でY氏を代表とする有限会社を設立した。1989年には，農場の規模拡大に伴って現在のA地区に成鶏農場を移転している（現在の養鶏場は**写真16-1**の通り）。現経営者であるK氏は2005年に代表取

写真 16-1　（有）F養鶏場の遠景

締役に就任しており，2代目経営者である。

　その後，経営は順調に経営成長を続け，1996年には資本金を1,000万円に増資したほか，2002年には30万羽，2007年には40万羽，2012年には50万羽にまで生産規模が拡大している。この間，売上も着実に増加しており，2015年頃約20億円を超えた売上額は2018年度には約23億円に至っている。

第3節　組織構成と事業内容

　組織構成は**図16-4**に示した。組織は大きく生産部門と営業部門，事務部門に分かれており，生産部門は主として成鶏の飼養と採卵工程を管理し，営業部門はGPセンターの管理・運営と営業，販売部門を取り仕切ることとなっている。事務部門は全体を統制する経理・事務，人事管理などの業務を執り行っている。

　生産を担う農場（鶏舎）は現在本社のあるA地区と，その西側の谷筋に位置するB地区とがあるが，主力のA農場が生産量の大半を占めている。A農場の大型ウインドレス鶏舎は17棟あり，1棟あたりの大きさは，大型の棟で約20m×約90m，1棟で約10万羽の飼養が可能である。この鶏舎の中は温湿度が集中自動管理され，自動給餌システムも導入されている。鶏の健康管理を徹底しつつ，産卵に適した環境作りの工夫がなされている。内部の様子は**写真16-2**に示したとおり，整然と無数のケージが並んでいる様子が分かる。

　もう一つの重要組織が営業部であるが，その業務の一つの中心をなしているのがGP（Grading and Packing）センター[1]である。GPセンターはかつては農協

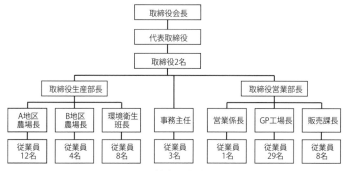

図16-4　（有）F養鶏場の組織図

資料：（有）F養鶏場提供資料。

や生産者組合などが小規模農家から集卵するタイプの施設が多かったが，近年採卵鶏分野の大規模化が進み，大型鶏舎に隣接したインライン型の高効率な施設が多くなってきている。創業当時より生産から出荷までの一貫体制を整えていた。なお，現在のGPセンターは2018年に竣工した最新設備を伴う施設である。新GPセンターの総工費は9億5,000万円であり，畜産クラスター事業の1/2補助の採択などを受けて建設された。今後の事業拡大に向けて大きめの設備を導入しているため，4レーンの機械・設備のうち1レーンが現時点で未稼働で一時的な過剰投資の状態だということであるが，今後，数

写真 16-2　鶏舎内部の様子
資料：筆者撮影

年後に100万羽に向け鶏のさらなる増羽を進めることで，余剰設備の稼働率を上げていく計画である。

第4節　作業環境の課題と改善方策

　作業環境の課題については，生産面においては，どうしても手作業に寄らざるを得ないワクチンの接種を鶏1羽ごとに2回実施する必要がある。また，鶏の産卵期を迎える前後での鶏舎の移動も人の手による作業である。日常の飼養管理については，ほぼ自動化することができるが，節目節目でのこうした作業は，現状機械化することは困難であり，現在でも人手作業に頼らざるを得ないという。労働環境自体は，整頓・清潔が徹底された環境となっており，作業労力としても，生産部門，GPセンターとも一旦慣れてしまえばきつい仕事ではないのではないかとおっしゃっていた。

　代表取締役のK氏は，効率化・省力化に向けた作業改善については余念がない。前述した最新設備を導入したGPセンターなどは機械化による高度な作業管理が

自動化されており，無駄を省いた働きやすい環境となっている（**写真16-3**，**写真16-4**）。

　その作業改善の一つの事例として，最近新型の鶏卵箱の段積みロボットの導入がある。出荷のために最終工程で行わなければならないフォークリフトパレット上への箱積み作業は，雇用者に女性が多くをしめるGPセンターの職場の中でも重労働であり，以前から改善要望が出ていた工程であった。中の卵を破損することなく正確に6段までの鶏卵入りの箱を縦横に向きを正しく積み上げるのにはコツと共に体力が必要であるが，段積みロボットは，縦横自在に曲がるアームが回転するなどして高速かつ正確に作業を行う（**写真16-5**）。

　これからも機械の改良や作業動線の改善など細かな作業改善の積み重ねによって一層の省力化を進めていく予定である。

第5節　雇用条件と人材育成の考え方

　F養鶏場における雇用は2019年10月現在で79名であり，うち常勤正社員が68名，パートが11名である。2018年度は高校新卒者を4名，従業員師弟の縁故を1名採用するなど，新規採用も積極的に取り組んでおり，常勤正社員の

写真 16-3　GP 施設内の洗浄工程後の検卵工程

資料：筆者撮影

写真 16-4　GP 設備のパッキング機械

資料：筆者撮影

写真 16-5　GP センター内に導入された段積みロボット

資料：筆者撮影

平均年齢は39歳と若い。なお，同社では農業次世代人材投資資金（当時）の準備型を受給していた新規雇用就農者の雇用は確認されなかった。

　正社員の勤続年数は平均10.5年，最長35年と長く，働きやすい職場であることを数値が物語っているといえる。採用方法による勤続年数の差については，やや縁故採用者の方が職場に定着しやすいのではないかという印象を持っておられた。職務内容による男女比については，農場及び配達業務が中心となる販売部門は全て男性となっているが，パッキング作業は女性が中心である。

　労働時間は1日8時間勤務の週40時間となっており，始業時刻は8:00，休憩を1.5時間挟み，終業時刻は17:30である。休日は週休2日を基本とし，年間104日の休日を確保している。残業は，新GPセンターが稼働するまでは比較的多かったが，現在は月平均6時間に抑えられており，年間でも72時間と，ほぼ基本就業時間の中で業務が回っているものと判断される。しかしこのことが残業の減少につながったため，残業代の手取りが減少したことで一部に不満が聞かれたこともあるという。

　給与は，初任給で時給800円，月給133,800円を基本としており，年収換算で，高校新卒の場合，概ね200万円程度，勤続10年で概ね300万円を超える。基本給を高めに設定し，賞与は4〜6ヶ月程度で若干抑えめにしている。役職手当も過大なものをつけることはしておらず，どちらかというと公平性を重視した給与配分になっていると言えよう。昇給は若年者は年平均3〜5％，40歳代以降は2〜3％としており，全従業員を平均すると年間2〜5％程度となっている。

　雇用者の公的保険への加入状況は，労働災害補償保険，雇用保険，健康保険，厚生年金保険は全て加入済みであり，退職金については中小企業退職金共済に加入している。各種手当については，住宅手当や資格手当こそ定められていないものの，家族扶養手当，通勤手当，役職手当，慶弔手当のほか賞与が規定されている。

　新規採用は高卒採用が中心であり，中途採用も行っているが，その場合はハローワーク等には求人を出さず，縁故採用を行うことが多い。採用の方針としては，高卒採用が多いため，学業が秀でていることや何かの特定技能があることを重視するというよりは，人物をしっかり見ることに注力している。特に声が大きいこと，挨拶がしっかりできることなどを重視しているといい，成長性が見込まれるかどうかが大きなポイントであるとされていた。生産現場では一人前になるのに

自己採点表

該当する方に〇　　　　　　　　　　　　氏名

職務遂行のための基準	評価			備考
	出来ている	出来ていない		
公に明るい所で正しいと大きな声で言える行動をしている。				
出勤時間、休憩時間などの時間を守っている。				
早出に出ている。（GP・事務以外）				
職務にふさわしい身だしなみを保っている。				
日常的な挨拶をきちんと行っている。				
相手の心情に配慮し、適切な態度や言葉遣いをしている。				
余裕がある場合には、周囲の忙しそうな人の仕事を手伝っている。				
仕事に対する自身の目的意識や思いを持って、取り組んでいる。				
仕事について工夫や改善を行い、さらによいものにしている。				
整理・整頓・清掃など、効率的に仕事を進めるための環境を整えている。				
一度ミスした事項については、同じ間違いを繰り返さない様、注意している。				
個人の目標達成度				
部署の目標達成度				

来年の個人目標（3つ書いてください）

_____

_____

_____

部署の目標

_____

_____

_____

図16-5　F養鶏場で採用されている人事評価シートの様式

資料：F養鶏場提供資料。

概ね3年間，中間管理職になるためには概ね10年間を要するため，初任者の場合は最初の1年くらいは先輩社員からできるだけわかりやすく口頭で注意をしていくことを心がけており，その間に様子を見るようにしている。

　F養鶏場では，内部の人材育成には大変力を入れており，就業5年目にハワイ

やオーストラリアに行く海外研修を実施したり，親交のある全国の養鶏場との3〜4ヶ月間程度の人事交流なども積極的に行っている。また，免許等の資格を取得しようとする際には，それに対する費用を会社で負担することとしており，普通免許や中型免許，フォークリフト免許などがこれに該当する。なお，近年従業員が多くなってきたことから，従業員全員に対して人事シート（**図16-5**）をつけてもらうようにしており，人事評価の参考としている。しかし，この結果を給与等に反映することまでは行えていないが，従業員にも納得していただけるような仕組みづくりができれば，前述の給与・賞与体系への反映も検討していきたいとされていた。

このほか，経営者と従業員相互のコミュニケーションを円滑にするため，年間何回かのレクリエーションは行っている。その代表的なものが全国的にも有名な桜の名所でもあるご当地らしく4月末の桜の季節に行われる花見会であり，社員の9割近くが参加しているという。また，社員全員で旅行を企画したこともあるが，人数が多いことに加え，鶏舎の管理もあるので5〜6班に分けて実施する必要があるなど苦心する面もあるそうである。

第6節　総括

F養鶏場は全国の養鶏場の中でも生産額にして上位50社にランクされる大規模経営であり，今後も最新の生産設備を整え，順次生産規模の拡大を検討している企業である。その生産工程は鶏卵を扱うという事もありデリケートな部分も多く，清潔さと共に作業には丁寧さが求められる。同社が人材育成を重視するのは，こうした細心の注意を要する生産工程の特徴とも無関係ではないであろう。

前述したように，同社は働きやすい職場環境を重視しており，雇用条件の充実と各種研修制度の導入，人事交流の促進などを積極的に行っている。代表取締役であるK氏は，労働環境を整え，多くの地元雇用にこだわることを重視しており，このことが平均で10年，最長35年という勤続年数の長さを支えている。F養鶏場の取組は，人材づくりへの高い関心が生産力の安定性を裏付ける形となっており，最終製品の高度な品質維持を可能にしている。同社の経営理念である「笑顔と健康を食卓に」の実現は，こうした人材育成の努力の積み重ねの努力に支えられているとも言えよう。

注

（1）GP（Grading and Packing）センターは鶏卵選別包装施設ともいう。養鶏場で生産
　　された原卵について洗浄，検査，選別，包装，出荷等の一連の作業を機械設備によ
　　り一貫工程で行う施設であり，生産と小売の結節点として，卵流通における重要な
　　役割を果たしている。GPセンターは，量販店向けの安定供給に寄与するばかりで
　　なく，特殊卵等の多様な商品ニーズに対応するために，高度なセンサーなどを備え
　　た効率的設備が導入されてきており，処理効率の向上と市場ニーズへの対応のため，
　　大規模養鶏業にとって欠くことのできない設備となっている。

第17章
養豚経営における人材育成の取組と効果
―九州地方の養豚法人を対象に―

澤田　守

第1節　養豚経営における人材育成

　国内農業において法人化している割合が最も高い作目・部門が養豚である。農林業センサスでみると，養豚の場合，法人化している経営体の割合は2020年で50％を超え，飼養頭数に占める割合でも88％に達している。養豚においては，飼養頭数の拡大が急速に進むとともに，従業員を多数雇用し，内部労働市場を形成する企業経営が増えている。特に，養豚経営においては，豚の飼養技術に加え，飼料などに関する高度な専門知識が必要とされるため，従業員における能力開発，人材育成が重要になっている。本章では，積極的に規模拡大をすすめる一方で，企業経営として従業員の人材育成に力を入れてきた養豚法人S社の事例をもとに

経営体基本情報（2022年3月末時点）

法人名	株式会社S社	法人設立（西暦）	1992 年	
		創　業（西暦）	1970 年	
所在地	九州沖縄ブロック			
事業内容	養豚，野菜の生産			
生産品目	養豚，露地野菜（キャベツ），甘藷			
農地・施設等の規模 飼養頭数等	母豚 2,116 頭，常時飼養頭数 22,650 頭，畑 24ha			
従業員数	合計　78 人	正職員	67人	パート	11人
資本金	22 百万円			
売上高	1,851 百万円			
平均勤続年数 （正職員）	7年			
平均年齢 （正職員）	35.8 歳			
年間休日数 （正職員）	104 日			

養豚経営における人材育成の取組とその特徴について考察する。

第 2 節　養豚法人S社の概要

　養豚法人のS社は，1970年に現社長の父である前会長が創業し，1992年に法人化している。S社は2007年に農林水産省の広域連携アグリビジネスモデル支援事業を契機として農場の増設を図り，飼養頭数を急速に増やしてきた。2007年時の出荷頭数はわずか240頭であったが，2021年には農場を 5 ヵ所に増やし，年間の出荷頭数は4.9万頭にまで拡大している。

　S社では，飼養頭数の拡大とともに循環型農業にも力を入れ，環境に配慮した経営展開を図ってきた。2009年にはパンや牛乳などの食品残渣を利用したリキッド・フィーディング技術を導入し，さらに2015年には農場内で製造した完熟堆肥を用いて，畑地 5 haで露地野菜（キャベツ），甘藷の栽培を始めている。露地野菜については，早くからJ-GAPを取得し，キャベツの収穫機を導入するなど，規模拡大を図り，環境負荷を軽減した資源循環型の農業を実践している[(1)]。

　S社の資本金は2,200万円，2021年の売上高は18.5億円である。会社の組織構成をみると，役員数は 6 名，正社員が67名（うち男性58名，女性 9 名），常勤パート11名，外国人技能実習生 4 名で構成されている（2022年 3 月末時点）。2007年時点で正社員数は 4 名であったが，飼養頭数の拡大，農場数の増加とともに，短期間で多くの正社員を採用し，会社組織を作りあげてきた。

　従業員の特徴としては，女性従業員が結婚・出産後も，正社員として活躍している点があげられる。正社員の平均勤続年数は 7 年，正社員の平均年齢は35.8歳となっており，20歳代から30歳代の正社員が多い。初任給は大卒で月20万円となっており，給与表などの給与体系が整備されている。

第 3 節　従業員の労働環境

　S社では，経営理念の一つとして「次世代を担う農業界の人材育成に貢献する」ことを掲げており，従業員の労働環境の整備に取り組んできた。特に2017年以降に関しては，完全週休 2 日制を導入し，長期休暇制度の創設，残業時間の削減に取り組んでおり，他産業並みの労働条件を整備している。S社の従業員について，年齢30歳代，男性の従業員（班長）を例にみると，所定労働時間は 7 時45分から

17時15分までで（休憩時間1時間），1日あたりの労働時間は8.5時間，1週間あたりの労働時間は42.5時間となっている。時間外労働（残業時間）は月平均で1～2時間程度，年間で12～24時間程度であり，残業手当も支給されている。

　従業員の採用については，リクナビなどの就職サイトの利用や，近隣の農学系の大学，県の農業大学校，農業高校からの紹介などが主な採用ルートとなっている。特に近年では，就職希望者向けに会社紹介の動画を作成し，就職希望者向けの広報活動に取り組んでいる。これらの広報活動の効果もあり，近年は就職希望者が多く集まり，大卒，大学院卒の新規学卒者，及び他産業からの転職者を中心に面接試験などを通じて採用している。

第4節　S社における人材育成の特徴

　S社は「日本の食を守る」，「次世代を担う農業界の人材育成に貢献する」などを経営理念として掲げ，経営規模を拡大してきた。特に，社内で力を入れて取り組んでいるのが従業員の人材育成である。

　S社の場合，急速に規模拡大を進めた背景もあり，従業員を多く採用した当初は，仕事の厳しさ，労働条件の悪化などから離職者が多かった。そのため，若手の有望な幹部候補の従業員が大量に退職するなど，従業員が定着せず，経営面でも大きな課題となっていた。S社は，若手従業員の大量離職を教訓として，従業員の育成，職場環境の改善に取り組み，人材定着に向けた環境整備を図ってきた。S社の人材育成施策の特徴として，以下の点をあげることができる。

　第一に，研修制度の充実である。S社では従業員の育成のために，社内外での勉強会に積極的に参加させている。代表的なものをあげると，①入社前研修：入社内定式と半年間のレポート提出，②入社後1年間の研修，③全社員への社内外研修，④合宿による研修などがある。社内の研修では，獣医師などの講師を招き，疾病や生産管理の講習会，飼料会社による講習会を実施している。社外研修では，中小企業大学校や飼料会社などの関連会社の講習会への参加，国内外の農場視察を実施している。研修会に参加させる際には，「研修参加の心得」を事前に従業員に配布し，研修参加の心構え，研修中の態度（積極的に質問するなど），研修後の報告書（研修報告書）の提出を義務付けている。特に研修報告書に関しては，現場業務の改善につなげるために，今後社内で取り組んでいきたいことを中心に

感想の記入を求めている。研修に関しては，経営者と各農場長が相談の上，できるだけ多くの従業員に研修機会を与えるように工夫しており，従業員の能力向上を図っている。

　第二に，ワークライフバランスを考慮した勤務体系の確立である。2017年から勤務時間限定正社員制度（ワークライフバランス制度）を導入している。その目的は，女性従業員を中心に，妊娠・育児や介護等が原因で，通常勤務が難しくなった場合でも，退職させずに継続勤務を可能にするためである。対象者は，入社4年を経過した正社員であり，育児・介護のために長時間勤務が難しい者が対象となる。勤務時間に関しては会社と相談の上で決めることができ，給与，賞与額は作業内容などをみて判断している。通勤，家族，住宅手当は支給され，退職金積立金の継続も可能にしている。この制度は女性従業員だけではなく，介護のために通常勤務が困難になった男性従業員にも活用されており，従業員が長期的に勤務できる労働環境を整備している。

　第三に，労働条件の改善と福利厚生の充実である。特に2017年から2018年にかけては，前述した勤務時間限定正社員制度の導入とともに，休日に関して，それまでの4週6休（年89日休）から完全週休二日制（年104日休）にし，また，長期休暇への要望も多かったことから，長期休暇の取得を積極的に支援している。年次有給休暇に関しても従業員が取りやすい環境整備に努めており，年間平均で10～12日程度を取得し，有給休暇の取得率は高い状況にある。さらに特徴的な取り組みとして社員互助会があり，冠婚葬祭，社員歓迎会などの活動をしている。また年1回社内新聞を発刊し，主に社員に関する情報（結婚，出産，新入社員の紹介）や会社の事業（新事業や取り組み）に関する情報発信をしている。その他にも懇親会，女子会などによる職場内の交流，地域で開催しているマラソン大会への参加など，社内外のイベントに従業員を積極的に参画させ，従業員同士の交流機会を作っている。

　第四の特徴が，人事評価制度の構築である。S社では人事考課制度を構築しており，2018年時点においては5等級の等級等号表を採用している。S社の農場の組織図をみると，農場ごとに農場長，主任，班長，一般社員といった役職があり，一定の昇進基準を経て農場長に至るキャリアパスを設定している（**図17-1**）。

　人事評価は一般社員，役職者によって項目分けされており，評価の基準は，具

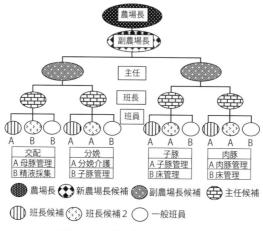

図17-1　S社の農場の組織図と役職

資料：S社作成資料を一部筆者修正。

表17-1　S社の役職別の職務遂行能力，OJT

役職	職務遂行能力	執務態度・姿勢	OFF-JT	OJT
農場長（副）	＊統率力 ＊決断力 ＊リスク管理 ＊部門間調整力	＊人材育成・組織開発 ＊経営方針の理解 ＊理論的思考 ＊自己管理	＊専門機関主催の社外宿泊研修 ＊各種セミナーへの参加 ＊国内外の視察研修	＊社外での中長期訓練 ＊社外での専門訓練
主任	＊問題解決力 ＊リスク管理 ＊コスト管理 ＊農場内調整力	＊率先垂範 ＊自律志向 ＊チャレンジ精神 ＊自己管理	＊中小企業大学校での宿泊研修 ＊会議および合宿 ＊国内外の視察研修	＊社内部門で3ヶ所以上の訓練
班長	＊業務改善力 ＊コーチング ＊タイムマネジメント	＊率先垂範 ＊報連相の徹底 ＊失敗を生かす力 ＊自己管理	＊中小企業大学校等での宿泊研修 ＊会議および合宿 ＊国内の視察研修	＊社内部門で2ヶ所以上の訓練
一般社員	＊正確性 ＊段取り力 ＊専門スキル	＊報告の徹底 ＊傾聴力 ＊自己管理	＊獣医等専門家による社内研修 ＊会議および合宿 ＊社内外での研修	＊班内での基礎的訓練

資料：S社作成資料。
注：調査時点（2018年）のものである。

体的に損益目標，成績目標，職務遂行能力，執務態度で構成されている（**表17-1**）。人事評価の評価項目について役職別にみると，農場長の評価に関しては，職務遂行能力として「統率力」「決断力」「リスク管理」「部門間調整力」，執務態度・姿勢に関しては「人材育成・組織開発」「経営方針の理解」「理論的思考」「自己管理」の各4つの要素で構成されている。主任の評価に関しては，職務遂行能

表 17-2　S 社の昇格基準表

等級	最短在籍期間	昇格ポイント 直近 2 回の平均	適性試験	面接試験
V 等級 ⇧ IV 等級	6 年	会社の指定した役職者で，在籍期間を満たした者		役員面接
IV 等級 ⇧ III 等級	6 年	会社の指定した役職者で，在籍期間を満たした者	○	役員面接
III 等級 ⇧ II 等級	4 年	70 点以上	○	役員面接
II 等級 ⇧ I 等級	2 年	65 点以上	○	役員面接

注：各等級の最短在籍期間とは，各等級に在籍してからの期間である。
資料：S 社作成資料。

表 17-3　S 社の役職昇進基準表

役職	推薦文	昇格試験 面接試験	推奨条件（原則）			
			宣誓書	研修	経験箇所	農場・部門
農場長 ⇧ 主任	－	役員面接	○	研修機関の受講各種セミナー参加	他農場経験 2 ヶ所2 年以上	繁殖・肥育床・飼料野菜環境
主任 ⇧ 班長	○	役員面接	○	研修機関の受講各種セミナー参加	他農場経験 1 ヶ所1 年以上	繁殖・肥育床・飼料野菜環境
班長 ⇧ スタッフ	○	役員面接	○	研修期間の受講各種セミナー参加	専門部署経験 2 年以上	

資料：S社作成資料。

力として，「問題解決力」「リスク管理」「コスト管理」「農場内調整力」，執務態度・姿勢として「率先垂範」「自律志向」「チャレンジ精神」「自己管理」の要素で評価される。班長に関しては，職務遂行能力として「業務改善力」「コーチング」「タイムマネジメント」，執務態度・姿勢に関しては，「率先垂範」「報連相の徹底」「失敗を生かす力」「自己管理」の要素で評価される。一般社員になると，職務遂行能力として「正確性」「段取り力」「専門スキル」，執務態度・姿勢に関しては，「報告の徹底」「傾聴力」「自己管理」の要素で評価されており，役職に応じて，評価基準が異なる人事考課制度となっている。

　また，昇格基準，昇進基準，降格基準についても明文化されている。例えば，昇格基準でII等級からIII等級に昇格するためには，最短在職期間が 4 年，昇格ポ

イントとして直近2回の評価の平均が70点以上，及び役員面接，適性試験をクリアする必要がある（**表17-2**）。

　また，昇進基準に関しても決められており，主任から農場長になるためには，推奨条件として，「研修機関の受講，各種セミナー参加」と「他農場経験2ヶ所2年以上」の経験などが必要となり，昇格試験として役員面接が行われる（**表17-3**）。また，降職する基準に関しても明確化しており，農場長としての責任と能力が果たせなくなった場合には，役員面接の上，降職になる場合がある。

　さらに中途採用者の給与制度に関しては特別要件を定めており，ヘッドハンティングによる採用の場合は，入社時の等級・給与・手当に関して，これまでの実績を考慮して決定している。

第5節　S社における人材育成施策の効果

　S社における人材育成の取組の効果について，従業員の職務満足度をもとに考察する。S社では，2017年から従業員に対して職務満足度調査を実施し，従業員の満足度を把握し，不満点を中心に改善することで，職場環境の向上を図ってきた。

　2017年以降の職務満足度の推移をみると，残業時間の削減，完全週休二日制の導入などを図った結果，勤務時間に関する満足度は，2017年の3.7ポイントから2019年には4.4ポイントへと向上している（**図17-2**）。同様に，休日に関しても，2017年は3.5ポイントから2019年には4.3ポイントへと満足度が高まっている。福利厚生に関しても，2017年から2019年にかけて3.4から3.8ポイントに向上していることから，職場環境の改善によって満足度が向上していることが確認できる。また，人材育成の面に関しても，社内研修会の充実，社外の研修機会の拡大を積極的に行った結果，能力開発に関する満足度が，2017年の3.4ポイントから2019年に3.8ポイントに向上しており，満足度の向上につながっている。

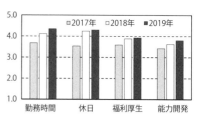

図17-2　従業員の職務満足度の推移

資料：従業員職務満足度調査結果。
注：従業員の職務満足度は5点満点の平均値で，5
　…満足，4…やや満足，3…どちらともない，2…
　やや不満，1…不満を示す。

　S社の従業員の**離職者数**についてみると，

2017年に関しては 3 名の離職者で
あったが，2019年は 1 名と離職者数
が少なくなっている（**図17-3**）。特に，
2018年には採用者数（新卒）を増や
したものの，離職者数は少なくなっ
ており，これらの対策は従業員の定
着に一定の効果があったと考えられ
る。

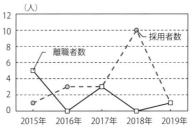

図17-3　採用者数（新卒）と離職者数の推移
資料：S 社資料をもとに作成。

　また，経営面の影響をみるために，
2015年を100として，農場の総労働
時間，労働 1 時間当たりの出荷枝肉
重量，売上高についてみたものが**図
17-4**である。図をみると，2015年
以降，農場の総労働時間の変化は少
なく，2019年には98ポイントと2015
年に比べてやや減少している。前掲
図でみたように，従業員数を増やし
ていることから，一人当たりの労働

**図17-4 売上高，労働時間，労働1時間当
たりの出荷枝肉重量の変化
（2015年＝100）**
資料：S 社資料をもとに作成。

時間が減少し，より働きやすい環境になっていると推測される。その一方で，労
働 1 時間当たり出荷枝肉重量は2017年以降顕著に高まり，労働 1 時間当たりの出
荷枝肉重量は，2015年を100とすると，2019年には123ポイントにまで上昇してい
る（**図17-4**）。労働 1 時間当たりの枝肉重量が増えたことで，出荷量が拡大し，
売上高に関しても2019年には112ポイント（2015年=100）にまで上昇している。
このようにS社では2015年以降，売上高が増加し，労働生産性が上昇しており，
その理由としては，人材定着による作業習熟度の向上，及び効率的な作業改善な
どが影響したと考えられる。

　S社では，人材育成をより重視した取組を実施することで，従業員の定着率の
向上が図られ，枝肉出荷重量の増加，売上高の拡大など，具体的な経営成果をあ
げつつある。労働環境の改善を図り，人材定着を促したS社の取組は，農業分野
における従業員の人材育成，労務管理の先駆的なモデルとして位置付けられる。

注

（ 1 ）S社の経営展開，人材育成の取組に関しては，前田ら（2019），前田ら（2021）に
　　詳しい。

参考文献

前田佳良子・納口るり子・青山浩子（2019）「大規模雇用型養豚法人経営の農場システ
　　ムと人材育成：アニマルウェルフェアに配慮した2サイトシステムの一貫農場を事例
　　として」『農業経営研究』56（4），pp.35-40

前田佳良子・澤田守・納口るり子（2021）「戦略的人的資源管理と組織文化―大規模養
　　豚法人を事例として―」『農業経営研究』59（3），pp.22-31

第18章
酪農多角経営による地域交流拠点化の動き
—四国地方の酪農法人を対象に—

鈴村　源太郎・大原　梨紗子

第1節　近年の酪農をめぐる環境変化

　本章では，四国ブロックM町に本拠を置く有限会社H牧場を取り上げる。酪農業を核とした6次産業多角経営として成功したH牧場は，現在，ジェラート店やピザ店を手がける多角経営となった。

　本業の酪農の飼養頭数は390頭規模，年間売上高は5億円（いずれも2019年度）であり，従業員の平均年齢は34歳と若いなど，今後の展開が期待される。

　（有）H牧場が立地するM町の農業の概況を**表18-1**で確認しておこう。2020年センサスによると，M町の農業経営体数は663経営体であるが，うち74.5％に相当する494経営体が稲作，19.6％の130経営体が野菜作となっているため，両者で

経営体基本情報

法人名	（有）H牧場	法人設立（西暦）創　業（西暦）	2001 年		
			1979 年		
所在地	四国ブロック				
事業内容	酪農（生牛生産），和牛繁殖，ジェラート，ピザ販売，施設野菜				
生産品目	生乳，仔牛，ジェラート，ピザ飲食，アスパラガス				
農地・施設等の規模飼養頭数等	飼養頭数 390 頭（うち経産牛 300 頭）				
従業員数	合計　31 人	正職員	24 人	パート・アルバイト	7 人
資本金	6,120 万円				
売上高	5 億円（2019 年度）				
平均勤続年数（正職員）	約 4 年				
平均年齢（正職員）	34 歳				
年間休日数（正職員）	80 日				

表18-1 M町の販売額1位部門別農業経営体数

（単位：経営体，％）

作目	経営体数	構成割合
稲作	494	73.7
麦・雑穀・いも・豆類・工芸作物	11	1.6
野菜	130	19.4
果樹類	7	1.0
花き・花木	5	0.7
その他の作物	2	0.3
畜産	14	2.1
うち酪農	7	1.0
計	670	100.0

資料：農林業センサス2020。

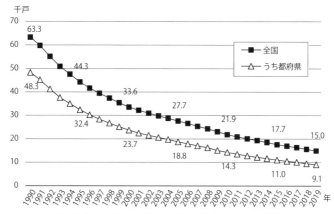

図18-1 全国及び都府県の乳用牛飼養戸数の推移

資料：農林水産省「畜産統計」。

経営体の94.1％に達する。畜産経営は14経営体と多くはないが，うち7経営体を
酪農が占めている。これら経営は，町内南部の丘陵地を中心に点在している。

　さて，ここで酪農経営を巡る状況を統計資料等に基づいて整理した。まず，畜
産統計にみる全国と都府県の乳用牛飼養戸数を図18-1に示した。図を一見して
明らかなように乳用牛を飼養する酪農戸数は急速な減少傾向をたどっており，
1990年に全国で63,300戸であった飼養戸数は，2013年には2万戸を下回り15,000
戸にまで減少した。この間の年間減少率は，1990-99年間の10年平均が△5.6％な
のに対し，2000-09年間，2010-19年間はいずれも△4.2％と減少率こそ若干鈍化し
たものの，減少傾向に歯止めはかかっていない。これらの10年平均減少率を全国

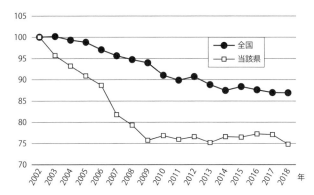

図18-2　全国及び当該県の生乳生産量の推移（2002年＝100）
資料：農林水産省「牛乳乳製品統計」。

と都府県で比較してみると，北海道については，1990-99年間が△4.1％，2000-09年間△2.7％，2010-19年間△2.7％なのに対して，都府県はそれぞれ，△7.0％，△4.9％，△5.0％と，いずれも都府県の方がかなり深刻であることが分かる。

　次に，**図18-2**では牛乳乳製品統計のデータを用いて全国とH牧場が立地する当該県の生乳生産量の推移を比較した。同図は2002年の生乳生産量水準を100とする指数表示のグラフとなっているが，全国の数値が緩やかな低下を続けているのに対して，当該県は2000年代の低下傾向が顕著で，この間に多くの小規模生産者が生産から撤退した様子が読み取れる。一方，2009年以降は指数75〜77前後で横ばいとなっており，一部農家の生産規模の拡大と相殺されて県内の生産量が比較的安定的に推移してきた様子が分かる。ただ，この生産量が今後とも横ばいで推移するのか，あるいは一層の生産量の減少段階が訪れる可能性があるのかはこの図からは見通せない。

　次に，中央酪農会議の酪農全国基礎調査より都府県の頭数規模別分布を2007年と2017年で比較したのが**図18-3**である。この図によれば，酪農においても規模拡大の傾向が見受けられる。10年間の差を確認すると，10頭未満が△3.7ポイント，10〜20頭が△2.2ポイントなど，40頭未満がすべてマイナスで計△8.1ポイントであるのに対して，40頭以上は，100頭以上の3.0ポイント増をはじめとして全てプラスである。図からは，40頭規模に増減分岐点があることがはっきり読み取れる。

　最後に，同じ酪農全国基礎調査より，酪農経営の担い手確保率について確認し

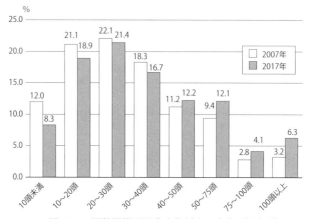

図18-3　頭数規模別酪農家数割合の変化（都府県）

資料：中央酪農会議『酪農全国基礎調査』。

表 18-2　酪農経営の担い手確保率（都府県）

（単位：％，ポイント）

区分		2007 年	2017 年	増減率
経営主 50 歳未満		23.2	19.5	−3.7
経営主 50 歳以上	後継者あり	20.7	26.9	6.2
	後継者なし	27.8	35.1	7.3
	分からない	26.9	15.5	−11.4
無回答		1.4	3.0	1.6

資料：中央酪農会議『酪農全国基礎調査』。

ておきたい（**表18-2**）。まず，「経営主50歳未満」の若手経営者の割合は2007年の23.2％から3.7％減少し19.5％となった。一方，「経営主50歳以上」をみると「後継者あり」が6.2％，「後継者なし」が7.3％それぞれ増加し，後継者の状況が不明な「わからない」が大幅に減少していることが分かる。仮に先の「経営主50歳未満」と「経営

写真 18-1　H 牧場の畜舎遠景

資料：H 牧場提供資料より転載

主50歳以上の後継者あり」を合わせた数値を後継者確保率とするなら，その割合は相互に相殺されて2.5％のプラスということができるが，それと比べても後継者なしの経営割合が35.1％に達している状況は相当に深刻である。

第2節　H牧場の経営概況

1）経営の発展経緯と概況

　H牧場は1979年に現経営者であるY氏の父，M氏が農業新規参入をすることで創業に至った（**表18-3**）。祖父は左官業を営んでおり，M氏本人は農業をすぐにやりたかったがさせてもらえず，農業高校にも行けなかった。その後本人の強い希望があり，県立農業短期大学校に進学した。大学校卒業後，北海道の実習1年を経て，デンマークに1年間留学。帰国後すぐに開業したかったとのことだが，農協に4年勤めた後, 27歳で就農を果たした。当時も酪農での新規参入は珍しかったが，M氏は県下で最後の酪農関係の新規参入者である。参入当時は，およそ20頭の飼育からスタートしたが，徐々に経営拡大を行い，1996年にはフリーバーンの導入に伴って50頭規模となった。2000年には全国の酪農家の連絡組織である地域交流牧場全国連絡会（交牧連）[1]に参加し，翌2001年には，組織の有限会社化に加え，交牧連が取り組む酪農教育ファームの認証獲得を果たしている。2002年には，都市住民との交流のための加工体験施設等も建設している。

写真 18-2　H 牧場の畜舎の様子

表 18-3　（有）H 牧場の沿革

年次	事項
1979 年	創業者 M 氏が酪農経営を開始
1996 年	酪農経営拡大(フリーバーン方式導入 50 頭)
2000 年	地域交流牧場全国連絡会に参加
2001 年	有限会社 H 牧場設立
	酪農教育ファーム認証牧場となる
2002 年	交流施設・加工体験施設完成
2006 年	二代目経営者 Y 氏就農
	経営拡大 60 頭から 200 頭へ
2008 年	和牛繁殖部門設立
2013 年	ジェラート屋 M 町本店オープン
2015 年	ピザ屋 K 店オープン
	乳牛経産牛 300 頭になる
2017 年	ピザ屋オープン

資料：（有）H 牧場 HP および現地ヒアリング結果による。

　そして，2006年には現経営者である2代目のY氏が就農した。Y氏は長男であったが，当初経営を継承するつもりはなく，建築関係に従事していた。しかし，2005年5月に，牧場の規模拡大に向けて2億円の投資を行う計画が進みつつあったことから，牧場の顧問税理士よりY氏に経営継承の意思確認がなされた。これが直接のきっかけとなりY氏は経営継承を決めたという。この2億円規模の投資は，それまでの60頭規模のパイプライン搾乳方式，スタンチョンストール牛舎から200頭規模のミルキングパーラー搾乳方式，フリーストール牛舎への変更に伴う大規模な施設改良が主な内容であった。

　現在は，牛舎の増設などをさらに行い，乳用経産牛300頭，仔牛60頭，年間生乳出荷量が3,000 t を誇る大規模経営に成長した。これとは別に，肉牛の繁殖部門を20頭規模の2008年に設立しており，こちらでは現在，黒毛和種の雌牛17頭を飼育している。牛群の健康ならびに発情管理などにはITによる「クラウド牛群管理システム」を他牧場に先駆けて導入しており，繁殖の安定化と生乳生産の効率化に役立てている。生乳の出荷先は，自社運営を行う飲食部門に生乳を卸す以外は大部分が農協出荷である。

　なお，畜産関係の施設としては，フリーバーン牛舎計6,500㎡のほか，堆肥舎500㎡，発酵処理施設1,000㎡などを備えており，交流宿泊施設1棟，加工体験施設1棟などを併設している。このほか2021年には，新規に畜舎建設を予定しており，AIやロボットなど最先端技術を搭載した最新式パーラーにより，従業員4〜5人での省力化運用を目指す極めて労働生産性の高い設備体制を計画している。なお，会社の資本金は6,120万円，2019年度の売上額は5億円，経常利益は1,900万円である。部門売上は販売額が多い順に酪農部門，後述の飲食部門と施設野菜（アスパラガス）部門，交流（酪農教育ファーム認証牧場としての体験受け入れ，農産物収穫体験）部門となっている。

2）地域活性化を見据えた6次産業化

　そして，先の酪農より派生した6次産業多角化事業として，経営をさらに発展させる形で設置されたのが2013年に開店した「ジェラート屋M」M町本店である（**写真18-3**）。この店舗は一般の消費者を顧客とするジェラート店であり，M町を訪れる観光客に地域への興味を持ってもらう拠点作りとしての意味を持ってい

写真 18-3　ジェラート屋 M 町本店の店内

資料：筆者撮影

写真 18-4　ピザ屋の店内

資料：筆者撮影

た。この店のジェラートには「サンセットミルク®」という，夕暮れ時に搾乳を
してから12時間かけてじっくりと熟成を行う製法をとっており，うまみとメラト
ニン成分を多く含んだ生乳を使いながら，味と品質の向上にたいへん力を入れて
いる。このジェラート屋を皮切りに，H牧場は6次産業化に向けた展開を積極的
に行っていく。この後，2015年には2号店となるK店を開業，2017年にはジェラー
ト屋の隣に，ピザ屋を開業した（**写真18-4**）。

　さらに，2018年には野菜（アスパラガス生産）部門を設立した。H牧場は県内

でも早くから農地中間管理機構を活用しており，同機構を通じて集約した40aの農地があった。この農地は貸借をしてから3〜4年土づくりに専念し作付をしないままとなっていたが，そこにアスパラガスを作付けし，2019年より収穫が行えるようになった。生産量は密植高収量を狙った生産方式で，反収5t，40aで20tの生産が実現した。2019年に出荷を開始してから初年度の販売額は約700万円である。2年目販売額1,000万円を目指し，20aで1,000万円（粗利700万円ほど）のモデルケースを作ることで，新規就農を目指す人たちを勇気づけ，育てていきたいという思いがY氏にはある。現在はアスパラガスのみの生産を行っているが，新規就農希望者の希望に応じて他の野菜も徐々に導入し，また，金銭面だけでなく蓄積したデータを通しても支えていきたいとのことであった。

第3節　労働力構成と雇用の状況

1）組織と労働力構成

　（有）H牧場の組織は**表18-4**の通りである。組織上の部門は，生乳生産・和牛繁殖を担当する生産部門，ジェラート屋とピザ屋を管轄する飲食部門，全体の企画・経理等を担当する事務部門に分かれる。人員構成は，役員3名のほか，従業員は正社員が21名，常勤パート・アルバイトが7名の計28人であり，うち男性12名，女性16人と女性が過半を占める。部門ごとにみると，生産部門が17名（男性

表 18-4　（有）H 牧場の組織・人員構成

（単位：人）

		生産部門	飲食部門	事務部門	計
役員	男性		2		2
	女性		1		1
正社員（管理職）	男性	2			2
	女性	2	3	(1)	5
正社員（一般職）	男性	5	2		7
	女性	4	2	1	7
常勤パート	男性	2			2
	女性			1	1
アルバイト	男性	1			1
	女性	1	1	1	3
部門計（役員除く）		17	8	3	28
総計（役員含む）					31

資料：ヒアリング調査に基づく。
注：事務部門の管理職女性の括弧付き数字は飲食部門との兼任であり，合計数値には含めていない。

10名，女性7名），飲食部門が8名（男性2名，女性6名），事務部門が4名（うち飲食部門兼任の管理職が1名，いずれも女性）となっている。もとより生産部門の雇用人数は多いが，6次産業化に伴う飲食部門の事業範囲拡大により，雇用が増大したことが読み取れる。従業員の平均勤続年数は約4年，給与水準は，最近平均で1万円程度上げたところであり，大学卒が月給19万4,000円，短大・専門学校卒が月給18万9,000円，高校卒が月給18万4,000円である。いずれも2ヶ月は試用期間である。

　採用ルートは，香川県内及び大阪府におけるハローワークに求人を出しているほか，タウンワークやSNS求人などインターネットを介した求人も多くなっている。農業系の求人サイトである「あぐりナビ」，「農家のおしごとナビ」，「第一次産業ネット」の主要3サイトのどれかには常に求人を載せるように心がけている。このほか，新農業人フェアにブースを出すこともあり，新人採用には積極的な姿勢を取っている。そのため，最近では，欠員が出てもすぐに新人採用につながることが多い。応募をしてくる人は7割が女性であり，その多くが20歳代である。応募者の多くは牛やその他動物が好きという理由で畜産の仕事を具体的にイメージしてくる者が多く，農村暮らしへの憧れだけで応募してくる者はほとんどいないという。

　公的保険等の加入状況は，正社員については，労働災害補償保険，雇用保険，健康保険，厚生年金保険にはいずれも加入済みで，退職金も会社単独の積み立てを原資とする制度の用意がある。法定休暇については，産休・育休のほか，育児時間の設定，育児・介護休暇，看護休暇は有給での取得が可能である。

　女性の採用という点では，本人の希望により，正社員・パートタイマーの雇用形態を適宜選択できるよう配慮しているほか，女性でも作業がしやすいようにフォークリフトや小型建設機械，大型特殊免許の取得を推進しており，免許取得には会社としての全額助成をしている。さらには，畜産や食品加工に関する資格など現場で役立つ資格取得の推進していること，快適な作業環境整備の一環として屋内・屋外のトイレやシャワー設備を設け，職場環境の改善を図っていること，などから2015年度には「農業の未来をつくる女性活躍経営体100選（WAP100）」を受賞した。正社員の採用に際しては，特段，性別を意識していないが，酪農教育ファームにおける農業体験の受入やジェラート・ピザ商品の製造・販売などの

新規事業の存在は，女性の関心を高めることにつながっている可能性がある。

2）インターンシップの受け入れ

　H牧場では，2001年の法人化をきっかけとして，自社ホームページや公益社団法人日本農業法人協会等を通じてインターンシップ生を受け入れている。年間およそ20〜40人程度を受け入れており，属性別に見ると大学生が約80％，高校生が10％弱，残りが社会人である。そのうち，農学部出身者であったり農業関係の職業についていた者は半数未満である。中途採用をするにしても前職はほぼ不問としており，これまでの中途採用実績を見ても，前職の経験は工場勤務や飲食店勤務，大工，IT関係，公務員など大変幅広い。

　インターンシップ生を受け入れるメリットには，従業員の意識の向上がある。インターンシップでは，配属された部門の従業員が指導係として教育を担当するが，質問の受け答えは自分の仕事のそれまでの振り返りにつながり，従業員自身の仕事への理解が深まる傾向にある。結果として，仕事への責任感が向上する副次効果がみられるという。

3）従業員育成の特徴と人材評価

　現在，さらなる従業員育成の高度化に向けて，人事評価コンサルタントやマニュアルを動画や画像で共有できる人材育成クラウドサービス「Teach me Biz」など，外部のノウハウを活用した取組に力を入れている。動画作成自体は大きな負担ではあるが，ITに知識のあるスタッフが精力的にマニュアルの更新に努めているとのことである。

　また，先にも記したとおり，H牧場では，AIやロボットを活用した新築畜舎を計画中であり，現在よりも省力化した経営を目指している。人材育成は極めて重要だが，人材は今後とも豊富に供給されるとは限らないため，労働集約型の生産方式のままでは大規模畜産はもたないという認識を持たれていた。

　Y氏は人材を育成するための評価のあり方について，「人を育てるための人事評価は当人の成長を長い目で見ていくことが重要だ」と話す。人事評価については被評価者が自分たちで目標設定を行い，それを1年ごとに検証していくスタイルを取っている。ヒアリングの中でY氏は，幾度も「人事評価が一番悩む」と口

にされていた。現在は従業員の中でも働き方についての考え方は様々であり，その要望と労働強度のバランスに気を遣っているとのことである。

　現在，全国の3年離職率は約30％といわれており，藤井ほか（2016）が行った農業法人3社を対象にした調査では，在籍3年以内の離職率は平均74％である。H牧場の場合も傾向は同様で，就職後3年後から徐々に離職率が上がり，5年で約70％になるという。これについては正社員とアルバイト雇用をフレキシブルに変化させる取組や，短時間労働を導入したばかりであり，この結果が改善されていく可能性はあるが，専門技能をようやく習得し，即戦力となる3～5年目の社員を手放すことは，経営側にとっても痛手になることは間違いない。

　H牧場では，女性の雇用が多いこともあり，結婚や出産を機に退職をした人材を後に再雇用したケースも見られ始めている。こうしたケースを増やしていくことにより，一旦は様々な理由でリタイアせざるを得なくても，「いずれ戻って来られる職場環境」を作っていくことは，今後の経営の持続的発展にはより重要になってくる可能性は高い。

　このほかH牧場では，スキルアップした上で他の牧場へ転職したり，親元の牧場に戻り働いている人材もこれまでに数名輩出してきた。こうしたことは，個別経営の観点のみならず，酪農業界全体に貢献する「インキュベーター機能」[2]を果たしつつあるとも考えられ，別途の評価に値する。

第4節　周辺地域と共生し，活性化を目指す取り組み

　最後になるが，H牧場の理念の一つともいえるのが，「M町の活性化に貢献する経営」である。これは生産業務にとどまらず，6次産業多角化を視野に入れた多角化経営を目指すことで，地元の町に人を呼び込む仕組みづくりに大きな力点を置いていることの表れとみてよいだろう。

　既述の通り，ジェラート屋およびピザ屋は飲食部門として成功を収めているが，このほかにも，元従業員がのれん分けの形で独立起業した関連企業で

写真18-5　「いちご観光農園」の外観

あるいちごの観光農園（**写真18-5**）などが近隣には存在し，H牧場では，そうした関連組織の開設などにも積極的に力を入れてきた。

　この結果として，現在，H牧場関連企業の総来客数は年間延べ8万人に上っているが，これを近い将来，年間延べ10万人にする計画がY氏の脳裏にはある。今後とも，農業体験施設を新設したり，様々な店舗を誘致したりすることで，地元の町に賑わいをもたせ，町役場とも協力して現地通貨を流通させることも検討している。将来的には，宿泊施設を作ることで2日間しっかり遊べる町に成長させていきたいという思いが，現在の経営発展を支える重要な原動力になっていることは間違いなさそうである。

注
（1）地域交流牧場全国連絡会（交牧連）は，酪農生産者同士の交流・意見交換の場づくりを目指して，1999年に設立された。事業内容としては，会員の研修を目的とした全国研修会等の開催や都市生活者や地域住民との交流活動や教育的活動の推進である。会員は全国の316牧場（2019年7月現在）におよぶ。
（2）農業新規参入において農業法人ならびに組織が果たす「インキュベーター機能」については，大原梨紗子「農業新規参入におけるインキュベーター組織の役割」（東京農業大学国際食料情報学部国際バイオビジネス学科卒業論文），2021年1月，に詳しい。

参考文献
藤井吉隆・角田毅・中村勝則・上田賢悦（2016）「農業法人における雇用人材の離職に関する考察—大規模稲作経営の事例分析—」『農林業問題研究』52（4）

第3部　雇用労働力を取り入れ展開する家族経営

第19章
家族経営を量質ともに支える正社員の役割

堀口　健治

第1節　山形県米沢市の株式会社・野菜農園EDENの経営展開と若手正社員

1）夫婦による新規独立就農

　我妻拓也・飛鳥さんにとって，2014年4月，20歳代末で子供3人を抱えての就農は相当な決断であったろう。拓也さんは高卒後，いろいろな経歴を経る中で，妻・飛鳥さんの父が経営する大規模農業法人で初めての農業を経験し，農業の面白さに目覚めた。そして二人による新規経営を目指し独立就農したのである。まずは地元の親戚から農地1.3haを借り，二人分の青年就農給付金と貯金を頼りに，経営を開始した。

　当初から地域では珍しいスイカ栽培を経営の主軸に考えていたが，借りた水田を野菜に向いた畑に変えるのには時間を要した。転作田を畑に向いたものに変えるのには，土地の改良が必要であり，技術も要求された。「農業ほど楽しくてやりがいのある仕事はない」との考えで名付けた野菜農園EDEN（笑伝）の自立化は結構大変で，1年目は全くの赤字，2年目は資材等を揃えるのに精いっぱいだった。この間，青年就農給付金そして貯金を取り崩す生活である。しかも農作業，収穫・分別・出荷作業の仕事は，農繁期では昼も夜もなく，二人とも極めて忙しかった。体をそうとうこき使っての対応であった。

　そのため，直売や自然農法も当初取り入れていたが，これらを大きく変えた。3年目から慣行農法による一定の生産量の確保と市場販売に絞ることにしたのである。生活のためには販売できる農作物を，それなりの量，確保することがまず必要である。これでようやく3年目，売上が500万円前後になり，補助金付きのトラクターも入った。最低の目標は達成できたが，しかし依然として売上は低迷状態であり，自立するのに必要な売上高にもっていくことが必要である。

　そのため，就農4年目の17年を大きな改革の年にした。**表19-1**は各年の作付

表 19-1　野菜農園 EDEN の作付面積・売上の推移

	2017		2018		2019		2020		2021	
	作付	売上	作付	売上	作付	売上	作付	売上	作付	売上
全体	2.2ha	542万	2.8	1,406	2.9	1,643	3.1	1,090	5.5	3,471
大玉スイカ	0.2ha	100万	0.7	759	0.8	777	0.8	494	2.2	2,692
小玉スイカ	0.1ha	50万	0.3	274	0.3	166	0.3	175	0.5	608
キャベツ	1.4ha	185万	1.6	344	1.6	672	1.5	397	1.4	100
アスパラ	0.1ha	8万	0.1	28	0.1	27	0.4	17	0.4	17
他	0.4ha	199万	0.1	1	0.1	1	0.1	6	1	54

と売上を示すが，17年の作付2.2ha，売上542万円のうち，その他の0.4ha・199万円の大半を占めるキュウリは，この年を最後に取りやめる。手間がかかりすぎるのである。その分，主力作物のスイカに重点を移し，また将来の収入源としてのアスパラを取り入れることにした。

そして17年の最も大きな改革は，縁あって20歳代半ばの引きこもり青年を通年雇用することにしたことである。義父のところで働いていたが，彼とは「波長」が合い，EDENに来てもらった。夫婦二人では作付け規模を拡大できなかったが，彼のおかげでスイカ，それも大玉の作付けを増やし，また雇用賃金に充てるキャベツも増やせたのである。

彼が一人増えることで，生産以外の販売や作付けの業務改善に，経営者が目を向けるようになれたことは極めて意味が大きい。担い手が一人増えた量的拡大だけでなく，経営全体の改善という質的改善にも貢献したのである。しかしまだ売上が500万円台では賃金の確保が難しく，クラウドファンディングによる100万円を「皆さん」にお願いした。ネットに頼るだけでは目標に達することができず，周りの友人・知人に直接お願いして何とか達成できたのである。お礼の野菜をつけるとしても，クラウドファンディングはそう簡単ではなかったが，しかし一人働き手が増えたのは大きな改革になった。

2）正社員化と増員による一層の経営拡大

実際に翌年の18年のスイカの売上拡大は大きい。面積拡大だけではなく単収アップの効果が大きい。今までアドバイスを受けていた先輩生産者は一株から4個採りだったが，他の地区の生産者から，摘果を減らし一株から倍の採り数にあげることを習った。これは大きな単収のアップになった。また時期遅れのスイカ

もそれなりに販売できるようになり，業務の改善で全体の販売単価も上がることになった。18年は青年就農給付金が最終年であったが，これがなくても自立し，経営を拡大する戦略が立ったのである。

　夫婦に加えて，一人働き手が増えることで，大きな成果が達成されたことが確認できる。その彼には通年雇用で，変形労働時間制を準用し，月給制にしてある。しかし年平均で月当たり出勤が21日であり，時給に直すと950円のレベルでしかない。そのため，19年の実績を踏まえ，20年に第2の改革に取り組んだ。それは法人化であり，彼を正社員にしたことである。今までは雇用保険と労災保険だけだったが，社会保険にも加入できたことは大きい。この20年は売上が1,090万円と大きく減る（当初の見込みは1,557万円だった）のは夏の集中豪雨によるものであったが，収入保険で切り抜け，改革は予定通り進めている。

　そして21年春には念願の事務所兼作業場，2階に研修生等の宿泊所が完成し，これを機に，さらに正社員を増やすことにした。作業場確保で作業効率が上がり，スイカの面積も増やし，売り上げもそれまでの2倍の3,300万円を目指したからである。そのためには雇用者を増やす必要があり，ハローワークを通じて募集したのである。野菜農園EDENの評判も地域で広く知られるようになり，複数の応募者があった。その中で，最初に20歳代後半の女性を，その後に同じくハローワークを通じて40歳代の男性を雇用することができた。

　22年には，大玉スイカ3.0ha，小玉スイカ0.3ha，寒中キャベツ2.5ha，アスパラ0.4ha，そして稲作の1.5ha，ハウスのホウレンソウ0.2haにも取り組む。計7.9haの作付けにはさらに一人の雇用が必要になっている。総売上も，大玉スイカの4千万円を主にして，6千万円弱を期待できそうである。アスパラの収穫が本格化し300万円弱，新設の施設栽培のホウレンソウも収穫を予定するからである。新設のハウスの80万円や寒中キャベツの730万円は，雇用者の賃金確保の目的が主であり，正社員を安定雇用するにはこうした作目は必須である。仕事づくりであり，雨が降っても作業は継続できるようになった。

　またその他の中に含まれる稲作は，1.5haに広がり，単収はまだ低い（10a当たり6俵）が260万円を予定し，今後の経営の中の重要な部分を占めることになるであろう。そのため，21年にインターンシップで来てくれた高校生が23年春から正社員として来てくれることになり，大きな戦力として期待できる。

　二人目以降の雇用には「農の雇用事業」を申請し，この支援を有効に活用できた。

　またこれだけの販売量だと，買い手からはEDENの農産物を示す，ブランディングを求められた。商品の特徴を示す商標登録を求められたのである。これを成功させて，販売力を付けるという課題が出てきた。

　そして義父の大規模経営から委託が増えてきて，数年後にはさらに大きな面積になる予定である。21年の「その他」の１haは，その受託の走りであり，農機具や設備を借りての稲作の開始でもあった。経営としての稲作や麦・大豆は，初めての取り組みだが，大型機械を使っての農作業であり，今までの野菜を主体とした労働集約的な仕事とは異なる。大型機械のオペレーターの配置を含め，人の使い方を勉強しておく必要がある。

　県版GAPを取得し，経営はまさにこれからの展開である。このレベルでいえば，家族経営から雇用者が多い法人経営に性格が移行していくように思われるが，人の管理やスキルアップ，また作付けと収穫の時期差が大きい稲作や大豆・麦等のために運転資金を用意するなど，準備しなければならないことが多いと思われる。

第２節　熊本県大津町の株式会社・なかせ農園の生産拡大とそれに貢献する正社員

１）次男健二さんの帰農による両親・兄の４人家族経営の展開

　兄の靖幸氏（現代表取締役）そして両親の清則・朋子さんと一緒になって経営する中瀬健二さんは，2013年開校の日本農業経営大学校を15年３月に一期生として卒業し，親元に戻った青年である。大学卒で他の仕事を経ての経営大学校だが，30歳の時に家に戻った。すでに兄が，11年，先に就農していたので，兄弟で親を応援する形が出発点になる大型家族経営である。なお兄弟とも結婚しているが，結婚した彼女らは自分の仕事を持っていて，家族経営の農業には加わっていない。

　家族経営も再生産のためには規模拡大が必要になっている時代であり，専業経営の場合，そのために家族で農業に従事する人の数が複数になっていることは必須である。単身よりも夫婦のほうがよい。加えて後継者が望ましいが，さらに従事する人がいればもっとよい。日本農業経営大学校の卒業生では，結構，兄弟，姉妹による新規独立就農が見られたが，既存経営も後継者は１人とは限らないの

であり，兄弟，姉妹による帰農が出てきている。彼の場合もその一例である（堀口2019）。

　兄はマーケティングが得意でその部門を担当し，彼は生産，組織化，に能力を発揮して，両親の経営を助ける形になってきた。家族員の従事者が多いことは，必要な時は全員で作業するが，通常は分業により，担当に対して責任を持ちながら仕事が続く。

　兄弟二人は，今まで両親が米蔵として使っていた土蔵を試験的に芋の貯蔵庫として使い，「紅はるか」を入れてみた。父もその技術はすでに知っていたが，実際に「紅はるか」が熟成し，若者向けの好適な味を持つものに変わっていたのに驚いたのである。そのため，従来の多品種農業経営からサツマイモ一本に集中し，それも商品登録をした「蔵出しベニーモ」の直販に集中することにした。焼き芋がスーパーの店頭でも売れ始める時代であり，しかも若者がしっとり感のある焼き芋を好んでいることも見抜いて，ほくほく感のある従来の芋から「蔵出しベニーモ」に生産と販売を絞ったのである。

　しかし健二さんが就農して1年経過した16年4月に熊本地震が起きる。大きな地震であり，中瀬家にも大きな被害をもたらした。何よりも大きい被害は両親が利用していた築150年の土蔵が崩れてしまったことである。家から少し離れてはいたが，ここを芋の貯蔵蔵として位置づけ，焼き芋用に熟成させる技術を踏まえ，利用し始めていた蔵である。

　両親は被害に茫然とした。が，若者二人はピンチをチャンスにと，この機会をとらえ家の近くに新規の貯蔵施設を設ける方向で動いたのである。キュアリング機能を持った最新の施設を目指し，150t貯蔵と大胆に大きな全自動空調施設にしたのである。これだと適温15度，湿度90％を維持でき，長期熟成で最高糖度40度，平均糖度30度以上という蔵出しベニーモを常時出荷できる体制になったのである

　この施設にしたのは，当時，すでに日本で最大規模の芋の輸出を誇る宮崎県の株式会社くしまアオイファームを訪問し，その仕組みを学んだからである。キュアリング機能は最新のものであり，これだけの貯蔵量であれば周年出荷が可能になる。そのためにも大きな施設にして，倉庫内のフォークリフト操作など，機械化に対応している。そのため，施工業者も宮崎の会社に依頼している。規模とし

ては県内でトップクラスになったと思われる。

　また資金枠の拡大や信用力確保のためもあって，急遽，16年7月法人化した。施設を設け経営を拡大するための，事前の対応である。個人経営の仕組みだと資金や補助金の枠は小さく，一方，法人であれば融資額等は大きい。こうして立ち上がった株式会社なかせ農園（現在は資本金1,999万円）は，1戸1法人として，当初は300万円に始まってその後1千万円に至る出資を持ち，融資を地銀や農協系から応援を受けて，開始したのである。

　新規の貯蔵施設は7千万の事業費がかかったが，資金手当てに工夫をした。金融機関からの借り入れとは別に，アグリシードファンドの支援を受け入れたのである。アグリシードファンドは，日本農業経営大学校で学んだことだが，見込みのある青年の経営に対して，議決権を要求しないという出資である。その最大額の999万円を得ることができた。厳しい審査ではあったが，これをクリアし，苦しい資金繰りに大きな潤滑油が入ったことになる。結果として出資額は1,999万円になった。

　アグリビジネス投資育成株式会社は法人に出資して，農業法人や農畜産物の加工・流通や農作業の受託法人を助け，財務基盤の安定化を通じ成長を支援する。アグリシードファンドは同会社の出資件数の中で大きな割合を占め，設立間もない農業法人を大きく助けている。

2）規模の変化と売上高の推移

　なかせ農園の売り上げの推移をみると，16年1,200万円，17年2,100万円，18年2,600万円，19年4,000万円，20年5,000万円，21年5,400万円と伸びてきている。

　16年の作付け規模は6haであったが，地震の被害が大きく，1,200万円の売り上げにとどまった。そして施設の建設等で力を取られ，また資金的にも苦しい年であった。

　これが17年でも，毎年0.5haを増やす目標を維持していて，面積も増え，また施設も稼働し始めたので，売上は一気に2,100万円にあがった。これは大きい。だが面積が増えたので，芋の選別機は健二氏が就農した時にはすでに入っていたが，他の機械化はまだまだ不足で，4人でもきりきり舞いだったのである。機械はあるにしても，オペレーターがいないのである

　18年はさらに借入面積が増えて7ha規模になり，パートを増やすか，規模を抑制するかどうか，という問題にぶつかった。家族規模と作付け規模の問題である。しかし幸に，前年に学校のインターンシップで来ていた青年が通年雇用で働いてくれることになった。これは大きい。機械を扱う人材に不足していたが，彼はフォークリフトもトラクターもこなし，貴重な戦力になってくれた。重量のある芋を機械で的確に処理する20歳代の人材を確保できたのである。

　彼は，最初の2年間はいわゆる年ごとの通年雇用であったが，3年目に法人として初めて正社員制度を設け，それを適用した。彼は20年時の正社員だが，続いて，パートで来ていた20歳代の女性も正社員になってくれた。これも大きい。大きな施設があるので，常時仕事があるから，正社員として必ず仕事に来てくれる人材は大事なのである。二人とも「農の雇用事業」を利用している。

　これ以外にも，なかせ農園では最大時10名以上のパートが働くが，これだけでは，仕事は回らない。というのは，直営の畑からだけではなく，他の農場から来る芋も処理する必要があり，経営者・家族員と並んで，常時，仕事を最後までやりきる正社員が必須なのである。

　さらに，なかせ農園は農福連携の趣旨を理解し，就労継続支援A型事業所に作業委託を出し，就労の場を提供している。この委託は，作業の内容が具体的で，しかもよく切り分けてあるので，障害者から見ても仕事はやりやすい。また任せる側から見ても，その仕事ぶりは大いに評価されるものであるという。4名の障害者が年間10か月程度，6名の障害者が年間6か月程度，作業に従事している。

　地域の周りの農家は，通年雇用の人は雇わず，近在のパートで対応している。それで何とか対応できているのは，通年の仕事が必要なほどの貯蔵量に至っていない事情による。

　最近はハローワークに雇用の募集を出しても，パートの応募者はいるにしても，通年雇用の人を確保するのが極めて難しいようである。応募者があるとしても高齢者のみで，体力の要る仕事にはなかなか向いていない。芋という重量のある農産物の処理に対応できる人材が少ない。

　幸い，なかせ農園は正社員として若手二人を確保でき，経営者家族の4人と合わせ，またパートや障碍者等の仕事も合わせて，19年4千万円，20年5千万円の売り上げを達成できている。これは大きな飛躍であり，借入金を返しながらも，

ようやく経営に黒字がもたらされている。今では9.3haの規模で総収穫量200 t を処理している。そのためさらに貯蔵能力を高めるべく，22年，50 t の新屋を建てて対応している。

　しかし今後，さらに正社員を必要としたときにどうなるか。健二氏の話では，最近は非農家出身の新規就農希望者が全体的に減る傾向だという。なぜなら新規就農のリスクが大きく，なかなか経営的に自立するのが難しいと思われているらしい。新規独立就農よりも，好きな農業について，彼らは「雇われて従事する」という考えが広まっているという。正社員であればボーナスも付くし，収入も安定化する。

　他方でこの地域では農地を取り合う傾向が強く，特に専業経営は自己の経営を拡大する方向にある。そのため通年雇用者への需要は，今後は，むしろ拡大するものと思われる。

　なかせ農園は17年にグローバルギャップの認証を取得し，収穫物のトレーサビリティもしっかりしている。直販の成果も上がっている。また青果販売が8割で加工向けは2割だが，今後は委託に出しながら，加工品の売り上げを増やす考えもあるようだ。こうした経営内容は地域にも知られ，人を募集した場合も，それが優位に働き，意欲のある人が引き続き確保できるものと思われる。

参考文献
堀口健治（2019）「熊本県大津町「蔵出しベニーモ」1戸1法人を兄弟で支える中瀬健二さん」堀口・堀部編著『就農への道』農文協，pp.51-52

第20章
長野県高冷地野菜地帯での外国人雇用の変化と工夫
―技能実習生と派遣の産地間移動特定技能外国人との混在―

軍司　聖詞・堀口　健治

第1節　B事業協同組合の外国人受け入れの経緯

　A村で戦後に軍用地等を開墾したB地区は，標高が避暑地として知られる軽井沢のそれを大きく超えて1,350〜1,400mの高さにあり，夏は涼しいが冬は厳寒で畑の作業はできないところである。ために長らく地域に向いた農業の選択に苦労したが，夏場の冷涼な気候を逆にメリットとして生かし，夏季に不足するレタスやキャベツ等の葉物大産地として高度成長期に大きく伸展する。首都圏に近く交通の良さも生かせる。そして家族経営に雇用者を入れることで畑の作付け面積や作付け回数を増やすことで，売上高の大きい経営が展開することになった。

　筆者も，ゼミ指導の学生の実習先として，1970年代末から80年代，毎年訪問していた。そこでは格好の学生アルバイト先として多くの若者が夏季働いていた。しかし面積が広く，重量野菜の腰を曲げての収穫が長く続くため，学生のアルバイト先として90年代ではすでに歓迎されず，以降は春から秋にかけて雇用される男性の農業専門季節労働者に代わることになる。しかし早春の蒔き付け作業から仕事が早くも始まり，レタス等の収穫が10月末までに何回も来るという，ハードな仕事が長期に続くので，収入は大きいものの専門労働者として働きに来る日本人も減少することになる。

　そのため，80年代後半には中国人研修生を迎える取り組みが始まり，外国人を受け入れる動きが急速に広まることになる。開拓農家が結集していたB開拓農協はA村合併農協に組み込まれる中で，外国人を正規に受け入れる仕組みが広く適用され，研修の形で外国人雇用受け入れが先行していたB地区にも技能実習生が導入される。この実習生による農作業支援は地域で広く定着し，ほとんどの専業農家では，家族員に加えて，人を雇用する場合は外国人に全面的に依存する仕組みが継続することになる。農家当たり2〜3人の外国人だが，これによる作付け

規模の拡大・売り上げの増加は，多くの農家に後継者を確保させている。このように雇用者はいるが，家族経営のスタイルを維持しているものが多く，さらに雇用を大きく増やし法人化する事例は少ない。大型家族経営の範疇にとどまるものが多いといえよう。

　数字としては，05年合併農協下の旧開拓農協にあたるB支所に，24名の実習生が12戸の農家に雇用されていたことがわかる。春から10月末ないし11月初めまでの8か月間働く男性の実習生（ビザは技能実習1号）で，翌年は新たな実習生がくることになる。

　その後，急速に実習生を受け入れる農家が増え（06年42名・21戸，07年58名・30戸，08年66名・34戸，09年86名・38戸，10年87名・38戸），合併農協の下で同地区は11年94名・42戸に拡大している。11年には合併農協下の事業協同組合を離れ，B地区のみでB事業協同組合を作り，独自の外国人受け入れ活動を続けることになる。というのはB地区は2005年からフィリピンの実習生を受け入れ，合併農協のそれとは異なるフィリピンの送り出し機関と契約していたためであり，さらに12年からは受け入れ監理団体として広島のS事業協同組合を活用して今に至っている。B事業協同組合を設立した代表理事の故M氏が探し出したフィリピンのI財団との縁を尊重し，また受入農家もフィリピンの若者の性格をよく理解して受け入れているので，今も継続している。フィリピンの送り出し団体が有する，日本に実習生を送り出す前の語学研修等のための合宿施設もその利用を応援し，密接な関係を維持している。なおフィリピンは，GDPに占める海外就労の所得の重要さを受け，良好な雇用関係の継続保持のために，受け入れ国側により多くの負担を求める独自の仕組みを持っている（堀口2017）。

　12年は94名・44戸，13年107名・46戸，14年119名・52戸，15年137名・63戸，16年137名・64戸，そして17年は148名の実習生を68戸が受け入れている。18年は145名・67戸だが，その後は，次節で説明を加えるが，仕組みが大きく変わり始め，外国人への依存の仕方が今までの単線型から複線型に移っていくことになる。

　なお外国人を入れずに家族のみの専業農家もB地区にはおり，また他の監理団体経由の外国人を受け入れる農家も少数だがいる。農家数が減少する傾向を受けて外国人を受け入れる農家も減少してきているが，基本的にB事業協同組合（19年44戸の組合員数で内訳は耕種37戸，酪農の畜産7戸）に加わっているものの，

他地区から加わっている農家（耕種11戸，酪農 4 戸）を除くと，今では地域の農家70戸の 4 割を占める状況になっている。

第 2 節　秋帰国の 8 か月 1 号実習生タイプのみから 2 号移行で 3 年働く実習生タイプの出現

　複線型というのは，長らく続いてきた 8 か月滞在の 1 号実習生依存の仕組みだけではなく，新たな動きが出てきたことを指す。春に来て冬の前に帰国する・農作業に必要な期間の 8 か月のみ働くフィリピン実習生は 1 号のみしか認められず，2，3 年目も継続して働く 2 号への移行は，制度上，認められていない。他方，雇う農家の側からいうと，毎年，来る実習生が変わり説明を繰り返す手間がかかるが，必要な期間のみの賃金を払う形式なので，その仕組みをメリットとして受け止めていた。

　しかしこれを変えて，他の温暖地域と同じように，当初から 3 年間の雇用契約（1，2 号の実習生）を結び，冬の仕事を確保し通年継続して働いてもらう方が，双方ともにメリットがあるという考え方が経営者から出てきた。導入の直接の契機は，00年代後半に発生した周辺地域での不法滞在者の雇用や深夜労働への賃金不払いといった入管による摘発等がある。合併農協下の事業協同組合に対する外国人受け入れ資格の停止もあり，すでに独立していた B 事業協同組合は対象にならないが，コンプライアンスは一層求められることになる。またフィリピン大使館の慎重な審査もあり，この時期，3 月の入国・4 月からの作業に間に合わない事例が結構起きるようになった。そのため，リスクを回避するには，年間の仕事を確保して 2・3 年目も継続して働ける 2 号実習生の方がよいとする考えが，10年代半ばころに出てきたのである。特に規模の大きい経営体はその方向を模索した（軍司2017）。

　雇用主からいえば，複数年の雇用なので，彼らは日本語を含め熟練を獲得できるし，3 年目の実習生は 1 年目の新人の指導を経営者に代わってできる。問題は冬の仕事の確保である。多いのが，隣県の山梨県に農地を確保し畑作を自営する例であり，埼玉県等に経営者と同行して農業請負の仕事などをする事例もある。実習生の実習実施計画書にそれを載せておけば認められる。実習生も 3 年間の仕事で獲得する賃金総額は大きく，また比政府の海外労働関係の部署もそれを望む

姿勢なので，希望する実習生は増えてきた。なお冬の仕事は利益を生む仕事では
ないが，実習生を安定的に確保するための仕組みとして経営者は受け止めている。

　21年時点で村に在籍する実習生の中で，実習実施計画書から冬の仕事が確認で
きるのは，埼玉や山梨にある農地で作業する内容があるのは26名，請負で冬の作
業をするのが27名，地元のA村で作業をするのが10名おり，計63名になる。彼ら
は3年間の契約なので，20年，21年，コロナで実習生の出入国が認められていな
い期間では安定した重要な労働力になったことを強調しておきたい。3年目がそ
の期間内に切れた実習生も，4，5年生として継続して働ける3号実習生にもな
れるし，3年を良好に終了した実習生は特定技能1号に在留資格を切り替え，さ
らに5年間の就労資格も得られる。出入国ができない状況下では，彼らの同意を
得て，継続して働いてもらうことになったのである。

　S事業協同組合の資料によると，B事業協同組合に所属する農家に毎年受け入
れられていた技能実習生の数の推移は，受け入れ監理の仕事を始めた12年が85名
（畑作・野菜84，酪農1），13年88名（85，3），14年101名（93，8），15年113名
（109，4），16年128名（120，8），17年131名（122，9），18年117名（116，1），
19年117名（113，4），20年61名（59，2）となっている。いずれも新規に来日
した実習生の数のみであり，帰国せず継続して働くという，増え始めた2号の実
習生の数はこれには含まれていない。なお酪農は当初から通年雇用なので，頭数
の規模拡大で新規に受け入れた実習生の増加がある。

　なお第1節で述べている実習生受け入れ数は2号を含んだものであり，毎年新
規に受け入れた上記の実習生数を上回るのは，00年前半は酪農関係による2号分
がその差を説明する。その後は，畑作・野菜の農家での2号の実習生数が加わる
ので，差が大きくなっている。

　そして20年は61名の激減になった。コロナによる4月以降の入国禁止によるも
のであり，この61名は3月までに入国できたものの数である。なお秋以降に認め
られた，2週間のホテル隔離費用を負担しての入国は，この地域では酪農を除け
ばほぼないであろう。そして21年は入国が全く認められなかったのでゼロ名であ
る。

第3節　さらに加わった・必要な期間だけ働く特定技能1号派遣外国人

　上記に新しいタイプが加わる。19年から認められた特定技能1号の外国人であり，彼らを雇用した派遣会社による産地間移動労働者である。特定技能外国人の仕組みで，直接雇用ではなく派遣が認められたのは農業と漁業だが，農業でいえば例えばB地区で8か月働き，冬は温暖な西日本で働くという，産地間移動農業労働者の形態である。なお派遣会社は彼らを通年雇用し，異なる地域の農業経営者と派遣契約を結ぶことになる。この分野でビジネスを広げているシェアグリ社は，派遣単価を全国一律の時間当たり1,350円に設定して，給与も同じなので指示された場所で働く同意を特定技能外国人から得ている。

　特定技能1号外国人は，技能実習を3年良好に経過していれば，在留資格が認められ通算5年間働ける制度である。また技能と日本語の試験を日本や海外で受験し，耕種ないし畜産別でパスしても，同じく特定技能1号外国人として働ける。現時点では技能実習を経由して特定技能の資格を取る外国人が圧倒的に多く，技能実習で雇用された経営にそのまま継続雇用され，昇給・昇格する人が多い。しかしそうした傾向の中で，技能実習生と異なり特定技能では転職が認められているので，派遣会社は有利な条件を提示し自社に誘うことになる。だがコロナ禍で外国人が入国できない中，すでに日本にいる外国人を取り合う状況なので，人を集めるのは大変なようである。しかし8か月雇用に依存していたB地区の農家にとって，この時期だけの派遣労働者が毎年来てくれるなら，派遣単価は高いとしても冬の時期を負担しなくても済むし，また派遣なので実習生のような記録管理や賃金管理の作業をしなくて済むので，そのメリットを認識するようになった。入国がむつかしいコロナ禍のもとでの新しい選択肢である。

第4節　タイプ別にみた農家のコロナ対応

　こうした選択肢があるなかで，B地区で外国人を雇用する農家はどのような対応をしているか，検討したい。

　なおコロナで多くの日本人が失職・休職する中，農業にもそうした日本人が応募し，外国人の代わりに働いてくれることを報道する例が20年の春頃には多かった。例えば軽井沢周辺の旅館業者で組織される旅館組合と近在の農協が協定を結

び，仕事を失った旅館ホテル関係のスタッフが農業に雇用された事例である。結果として長続きした日本人は少ない。秋まで仕事が続いたのは，海外青年協力隊で農業指導を予定していた人たちが海外に行くまでの間，働き続け，秋に町から感謝状をもらっている例が報道されるくらいである。

　そのため，外国人に依存してきた高冷地野菜地帯は，外国人を求めることになる。日本人も並行して募集し，通年ないし臨時で働いてくれる人も見られるが，少数である。主として，コロナ禍で仕事を失った技能実習生を募集したり，外国人を斡旋する人材紹介業者に依頼するなど，急いで探すことになる。非農業の技能実習生だが，失職した場合，特定活動ビザで一定期間，農業に従事することが認められているので，これらが多く紹介されてくることになる。

　以下は，21年2月下旬に回答を求めたB事業協同組合員への雇用外国人の対応に関わるアンケート結果である。特徴だけを述べよう。24戸から回答が寄せられ，うち不十分な回答の2戸を除いた22戸の集計である。ほぼ組合員の半数が回答を寄せてくれたことになる。

　回答は雇用外国人への対応で3つのタイプに分けられる。

　Ⅰグループ（畑作4戸，酪農2戸の計6戸）は以前から3年雇用の実習生を受け入れており，入国出来た20年3月の3年雇用実習生がこれに加わった。入国が1月から認められていない21年は，それまでに雇用されている現在の3年雇用の実習生に依頼し，滞日を伸ばすことで対応できるとしていた。

　Ⅱグループ（畑作5戸，酪農1戸の計6戸）は，3年および8か月の実習生が20年3月までに入国できたが，その数がⅠグループに比して少なく，そのため21年にも3年や8か月の実習生の3月までの入国を多く期待していた。20年には新たな仕組みである派遣の特定技能外国人も期待していた農家も結構いた。だが入国できないので，今いる実習生に継続を要請し，帰国しないで働いてくれることを頼むことになった。

　Ⅲグループ（畑作8戸）は予定していた8か月の実習生が20年4月以降の来日になっていたため全く入国できず，20年度の労働力手当てに大変に苦労した農家である。また派遣の特定技能外国人も期待していたが，あまり確保できなかった。そして21年も同じく8か月の入国，派遣の特定技能を期待していた。だが21年も入国が認められていないので，人手の対応では前年以上に大変な苦労をした。

説明しよう。

Ⅰグループの酪農家はもともと3年雇用だし，20年終わりまでに3年目が終了する人がいても，帰国できないから実習生3号ないし特定技能になってもらい，仕事をしてもらった。同じく21年も同様の手法で切り抜けられた。畑作農家も比較的規模が大きく3年雇用の数が戸当り3〜4名，20年3月までに入国できたものも含め，十分な数がいるので，21年の新規入国に期待する必要はなかった。なお3年終了の技能実習生は，傾向としては3号実習よりも特定技能に切り替えるものが多いようである。実習生としては長期5年の方を選び，経営者も，特定技能も耕種か畜産に分かれるが，認められる仕事の範囲が広がり採用の上限枠がないので特定技能を勧めていると思われる。

Ⅱグループはこれに反し，3年雇用の実習生数が比較的少ないが，3月入国に間に合った8か月実習生が結構いたので，20年は乗り切れた。しかし20年の秋にこれらの8か月実習生は多く帰国したので，21年のために8か月の実習生の希望を多く出していた。また派遣の特定技能もあわせて希望していた。しかし21年は全く入国が認められないので，3年雇用の実習生に滞日の延長を依頼していたが十分な数ではない。ためにすでに日本に滞在する外国人を多く求めることになった。

Ⅲグループは，経営規模7〜8haを下回る中規模以下の農家が多く，また今も8か月希望の農家が多い。だが20年3月までに入国できなかったので，人の手当てで最も苦労した農家群である。派遣の特定技能も希望したものの，申し出が遅かったこともあり，特定技能外国人ではなく，非農業出身の特定活動ビザの技能実習生がくることになってしまった。あるいは人材紹介業者から就労資格のある外国人だとの弁で雇用したが，作業が終了し給料も払い終わった後に，傷害事件を契機に，雇用した外国人がいずれも違法滞在者だと判明した事件が周辺地域にあった（ホアンアン事件）。作業はすでに終わっていたが，知らずに雇用してしまった人が多い。21年も，来日出来ないので国内で求めたが，非農業の実習生が特定活動として多く来てしまい，作業の効率は低かった。新たに人を求めるものの，期待できるほどの外国人を確保できないままに時間が過ぎていったのである。

派遣の特定技能外国人は実際にB地区の農家で雇用されたのは，20年に一部あ

るようだが，B事業協同組合が把握している限りでは，派遣会社は約束した数ほどには特定技能外国人を集めることができず，21年春を過ぎた時点で10 ～ 15名程度のようであった。派遣会社を経由した，そうした人数は，実習生がもともと入っている農家で12名（ベトナム４，フィリピン８），実習生を雇用していない農家で20名（ベトナム16，フィリピン３，インドネシア１），計32名（農家数で15 ～ 16戸）である。この中で派遣の特定技能外国人に該当するのが10 ～ 15名ということであり，残りは特定活動の外国人のようである。この他に人材紹介会社経由の３農家・５名もあるが，これらも特定活動ビザのようである。

　しかし派遣の特定技能外国人の能力を高く評価し，22年に向けて数を増やし依頼したいとする農家もいる。来てくれた特定技能外国人は３年間農業の技能実習を経ているので作業も早く，コミュニケーションもよくとれるので，ぜひ次年度も受け入れたいと希望しているのである。しかし確実に派遣の特定技能がくるわけでもないようなので，大勢としては，技能実習生の方を評価する人が多いようである。また今までフィリピン人に慣れているので，ベトナムが主の派遣外国人は好まない農家もいるようである。

　しかし22年の派遣についてB組合による意向確認では，未契約の段階（2021年９月末）では，実習生がいる農家でフィリピン20名，実習生がいない農家でベトナム13名，フィリピン４名，総計37名（農家数で15 ～ 16戸）なので，数の上では前年の受入実績（特定活動の外国人を含む）のそれとほぼ同じである。

　21年９月時点での，S事業協同組合経由の22年フィリピンからのB組合員受け入れ希望者数は，１号（３年契約の１年目）が41名（すぐに入国希望するものが21，22年１月入国希望７，同年３月半ば希望13）と最も多い。なお「すぐに入国希望」とは，入国が今後も不安定だろうから，可能なときに農作業の時期と関係なくいつでも入国させてほしいという意味である。通常は３月半ばの入国なのに，費用を負担しても早く確保したいのである。次いで従来型の１号・８か月希望はわずか７名で22年３月入国を希望している。次にすでに２号を終え帰国した人を３号として受け入れるのは，「すぐに入国」と22年１月入国のそれぞれで２名ずつの計４名，そして特定技能（派遣ではなく直接雇用であり実習生を終えたもの）としての受け入れが「すぐに入国」で４名いる。総計56名（24 ～ 25戸）が数字として挙がっている。

第5節 22年5月の時点での状況

外国人入国の「水際対策（技能実習生や就労そして留学生の入国を認めない）」が3月以降緩和され，技能実習生が順次入国できるとしても，春の作業に間に合うか心配であった。技能実習生をすでに雇用していて3号なり特定技能1号の外国人を保有している農家はギリギリ現状維持が可能かもしれないが，新たに実習生を受け入れるところはどうか，心配されたが，4月から5月下旬にかけて43名（25戸）が入国できた。内訳は3年予定の1年目実習生が38名，3号の実習生4名，特定技能1名なので，多くの農家は3年雇用に期待をかけたことになる。8か月を皆あきらめたのは，もし入国が夏以降になると丸8か月の雇用になるので，冬の仕事づくりが難しい。

43名は，例年からいえば遅いが，なんとか対応できたという感じである。しかし8から10名のグループでバラバラに入国したので，研修日程も複雑になり関係者は苦労をしている。またこの間はいつ入国が再開されるか不明だったので，どの仕組みで雇用するか，申し込みの選択に迷うことになった。今までフィリピンで待ってもらっていた技能実習生をあきらめたところもあり，ためにキャンセル料を払ったところもあった。いろいろ混乱したのである。

今回の入国とすでに働いている人を含め，外国人は計129名となり，ともあれ44戸の家族労働力とともに規模の大きい産地を維持できる見通しとなった。

参考文献

軍司聖詞（2018）「寒冷地における外国人技能実習生受入れの現況と受入遅延リスクへの―長野県A村C事業協同組合のフィリピン人実習生斡旋事例」『農業経営研究』54（4），pp.36-41

堀口健治（2017）「政府の規制強化が効果を上げるフィリピン」堀口編『日本の労働市場開放の現況と課題』筑波書房2017年，pp.191-203

第21章
家族経営の規模拡大を支えてきた外国人労働力

堀口　健治・軍司　聖詞

第1節　水田経営と野菜作経営の大規模化による農地の増加と大規模経営が集積する八千代町

　八千代町は茨城県で経営面積の大きい経営体が層をなして存在する地域として知られている。

　経営体全体に占める3ha以上層の割合を農林業センサスで見ると，県全体と八千代町では，2005年センサスで県8％（実数で7,015），八千代町14％（214），10年センサスは県11％（7,785），八千代町19％（240），15年センサス県13％（7,816），八千代町25％（297），のように，いずれも3ha以上層の割合が大きいし，また経営体数も増えてきた。そして八千代町の3ha以上層は，県の平均を大きく上回って割合は大きく，また増加率も高い。20年は，県16％（7,209），八千代町32％（279）と，実数はともに減少しているが，八千代町のシェアは大きく，3ha以上層は町の農業経営体の3分の1を占めるに至っている。

　そして町の認定農業者を経営耕地規模別・経営部門別農家数に13年10月末でみると（表は略），大規模な経営は，水稲を主とした普通作（稲作と水田での麦・大豆作を主に経営）と施設を含めた野菜作（露地だけの野菜作と露地・施設の野菜作の両方を含む）の2種類で展開していることがわかる（堀口2015）。

　少ない畜産農家17戸を加えて町の認定農業者の総数は260戸になり，町の販売農家数1,290戸（10年センサス）の2割を占める。なお法人は野菜（露地）6戸，野菜（露地・施設）2戸，畜産の1戸と少なく，大半が非法人の販売農家であった。なおこの他に合併農協のJA常総ひかりが出資する農業生産法人・（株）ひかりファーム常総があり，作業受託組織として大規模農家が引き受けない分野を引き受けていた。そして20年センサスでも法人化は15経営体のみであり，大半が今も個人経営体である。

　そして13年時の認定農業者でみると，普通作の大規模経営が10haから100ha以上と広く分散するのに対して，野菜作は10～20ha層に集中し狭く分散していて，施設を持つ露地野菜作はその規模が上限のように見える。水田を主たる対象農地とする普通作経営と畑を主たる対象農地とする野菜作経営とは，同じ八千代町内で異なるタイプの大規模経営として併存している。

　農業経営体でみると，１経営体当たりの経営耕地面積は，県のそれが05年センサスで147ａ（販売農家は１戸当たり145ａ），10年センサスは174ａ（販売農家165ａ）であるのに対して，八千代町はそれぞれ230ａ（202ａ），295ａ（256ａ）と平均１戸当たり面積で県のそれを大きく上回る。大規模農家が集積しているからである。

　そして八千代町の自給的農家は05年センサスで535戸・103haに対して10年センサスでは552戸・102haと，戸数は増えるものの面積は横ばいであるのに対して，販売農家はそれぞれ1,501戸・3,034haから1,290戸・3,308haと，戸数は14％の減だが面積は９％も増加している。この面積増加は町外への出作で説明できる。

　この点を農業経営体の経営耕地面積を地目別でみておこう。05年農業センサスでは3,474ha，その内，田は1,704haで，稲を作った田1,180ha，稲以外の作物だけを作った田465ha，何も作らなかった田59haである。普通畑は1,645haである。これが10年センサスでは3,808ha，内訳はそれぞれ田が1,852ha，うち稲を作った1,101ha，稲以外623ha，他127haである。そして普通畑1,846haであり，この５年間に田では148ha（なお稲を作った田のみ79ha減少している），普通畑では201ha増加している。すなわち普通作（麦・大豆を栽培する田の増加）でも野菜作（普通畑の増加）でも，周辺地域に借地で進出することにより，八千代町の農家の経営耕地の増大が起きているのである。この進出による経営耕地拡大は，農業センサスによると町の農業経営体すべての経営耕地面積合計が90年3,061ha，95年3,050ha，00年3,254ha（なお00年センサスまでは自給的農家を含む総農家の耕地面積）なので，90年代後半から始まって今に続く特徴といえよう。ただし15年は3,439ha（田1,320ha，畑2,060ha），20年3,417ha（田1,165ha，畑2,213ha）と減少基調にあり，それまでを上回る拡大はなくなったとみてよい。拡大先は町内での離農が主になっており，規模は現状維持が主力になっている。

　八千代町は，町内の地目別別耕地面積はほぼ田と畑が半々であるが，地域的に

はかなり分かれて分布している。田は中結城と川西を主に，畑は安静を主に中結城，下結城そして西豊田に多く，普通作農家と野菜作農家もその多くがそのように分かれた地域にあるが，農地の拡大の結果，トレーラーに作業機を載せ隣接市町に向かうことがいずれも多くなっている。八千代町の属地調査の耕地面積調査（11年）は田1,830ha，畑1,830haとなっている。農業センサスによると10年の属人調査の農業経営体の耕地面積は田が1,852ha，畑1,892haといずれも農業センサス結果が耕地面積調査結果を上回っている。

　なお10年センサスによると農業経営体の総耕地面積は3,808ha，販売農家のそれは3,308haなので，その差が500haもある。しかし畑ではこの差はほとんど無く，田で490ha，そのうち稲以外の作物だけを作った田で350haの差があり，あとは稲で80ha，何も作らなかった田で60haの差がある。ということは転作作物を主に引き受けている販売農家ではない経営体がこの差を担っていると推測され，先に述べた（株）ひかりファーム常総による受託なり借り入れがそれにあたるとみられる。

第2節　大規模な普通作経営と野菜作経営の特徴

　水田利用は06年産作況調査によると，水稲1,220ha，転作は小麦251ha，六条大麦205ha，大豆223haが主であり，稲1作と麦－大豆の2毛作が八千代町では主のようである。家族以外に人を雇用し，複数の大型機械の同時進行で対応するのが，普通作での大規模経営のやり方である。

　畑では同じく06年作況調査によれば，主力の野菜，白菜は853ha（12年調査だと秋冬白菜658ha，春白菜211haの合計869haに増加），キャベツは199ha，レタスは195ha，そしてメロンが323haとなっていて，これだけで1,570haになる。この他の作物も取り入れ，2毛作やメロン栽培を野菜の大規模経営は行っているが，こうした栽培のため，普通作に比べて機械化が困難な集約的労働を，多数の外国人技能実習生を雇うことで乗り切っている。1戸当たり複数の技能実習生を受け入れることで，野菜作農家は，普通作農家と並び，規模を拡大して来たもう一つのタイプの大型経営になっている。

　この点を**表21-1**でみておこう。「認定農業者の会」の協力により13年に行われた認定農業者へのアンケート調査結果の一部である（軍司・堀口2014）。261戸へ

表 21-1　茨城県八千代町の普通作経営と
野菜作経営の面積および従事者数の平均値

項　　目	単位	平均値
普通作農家の経営面積	a	1310.4
野菜作農家の経営面積	a	599.0
普通作農家の町外借入面積	a	114.3
野菜作農家の町外借入面積	a	183.3
普通作農家の農業従事家族数	人	2.8
野菜作農家の農業従事家族数	人	2.7
普通作農家の常雇人数	人	0.9
野菜作農家の常雇人数	人	2.7
普通作農家の外国人技能実習生人数	人	0.5
野菜作農家の外国人技能実習生人数	人	2.4

注：普通作経営と野菜作経営の平均値であり，それぞれの
　　経営面積，その内の町外借入面積，そして農業従事の
　　家族員数と常雇数，さらに常雇数に占める技能実習生の
　　数を示した。

の配布で，回収率52％，有効回答率49％である。表は普通作経営と野菜作経営の平均値の数字を示している。普通作経営は平均経営面積が13haと野菜作の2倍強だが，野菜作ほどには町外からの借り入れ面積の割合は大きくはない（野菜作は経営面積の3割が町外だが普通作は1割以下）。町内の水田に大きく依存しているのである。そして大型機械が使える普通作は，面積に対して少ない人数でまかなわれていることが明瞭である。それも日本人を雇用しての対応である。夫婦と後継者という構成が代表的だが，家族員の農業従事者数は2.8人で，野菜作の2.7人とほぼ同じだが，常雇い人数は，普通作が0.9人と野菜作の2.7人より少ない。

　また常雇いのうちの技能実習生の数も，野菜作で2.4人と常雇い人数の大半を占める。野菜作は家族と外国人の技能実習生とで担われていることが明瞭である。

　一方，普通作は野菜作より少ない常雇いに依存しているが，耕うんや刈り取りには多くの農業機械を同時に使用するので，家族員数で不足する場合，運転免許証を持ち機械を扱える日本人雇用者が必要だという。技能実習生には，ほ場内での機械操作を依頼することはあるが，事故を考えて道路での運転はとめているからである。そのため大規模経営は，負担は技能実習生（賃金以外の費用も含めて年間1人で200万円前後の負担）と比べてかなり高くかかるが，日本人（年間1人当たり300～400万円の負担）を雇用している。ただし普通作経営も平均でみると日本人常雇と技能実習生とで半々になっている。普通作にあたる職種は技能実習生の受け入れ対象外だが，補完的に導入した長ネギや，さらには施設内の仕

事や関連作業は可能なので，不足を補う補完的な労働力として普通作の場合でも技能実習生は一部で雇われている。

第3節　借入地の増加と技能実習生増加との同時進行

畑作での大規模化の進展は，一つには隣接市町村での畑地における芝の植え付けへの貸付け普及とバブル経済の破たんで需要減による芝の縮小が契機であること，もう一つは家族労働力に技能実習生という外国人労働力が加わり規模拡大の担い手が確保できたことである。

芝への貸し出しを契機に周辺市町村での畑地所有者は農地貸付け者に変身しており，芝業者が畑地を返還して以降は新たな借り手を探していた。ここに，もともと白菜の作付けを伸ばし市町村別で全国1位の生産量を持つ八千代町の生産者が現れ，町内の畑地利用からさらに拡大のために隣接市町村に出作することをいとわないことに結びついたのである。

八千代町は秋冬白菜と春白菜の1年2作で，10月下旬から6月中旬まで出荷できている。これに加え，ハウスやトンネル栽培によるメロンも，県内で大きな産地になるほどの作付なので，白菜の時期以外でも農業の仕事がある。そのため年間雇用契約ができる技能実習生制度は，雇用主・被雇用者，双方にとってこのましい。

技能実習生を農業で雇用できる職種・作業は，畜産を除けば，耕種農業の二つの作業である畑作・野菜，施設園芸となっているが，この条件に茨城県は該当しており，特に八千代町はそうした条件によく当てはまっているので，10年代前半で町内だけで600人近い技能実習生が農業で雇用されていると推測されている。畑作が主の同町の認定農業者はそれぞれ1戸平均で3人弱の技能実習生を雇用しており，これが畑地の作付拡大を労働力として支えているのである。

前述した，町内の認定農業者全員を対象に13年に行ったアンケート調査の結果はそうした状況を確認することになる。調査結果によると，技能実習生を受け入れている農家（アンケート調査は普通作農家や果樹農家等も対象だが，回答農家の75％が実習生を受け入れており，野菜作農家の大半がこれに該当する）で，最初に受け入れた農家の年次は89年で，その後98年までの間に受け入れ農家の3割の農家が受け入れている。03年までには6割の農家に実習生が雇われており，さ

らに08年までに9割弱の農家に入っている。結果として，受け入れ農家には平均3人の技能実習生が働いている13年当時の状況になっているのである。

　それまでは，家族労働力のみでは労働力が不足する農家は，日本人常雇いやパートタイマーを雇用し，中には違法滞在の外国人を雇用した例もあったようだが，これらの労働力が80〜90年代にかけて不足し始めた。特に年間雇用の労働者を得ることが極めて難しくなっており，一方，規模拡大による野菜作の拡大は継続した出荷のために周年確実に働いてくれる雇用労働力を必要としていた。この状況下で技能実習生の雇用が一部で始まり，農協も受け入れ監理団体として積極的にあっせん・紹介を始めたので，この制度が定着したのである。

　パートタイマー等の労働者が技能実習生に置き換わり，農家の規模拡大，特に町外への借り入れ拡大と軌を一にしていることが戸別調査で明らかにされている。安藤（2014）では03年時と13年時との，同じ8戸の農家の経営の変化を追いながら上記のことを実証している。

　なお同じような面積の規模拡大を，同一時期にしている普通作経営は，大型機械による効率的な作業で対応しており，これへの雇用は日本人の常雇で乗り切ろうとした。必要人数が，労働集約的な野菜作経営と比べ少ないこともあり，野菜作経営と人をめぐって取り合うことはあまりなかったようである。しかし日本人常雇の労働者をどう見つけるか，人材紹介業を含め，ルート探しが大変である。

　これらの状況が直近ではどうなっているか，確認しておこう。コロナ禍は，外国人を受け入れている他の産地と同様に，すでに来日し働いている技能実習生に，日本にとどまって長く働くことを要請し，それで乗り切っている。町の資料によると21年12月1日現在の町内で働く外国人労働力の構成は，技能実習生1号ロ（ロとは団体管理型の意）79人，同2号ロ461人，同3号ロ81人，技能実習計621人，特定活動162人，特定技能1号67人で総計850人であった。これに対して22年5月1日現在では，実習生は，42，393，109，合計544人と，1，2号が減少している。入国が限られていた1号は少なく，2号の数はこの間3号や特定技能1号（158人）に移った分，減少したのである。特定活動は160人とあまり変わりなく，特定技能1号は急増した。合計は862人なのでほぼ横ばいであり，構成が変わっただけなのである。なお八千代町の外国人は大半が農業従事で，関係者はほぼ862人のうち農業従事は600〜700人と推計している。受け入れ監理をしている地元の合

併農協では，八千代町では彼らは38戸・132名を22年初頭では監理しており，1戸平均3.4人である。なおそれ以外の農家は民間の受け入れ監理団体を利用し，県内，県外，いろいろな監理団体に入っている。なお町の担当課としては，認定農業者で野菜農家は208戸，この中には外国人を受け入れていない農家もあり，他方で，外国人を受け入れている普通作や畜産農家もいるので，およそ200戸が600～700人の外国人を現在受け入れているとみている。

　農林業センサスの常雇を持つ戸数・常雇人数を八千代町でみると，10年センサスで189経営体・525人，15年センサス282経営体・830人，20年センサス209経営体・903人となっている。20年センサスの常雇の数字は低めに出ていると本書第1章で指摘したが，10年代前半で農業は600人位の外国人を雇用しているとみられ，現在はそれを上回る700人に近い人が働いており，これ以外に日本人常雇が200人以上が雇われていると見られる。

　このように野菜農家の1戸当り3人強の外国人が家族の農業従事の3人を支える仕組みは，基本的に今も同じ仕組みとして継続している。こうした仕組みの下で，八千代町は後継者を確保している農家が多いところである。49歳以下の基幹的農業従事者が同従事者の21％と八千代町では高く，県全体の11％の2倍であり，後継者が多く含まれている（2020年農業センサス）。

第4節　農家事例に見る経営の変化

1）野菜経営のI氏（10年までの状況）

　I氏の経営は個人経営であり，八千代町の典型的な露地野菜兼ハウス農家で，09年では経営者夫婦2人の農業従事に技能実習生を5人雇用している。そして白菜，キャベツ，施設からのピーマン等の出荷で年1億円の売り上げを維持している。

　実習生を導入したのは98年であり最初は2人であった。当時は5ha弱の畑面積で，募集してもなかなか集まらないパートタイマーから，敷地内のアパートに居住し計画通りに仕事をこなしてくれる，年間雇用の実習生に漸次移行していったのである。最初は県の最低賃金で契約し，日本人の労働者と残業代や休日出勤手当，年休等，すべて同じである。送り出し団体や日本の受け入れ監理団体の費用，往復の飛行機代などを負担し，最低賃金に残業手当を含めて年間150～160

万円の賃金に，それらの諸費用が乗って，実習生一人当たり計200万円前後が農家の負担になると述べている。

　だが，日本人の常雇いを年間雇用で来てもらうには1人300〜400万円は必要になるので，雇用する側としてこの200万円は助かる。一方，アパートの家賃や光熱費は実習生が払い，食費は自分で賄うのだが，多くの実習生は年に100万円前後を貯金するか本国に送金できるので，当時では，中国からの実習生にとって中国の国内出稼ぎの数倍のメリットがある。さらに健康保険もあるので安心だという（なお，最近の円安と中国内での賃金上昇でこの格差は縮小している）。

　09年調査の時点では実習生が4人に増えており，新しく増えた町外の2haの借入地に対応できるようになっていた。露地の白菜，キャベツ，ハウスのメロンを主に年間7,000万円の売り上げである。8ha（内自作地が2ha）の白菜とキャベツの組み合わせは多くが契約栽培であり，契約通りの毎日の確実な出荷は実習生がいるからこそ可能であり，計画的に作業が出来ていることをI農家の経営者は評価していた。

　だがハウスの面積は60aと大きく，しかもメロンは規格選別が厳しいので実習生には一切任せず，すべて家族労働力の2人だけでこなしてきていたが，これがきつくなってきた。実習生は栽培管理や収穫は可能で，選別前にメロンを室内に並べることまではするが，そのあとの選別・箱詰めは家族のみで行う。経験のある滞在可能な最後の年の3年目の実習生にも任せない。実習生はもっぱらメロンを並べ段ボールの箱作りをするだけである。

　実習生をその後5人に増やしているが，ハウスではメロンを10年にやめて，全面的にピーマンに切り替えた。ピーマンだと出荷がコンテナのために農家段階で選別する必要がなく，家族がメロンのような選別にかかりきりになることが避けられるからであった。

　借地は町外で増えているが，この経営の特徴は，すべて知り合いの肥料商の斡旋に依存している。芝の跡地を紹介してくれるものであるが，水田・普通作農家の借地がすべて町内の農業委員会や農協等の従来型の斡旋や個人的な紹介で行われているのとは，大きな違いである。

　なお現時点の経営は，上記と比べ一層の拡大はなく，従来の規模を維持しているようである。

2）野菜経営のF氏（22年の直近の状況）

　労働力構成は，父母（22年でともに70歳）と経営権をすでに譲られている長男夫婦（40歳前半）の家族４人，そしてインドネシア・バリ島からの外国人５名の労働力である。近く１名がバリ島からさらに加わり計10人になる。町内の野菜作としては規模が大きい。18年の時点では中国人の技能実習生が４名いたが，その後，受け入れ監理団体の地元農協がインドネシアに送り先を変更したので，それに従い，順次入れ替えてきて，21年に最後の中国人が帰国した。彼らは３年間の技能実習生だった。インドネシアはすでに最初の人が４年目で特定技能１号になっており，他は技能実習生だが１，２，３年生に分布している。なお中国もそうだったが，インドネシアもすべて男性である。

　経営規模は，畑が主力で，自作地３ha（18年は2.5ha），借入地６ha（４ha）である。水田の自作地は65ａと変わっていない。またメロン等のためのハウス（メロン２作に薬物１作が年間の栽培）は，30棟・80ａと変わっておらず，自作地１haの上に立っている。自作地にこだわるのは，ハウスだけではなく，井戸等の投資を行っているので，10年の借入契約では不安なためである。畑には白菜５ha，レタスが残りの面積で２回取りである。町外は18年には２haだったが，この経営ではさらに増えて３haになっていた。総面積が増えたので外国人をその分，増やしてきている。募集が難しい日本人，採用してもすぐに離職する人が多い日本人とは異なり，外国人は現地で面接して雇用を約束すると，確実に予定した時期に来日し，契約条件で働いてくれるのでありがたい。コロナで新規補充が全くできなかったが，今は従来と同じ仕組みに戻ったで，この規模で経営を維持することになる。中国人の初期の頃はメロンの箱詰めは外国人にさせなかったが，その後は外国人にもさせるようになり，今のインドネシア人も家族と同様の仕事をしている。出荷で問題が起きることはない。

　この経営体も，周りと同じく法人化することなく個人経営のままである。

3）普通作経営のSK氏

　同氏の個人経営は，水田以外に畑も耕作し，極めて規模が大きいことが特徴である。10年時点で総経営面積が105.2ha，うち畑40haである。内訳は，自作地2.4ha，借地58.8ha（うち水田は18.8ha），残りの44haは受託である。作目は，受託の

44haと畑を使い，麦60ha（小麦と大麦の半々），転作麦の後作の大豆を25～30ha，そば15～20ha，ネギ1.3ha，米20ha（自作と借入水田の合計で裏作はしない）である。この延べ経営面積121.3～132.3haは200枚の圃場に分散するが，夫婦2人，日本人常雇3人，技能実習生3人の計8人で管理している。上記以外に稲刈り120haも引き受け，3台のコンバインを一斉に動かせるだけの日本人を雇用できているのが大事で，またネギが主力の技能実習生だが，関連作業等で他も手伝ってもらっている。

　18年では，母を含め家族は3人（夫婦は48歳，母は70歳），日本人常雇3人（いずれも男性で59歳，42歳，35歳），日本人臨時雇い男性1人（71歳で120日雇用），2人の中国人技能実習生（30歳と26歳）が労働力で，10年時とほぼ同じ人数に近い。これで，総経営面積113haを耕作するが，うち畑は借地の65haである。内訳は，自作地2.2ha，借地103ha（うち水田は38ha）である。稲刈り，乾燥調製がそれぞれ15haある。作付けは，米40ha，麦65ha，そば25ha，大豆30haで，作業受託を10年と比べ大幅に減らし，米生産を増やしている。

　これが22年では，家族3人は同様だが，日本人常雇59歳と35歳の人がすでに辞めていて，弟の妻が常雇のところに加わっている。日本人臨時雇いはいない。そして技能実習生は中国人2人（18年時の2人とは異なり1年目の2人）に，中国人のそれとは異なる受け入れ監理団体経由でタイ人の男性1名（1年目）が加わっている。ベテランの常雇2人がやめたのは経営にとっては極めてショックで，何とか経営を回しているが，技能実習生の3人は1年目であり，実習生の指導を経営者が十分にできないのには困っていた。経営者自ら機械などを操作するので指導する時間があまりなく，そのためにも日本人常雇の男性がもう1人欲しい。しかし募集しても反応がない。作付け面積は，麦65ha，大豆25ha，そば20ha，米45ha（うち，稲刈りの受託10ha）でほぼ18年の時の規模を維持しているが，労働力は少ない印象だ。田植え機は2台だが，汎用コンバインは6台も有し，それぞれの作目に合わせて動かせるようにしている。売上高は1億円を超えている。なお町外への借入は22年も18年と同じで田4ha，畑2haにとどまっており，拡大はない。労働力数により経営面積の上限に達しているとみられる。

4）普通作経営のＩＧ氏

　同じく個人経営のＩＧ氏は水田を主に規模拡大を行ってきた。13年の時点では，米作付けの35ha，借地に転作作物を植えている20ha，作業受託で転作を引き受けている30ha，合計85haになる。これ以外に畑５～６haが加わる。このうち自作地は４haのみである。なお転作の計50haは麦の後に大豆30haないしそば20haを作付けするので，延べ作付面積は135haになる。委託を含め貸し手の150～160人はすべて町内であり，斡旋は農業委員会や農協，地縁組織である。圃場の数は，米作付けが35haで130枚，麦50haは550～560枚になるという。

　この圃場を，世帯主夫婦，経営権が移譲された長男夫婦，そして常雇の日本人男性２人（60歳と40数歳）の計６人で対応し，技能実習生は雇用していない。収穫時には臨時雇用の日本人を３人，機械周辺の作業補助員として雇用している。この労働力編成であれば，米50ha，麦とその後作の50ha，計100haは可能だという。

　19年では，日本人常雇が３名で，13年の時に働いてくれていた２人（19年の時点で12年勤続の70歳，10年勤続の40歳）に，長男の友人42歳が新しく雇われてすでに３年になっている。パートはいずれも男性だが45歳，34歳が田植え，ないし田植えと刈り取りを応援してくれる。

　圃場は自宅周辺の２㎞の範囲に収まっていて，計120ha（前年は115ha），その内訳は，米41ha，麦57ha（小麦44ha，６条大麦13ha），そば33ha，大豆18ha等の作付面積になっている。２世代の家族の農業従事と日本人常雇を３名雇用することで大規模面積をこなしており，外国人を雇用する必要はない。19年の売上高は販売が５千万円，その他が７千万，計1.2億円になっている。

参考文献

安藤光義（2014）「露地野菜地帯で進む外国人技能実習生導入による規模拡大―茨城県八千代町の動向―」『農村と都市をむすぶ』748号

軍司聖詞・堀口健治（2014）「外国人技能実習制度活用の現況とJAおよび事業協同組合の役割―茨城県八千代町認定農業者に対するアンケート調査―」『日本農業経済学会論文集』

堀口健治（2015）「第２章　大規模経営の展開と構造・その時代区分と課題」「第５章　２茨城県八千代町大規模野菜経営の借地拡大と支える外国人労働力」，堀口・梅本編集『大規模営農の形成史』農林統計協会

第22章
組合員農家の農繁期雇用に外国人労働力を取り入れた鹿児島の工夫
―農協等請負方式および派遣の特定技能1号に取り組む農協―

軍司　聖詞・堀口　健治

第1節　農協等請負方式および派遣の特定技能1号の外国人

　鹿児島県は，規模の大きい畜産や露地野菜等の法人・農家により，監理団体経由で外国人受け入れの動きが早めにみられた県である。厚労省調査によると，2013年で農業従事外国人はすでに126事業所・507人であった。それが20年には260事業所・1,191人と7年間で事業所・人数ともに倍以上に増えている。事業所当たりでも4.02人から4.58人と雇用者数が増え，規模の大きい経営が外国人雇用を一気に導入したり，すでに雇用していた経営が外国人の雇用者数を増やす様子がみて取れるのである。

　農林業センサスによると10年で鹿児島県は常雇受入農家数が1,729戸，実人数7,110人，15年には2,041戸・9,437人と，戸数，人数ともに増加し，臨時雇の戸数，実人数がともに減少する傾向とは異なる動きを示している。この常雇の増加の中に外国人も含まれ，外国人は15年153事業所・509人なので，センサスの戸数の7.5%，人数の5.4%を占めている。こうした雇用型経営での外国人雇用の実例をみるには秋山・堀口・宮入・軍司（2021）が参考になる。

　他方，農協の組合員農家は家族経営が圧倒的で，雇用といっても臨時雇・季節雇が多く，技能実習生を雇用する事例はあまりみられなかった。日本人雇用が多く，地縁・血縁で応じてくれる人に支えられてきたといってよい。だがこの地縁・血縁の募集が今では難しく，またハローワークに依頼しても農村では応募者が格段に少なくなってきた。雇用者不足である。

　こうした状況下で，単協や組合員の要請を受け，外国人雇用の仕組みを県中央会は考え準備するに至った。北海道で始まった技能実習生の農協等請負方式を，鹿児島に導入する方向である。同時に，道府県の高冷地野菜地帯で春から秋まで従事する外国人を，仕事がなくなる冬の時期に鹿児島に来てもらい，春には元に

戻るという，派遣会社雇用の外国人（特定技能１号）の産地間移動の仕組みも同時に導入する。

まず農協等請負方式の仕組みをみてみよう（佐藤2020）（中原・中塚2021）。

基本は農協に雇われた３年間雇用の技能実習生が請負方式で，日本人の指導員とともに組合員の圃場等に出かけ，作業を行うものである。請負なので委託した農家が，一緒に作業している際も，指揮命令することはできない。偽装請負になりかねないよう注意する必要がある。事前講習会に皆参加し，実習生に作業の仕方等を学んでおいてもらうなどのやり方をとっている。もっとも農協に委託した作業は指導員の下でなされるので，農家は別の圃場で作業を行うことが可能になる。完全に任せることができるからである。

農家は作業や面積を日程とともに申告し，農協は組合員別に調整して技能実習生を割り当てることになる。しかし当然だが，組合員の委託の仕事は農繁期に集中せざるを得ない。農閑期は空くことが多いので，雇用者である農協は実習生の農閑期の仕事を確保すべく，選果場等の共同施設の作業等を入れ，仕事を組むことになる。ここが知恵の要るところである。

県下13農協のうち，20年３月末技能実習（農作業請負）の在留資格で外国人を依頼している農協は，いぶすき農協（ベトナム４人），鹿児島いずみ農協（ベトナム９人），そお鹿児島（ベトナム12人）の三つである。なお技能実習でベトナム人を受け入れている農協には，畜産を主に農協の子会社が他の受け入れ監理団体経由で入れているものがあり，これは規模の大きい法人や農家が早期に技能実習生を受け入れ始めた事例と同様で，このタイプは，南さつま，鹿児島いずみ，あおぞら，鹿児島きもつき，にみられる。

そしてのちに検討する特定技能人材（派遣）の仕組みがある。これは，そお鹿児島（ベトナム10人），あおぞら（カンボジア１人），鹿児島きもつき（インドネシア５人），あまみ（ベトナム13人）が導入している。そして20年11月末になると，派遣会社の方で特定技能人材（派遣）を十分に派遣できないことがわかり，コロナで仕事を失ったり帰国できない技能実習生を特定活動で対応し，特定活動ビザの外国人を農協が直接雇用する事例が出始めている。派遣ではなく直接雇用のやり方である。

特定技能人材（派遣）は，夏に仕事が集中する高冷地野菜地帯や北海道等と，

冬場に多くの仕事がある西日本とで，時期を分けて働く産地間移動労働者である。双方の地域間で人別に移動日の設定など大変な仕事である。考えはよいとしても，求められる人数を時期に合わせて確保するのには苦労する。しかし特定技能外国人は技能実習生と異なり，知識や経験があり，受入れ人数枠もなく，就労時間も柔軟で，県中央会は20年度にシェアグリと組んで，複数産地での人材リレーを検証した。そお鹿児島と群馬の農協とを結び，鹿児島では21年3～5月にピーマン選果場でベトナムの女性10名を受け入れる実績を上げている。

第2節　農協請負方式と派遣の特定技能にも取り組むJAそお鹿児島の事例

1）農協請負方式

　まず取り組んだのが農協請負型である。技能実習生を農協職員として受け入れ雇用した最初は，19年10月の1期生6名（ベトナム女性）であった。3年予定（毎年6名受け入れ1，2号を務め3年経つと帰国）で回す予定だったが，コロナで予定通りいかず，21年2月に2期生6名（ベトナム女性）がようやく入ってきた。そして3期はまだ入国できないので，さしあたりは今の12名に頑張ってもらう形である。

　農協請負型は指導員の同行（圃場での作業そして送迎）が必要だが，そのため農協職員として4名を雇用（3人は3チームに分かれての指導・1名は事務）している。退職した農協職員を含む男性の臨時職員である。なお実習生の宿舎は農協職員住宅を改修し2棟に6名ずつ入っている。

　技能実習生は耕種農業（畑作・野菜）で申請しており，実際にゴボウ農家12戸が事前に農協と契約して，主に収穫の請負作業を農協に委託している。ゴボウは12月から3月までの収穫で，その前は夏からの播種，除草などの作業がある。これ以外に組合員農家からは春・夏・秋サラダ菜の播種・除草・収穫の依頼があるが，量的にはゴボウの請負が主になる。ゴボウ以外の時期には，ピーマンの選果場の仕事がかなりあり，ほかに育苗センターの甘藷の採苗（3～6月），育苗（11～2月）の仕事をすることで，毎月の仕事をこなしてきた。なおこれらの仕事は農協職員としての仕事であり請負ではない。

　耕種農業（畑作・野菜）なので，これに関わる仕事が必須業務として年間の仕事量の半分を超えなければならない。請負，施設（育苗），座学等が必須業務に

なり，施設（選果）は周辺業務として年間の仕事量の３分の１以下でなければならない。施設（水稲）や施設（管理）は関連業務として２分の１まで認められるが，あまりこの種の仕事はない。ために基本は必須業務の請負，それもゴボウの請負作業がそれにあたるのだが，時期が集中しているので，年間仕事量の１割強で収まってしまう。農繁期は大いに忙しく実習生が全員忙殺されるが，その期間が短いという農業の特有の事情がある。ために必須業務の育苗という施設での作業が全体の４割前後を占める。また周辺業務である施設（選果）のピーマンの仕事は３割弱になるほどに結構仕事があるが，これはその割合を超えない程度に押さえこんだ結果である。

２）派遣の特定技能１号外国人労働力

　上記にあるように，農繁期のゴボウの請負作業は，日本人臨時労働力の雇用がむつかしくなってきた現状で，技能実習生に置き換わり，作付け面積を維持できている。しかしゴボウの作付面積を増やせるほどに技能実習生を増やすとなると，それ以外の時期の仕事をどう確保するか，これが難しく，そのため現時点では技能実習生の数は現状維持のようである。他方で，技能実習生にとっては周辺業務である施設（選果）に位置づくピーマンや果実の仕事は増えていて，外国人への需要がある。ために組合としては，派遣会社によるその時期だけの受入を実験的に行うことになり，20年４〜６月カンボジア女性５名を派遣会社から受け入れた。その時期以外は県外の他の農業地域で従事しており，必要な時期だけ鹿児島に来てくれるので助かる。派遣会社が産地間移動労働者として彼らの仕事をつなぎ，年間雇用する形にしているからである。特定技能は，技能実習生のような必須業務等の区分はなく，耕種ないし畜産の区分のみなので，こなせる仕事の範囲は広い。人数枠もなく，その時期だけに多くの人が雇える。しかし，産地間リレーは他地域の必要な労働者数と関係するので，派遣会社がどの程度の数の特定技能外国人を確保し雇用できているかが大事である。

　21年３〜５月はシェアグリから10名のベトナム女性の派遣を受け入れ，ピーマン選果に従事してもらった。21年12〜５月はベトナム男性５名を受け入れ，さらに22年３〜５月はベトナム女性を５名，いずれもシェアグリから受け入れピーマン選果に予定している。なお現時点では，今後は複数の派遣会社に依頼するこ

とで，派遣の人数を確実なものにするようにしたいとしている。

　派遣は派遣単価が1,350円であり，シェアグリはこれを全国一本にしている。そして最低賃金が県で異なるにもかかわらず，受け取る時給が最高額の県のそれになっているのは，各地をリレー的に動く外国人としてはありがたい。またシェアグリの指示のもとで動きやすい。一方，鹿児島のように最低賃金が下位にあるところでは，負担が農家にとって相対的に大きく感じられる。それでもなお派遣を利用するのはこちらの希望時期に来てくれることであり，技能実習生のような複雑な事務や管理の対応が派遣会社によりなされるので，受け入れている。

　なお特定技能外国人の宿舎は技能実習生のそれとは場所的にも分け，また施設の作業を同じ場所で行わないように配慮している。派遣の労働者の受け取り賃金が実習生よりも高いからである。特定技能外国人の多くは技能実習を3年以上経験しているので，技術的にも，また日本語レベルも高いので，雇用する側としては賃金が高いことを了解している。しかし同じベトナム女性の仕事として，同一の仕事をしているのにと，技能実習生の彼女らに受け取られかねないので，配慮しているようである。

　しかし歴史が浅いこともあり，多くの特定技能外国人が産地間移動労働者に組織されるには一定の時間がかかるであろう。派遣会社が通年雇用し，複数の地域をうまくつなげていくマッチングには時間が必要である。特定技能外国人で派遣会社に雇用される人はいまだ多くはなく，不況で他の業種から臨時的に農業に移ってくるような特定活動ビザの人材が増えており，特定技能外国人の代わりに彼らを農協に提示してくる事例が多くなっている。それらの人を，必要な農家に必要な期間だけ，雇用した農協が請負の形で出しているようである。

3）ゴボウ農家の作業と雇用関係

　事例として夫婦でゴボウの延べ作付面積を約7ha経営する家族経営の収穫の様子（経営者夫婦，男性指導員，技能実習生4人）を21年12月に現地でみることができた。数年前までは周りの農家3戸で「結」を組み，またシルバー財団からも雇用して作業をしていたが，今では農協等請負型の技能実習生であるベトナム女性に大きく依存している。作業のスピードが違うのである。伝統的に残っている農家同士の「結」は他の農業種類に充てるようにした。この農家はゴボウの作

付面積は増えていないが，こうした外国人労働力のおかげで，今では連作障害対策として繁殖牛5頭飼養のための緑肥兼飼料作物（牧草）と大根（1ha）の輪作対応が夫婦で可能になっている。質的作付け改革に実習生の働きが効いている。

第3節　県下初の農協請負型に取り組むJA鹿児島いずみの事例

1）地域内有料職業紹介事業から外国人雇用へ

農協は人手不足の農家と地域内の求職者をマッチングさせる有料職業紹介事業（5％の手数料）を10年より行っていた。18年に紹介件数が1,621件，紹介人数3,235人とピークになり，対応率は72％になっていた。橋でつながっているとはいえ離島の長島の農業の人手不足に，隣県の熊本を含め，広く人を集め，長島で展開する果樹やバレイショ等の畑作農業を支えてきた。しかし求職者が急減し，今では登録者数が38名に落ちているし実働が12名に縮小した。そのためバレイショ収穫（特に春バレイショの収穫の4−5月）では毎年延べ500〜1,000人の不足が指摘され，果樹の甘夏収穫（12−1月）も作業員が高齢化し，農家から新たな人手の要望が強まった。

ために農協としては県中央会と組み外国人事業に急いで取り組むことになったのである。

2）農協請負型技能実習と実習生への期待

日本人の雇用が難しくなることを見通して，18年6月に中央会が設けた先進地・北海道JAこしみずの合同研修に農協は参加した。いずみ農協は仕組みを理解し，同年9月に複数の受け入れ監理団体にトラブル対処等の仕組みや方法を説明させ1社を選別した。就業規則，雇用条件も確定し，他方で農協請負型に参加する農家（請負契約先の選定そして契約書締結）の要望を聞いた。そしてベトナムでの採用面接に同年12月向かい，雇用契約を結んだ。また農協請負型の導入に必要な第三者協議会に参加し，実習機構に申請して，早くも19年7月に入国，1か月講習を終えた1期生・ベトナム女性5名を同年8月に受け入れている。請負契約を結ぶ組合員農家は126戸で，その6〜7割は実際に実習生を受け入れている。

また19年11月には2期のベトナム女性3名を現地で面接し，採用した。しかしコロナで21年2月になってようやく入国できた。この間，男性の実習生を求める

努力をして，県内企業からの転籍で一人確保できた。収穫作業での力仕事や収穫機の操作など，チーム内で貴重な労働力になっている。

　かれらは雇用期間３年のJA常備職員（ベトナム女性８名・20〜37歳，同男性１名33歳）であり，勤務体系や給与手当，社会保障など日本人と同等である。３年間の１人当たり費用を示せば，申請手続きや入国で32.8万円，受け入れ後の費用164.5万円（月当たり監理費用3.5万円：ベトナムの送り出し団体費用を含む），給与等532万円，帰国費用10万円，３年間合計で739.3万である。年平均246.4万円，他に住宅費他10−30万円なので，年当たり総計260〜280万円である。地域の人の雇用と比べれば高いし，また高校新卒と比べても負担は大きい。それでも実習生のメリットは決まった時期に来日（今はコロナ禍で予定通り行かないが）し，やめずに３年間働いてくれること，また実習生は労基法のフル適用だが，収入が増える残業をいとわず引き受けてくれることなど，意欲は強く，作業のスピードも速いことが特徴としてあるようだ。３年経過後も残って仕事の継続を望む実習生もいるようである。

　彼らのおかげで市場に合わせた収穫や出荷，さらに植え付けなど，適期の作業をこなし，品質の良い農産物を出すことで経営の質的改善が達成されている。彼らの人数が増えれば，さらなる規模拡大も想定されるが，のちに述べるように農繁期の需要だけで実習生の数を増やすことはできず，農閑期の農協施設の仕事を確保するなど，通年の仕事の確保が必要になるので，人数増加は簡単には出来ない。

3）通年雇用の実習生の仕事確保と農繁期・農閑期の調整の難しさ

　農家の負担は面積払いである。こうした請負は，事前に契約し，日程を調整しないとスムーズに仕事が進まない。ために事前に請負に参加する組合員農家を特定し，数か月前から調整する。当初は，今まで農協の職業紹介事業を利用していたバレイショ農家，部会役員，農協役職員に協力を依頼し，事業の初期には40農家・89haと請負契約を結び，今では93農家・170haに展開している。内訳は青果用バレイショ 59ha，加工用バレイショ 32ha，甘藷24ha，甘夏22ha等である。

　そして問題は農閑期で，農協施設での実習生の仕事探しだった。その結果，18品目，育苗センター，４選果施設をすべて検討し，さらに７〜９月の育苗，果樹

表22-1　2020年度の実習実績

期間	必須業務	関連業務	周辺業務
3〜5月	2,896h	104h	171h
6〜8月	2,769h	11h	0h
9〜11月	2,238h	274h	4h
12〜2月	2,002h	849h	129h
計	9,905h	1,238h	304h
実習割合	86.50%	10.80%	2.70%

資料：JA鹿児島いずみ資料より。
注：実習生数は3月当初は5名で，4月から6名，7月中旬から5名へと変化した。時間数は時期ごとの全実習生の実習時間の総計で示している。

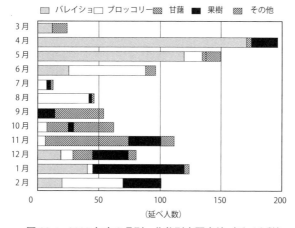

図22-1　2020年度の月別・作物別実習実績（延べ人数）

関連での作業を積み上げることで，農閑期をクリアすると同時に，必須・関連・周辺業務の時間規制もクリアしている。

　最近は農協施設でも人手不足が顕著になっていて，これに実習生の仕事を充てることができて，双方で助かっている。

　その結果，技能実習生の実習実績（**表22-1**）にみるように，必須・関連・周辺の規制をクリアしながら，期間別に見て実習生の仕事が確保されていることがわかる。この表は実習生が行った仕事をすべて集計している。

　だがこれに至るには工夫が要った。下記の**図22-1**は実習生による農家での請負の仕事のみをとってみたものである。農協の職員としての仕事である施設等の実習は含まれていない。**表22-1**は彼らの行った仕事をすべて集計したものだが，

月別に見た**図22-1**の請負実績では，月ごとに極端な差があることがわかる。請負は夏の期間に極端に仕事がないことがわかる。

　そのため，農閑期に遊休農地再生を実習生の力で行い，知識・技術の向上を期待して新たな品目の栽培，作付けにも取り組んでいる。彼女らによる「農業経営」と称しているが，直接費用にコストを限定すれば，この実習生のための時期と面積を限った農業経営は利益を上げ，農協請負型に関連する農協の費用負担を削減する効果を上げている。

４）特定技能１号外国人の雇用によるスポット的支援の導入

　農家，実習生双方ともに歓迎されている農協請負型の技能実習，しかしこの仕組みだけでは，組合員農家の規模拡大に伴う農作業の増加に対応した外国人雇用の増加希望には，簡単には対応できない。すでに述べたように農閑期の仕事づくりが簡単ではないからである。

　ために，畑や果樹の農繁期の仕事をさらに外国人に依頼すべく，その時期だけのスポット的な受け入れ，すなわち派遣会社による特定技能１号外国人の時期を限っての作業も取り入れようとしている。

　農協は22年４月の春バレイショ収穫への対応を念頭に，シェアグリと折衝を進めてきた。可能なら12月下旬の甘夏収穫や早春バレイショ収穫にも期待したい。こうしたスポット的な派遣受け入れが可能か，産地間リレーの一環だが，他県の地域との組み合わせがうまくいくか，関係者の努力と工夫が一層求められるところである。しかし今回は特定活動の人しか確保できず，ために６月まで農協が雇用し，組合員の請負や施設の仕事に充てている。22年12月には本来の派遣特定技能外国人を翌年の５月までそれまでの４名の計画から14名まで拡大する予定である。

５）実習生を受け入れた農家の経営と労働力構成

　(1) 実習生受入れと農協請負型のメリットが発揮されているデコポン生産農家：

　加温施設付きのデコポン用ハウス24ａ，甘夏20ａ，温州ミカン１ha等，計1.6haの果樹農家は女性経営者（52歳），母（80歳）によって経営され，これに農協か

ら請負で来てくれる技能実習生と指導員が主たる労働力になっている。平均4名のベトナム女性，これに農協臨時職員の男性1人，が収穫時に来てくれる人たちである。デコポンの収穫は繊細な作業が必要で，この農家でも収穫日数は5日かかるが，延べ40人日（経営者2人，指導員1人，実習生3－4人）で済ますことが出来た。それを依頼する農家がこの農家を含め4戸のみである。ここの農家は3年前の当初から農協の請負に参加しているが，最初は不安が大きかったようである。しかし事前の講習会を皆で受ける中で，実習生が作業を覚え，実際の収穫作業もスムーズに行ったので安心したとのことである。作業の仕方を熱心に学ぶ姿勢が印象的だ。

　彼らのおかげで適期に「そろった玉」を収穫でき，その結果，出荷したデコポンの評価は高く，販売価格が期待以上になった。摘果も依頼したところ，これも彼らは上手にこなしたので実習生への評価は高い。年間売り上げ1,200～1,300万円の中で半分はデコポンなので，収穫に必要な労働力を揃えての適期出荷というメリットは極めて大きい。

　しかし実習生の果実収穫への依頼は甘夏等に多く，さらに希望者が増えているので，デコポンに回ってくるのは難しいようである。しかも実習生は耕種（畑作・野菜）なので，必須業務ではない果樹を増やすには，全体の仕事量が増え，果樹の仕事量が全体の中での上限値以下になっておく必要がある。

　また必須作業であるバレイショやブロッコリーの収穫作業の依頼が増え，今の9名体制ではきついとの実感である。農繁期からみればより多くの実習生は必要だが，今度は農閑期の仕事を探すのが大変になる。そのため，すでに述べたようにスポット的な人材の手当てが求められることになるわけである。

　(2)　春バレイショの収穫でベトナムの力に大きく依存する畑作農家：

　長島で経営者夫婦（夫66歳，妻67歳）により2.2haの畑が営まれているが，特に収穫作業のところに人を雇用するので，農協が外国人を入れた3年前からこの農家はそれに参加し，その仕組みを高く評価している。彼らが作業に来る前日から収穫機械でジャガイモを掘り起こしておき，女性たちが手際よく集めコンテナーに入れてくれる。ベトナムの男性は収穫機の操作を応援し，男性経営者にとって大変な戦力になっている。

　あわせて1週間の収穫期間だが，効率よく行われている。だが春1作の現状から早春バレイショにも手を出すのは経営者にはきつく，実習生が今の4〜5人を超えて増えるならば，1ha規模拡大しての対応は可能なようだが，それらは実習生の数次第のようである。

参考文献

秋山・堀口・宮入・軍司（2021）農畜産業振興機構・令和2年度畜産関係学術研究委託調査「肉牛繁殖・肥育経営および酪農経営における外国人労働力の役割」同機構ホームページ参照（https://www.alic.go.jp/joho-c/joho05_000027.html）。その紹介記事として『畜産の情報』2022年2月号，同4名「肉牛繁殖・肥育経営および酪農経営における外国人労働力の役割」がある。

佐藤孝宏（2019）「青森県農業・食料品製造業における外国人技能実習生の受け入れの課題と展望〜ベトナムからの技能実習生を中心として」青森県農業経営研究協会平成30年度農業経営研究等支援事業成果報告書（2019年），同（2020）「青森県農業における外国人材受入れの展望と課題」『労働力編成における外国人の役割と農業構造の変動・堀口健治代表：科研研究報告書』pp.99-114（科研報告書は早稲田大学リポジトリで閲覧可能）。

中原寛子・中塚雅也（2021）「外国人労働力の導入による地域農業支援の体制と課題：JAあわじ島における農作業請負の事例から」『農業経営研究』59（2），pp.103-108

あとがき

　本書は，令和元年度新規就農・労働力確保支援事業で発行した「農業法人における人材育成・労務管理事例集」（2020年3月，一般社団法人全国農業会議所）をもとに，新たに執筆者を加えて大幅に加筆修正したものである。

　農業雇用といっても，近年においては臨時雇から常雇，派遣労働まで幅広い形態が存在する。雇用する主体も家族経営から農業法人に至るまで多様な形態があり，雇用者も日本人だけではなく外国人も多くなっている。本書ではこれらの多様な動きを捉えるために3部構成とし，1部では雇用労働力の整理とともに理論的考察を行い，2部では法人経営，3部では家族経営の事例分析から，雇用労働力の現状と農業構造に及ぼす影響について考察している。

　第1部では，農業における雇用導入の進展を示すとともに，派遣労働などの新たな動きについて整理している。農業においては人手不足が深刻な課題となっており，多様な労働力の確保に向け，副業人材の受け入れ，スマホアプリなどを利用した募集方法の改善，周年就業に向けた地域間の雇用連携，農福連携など全国各地で様々な取組が行われている。特に農業の場合は多種多様な作業があり，若年層だけではなく高齢者，女性など多様な人たちが関わることができる。近年は労働力不足により，規模を縮小せざるを得ない農業経営が増えてきており，今後はより多様な労働力の確保に向け，地域内での支援体制の整備が重要となることが理解できよう。

　第2部，第3部では，主に事例調査から農業経営の労働環境の実態を捉えている。特に農業の場合は，作目，地域条件によって課題が異なることから，本書では多様な地域，作目・部門の経営を取り上げている。

　近年，農業では雇用の導入が進んでいるものの，雇用経験が少ない経営者，経営幹部が多く，労務管理，人材育成，労働安全などに関する理解が広く浸透しているとは言い難い。また，農業の場合，自然条件の影響を受ける特殊性から，労働時間，休日など，労働基準法の適用除外の項目があり，経営者の意向，及び経営環境，作目・部門によって，従業員の労働条件に差が生じやすい状況になっている。中でも土地利用型農業の場合は，作業ピークへの対応とともに，周年での作業体系の構築が大きな課題となる。

　昨今の若い従業員においては，給与面だけではなく，休日を重視する傾向にあるとされ，農業においても休日の確保，残業時間の削減が求められるようになっている。また，女性の求職者が増えており，女性にとって働きやすい職場環境も求められている。従業員を採用したものの，早期に離職し，従業員が定着しない農業経営も多くみられ，労働環境の改善，適切な人材育成が求められている状況にある。

　一方，本書で事例として取り上げた経営のように，雇用者の確保・定着に向けて，他産業並みの休日数，労働時間を設定し，人事評価を含めた労務管理，人材育成を実施している経営が増えてきている。今後，人手不足がより深刻になる中では，農業界全体で雇用労働力の確保，育成に向けた取組をより充実させることが必要となる。本書がその一助になることを願ってやまない。

　また，本書では，家族経営における雇用の導入について事例として取り上げている。家族経営においても，世帯員の高齢化，経営規模の拡大などに伴い，外国人技能実習生を含め，雇用労働の導入が増えている。家族経営における雇用は，家族労働力の補助としての性格が強く，農繁期に雇用者を確実に確保できるかが重要になってくる。そのため，外国人技能実習生，特定技能による外国人労働者に依存する家族経営がかなりの数に達しており，地域的な支援体制の整備が鍵となる。本書では，雇用者の性格が大きく変化する中で，労働力の確保に向けた各地の取組をまとめている。研究者だけではなく，農業者，農業関係者にとって参考にしていただけると幸いである。

　本の出版にあたっては，農業経営者，役員，従業員，行政機関，ＪＡ，全国農業会議所など数多くの方々からのご協力，ご支援をいただいた。特に調査対象者，対象機関にあたっては，複数回にわたる長時間の調査にご協力いただき，心から感謝申し上げる。また，本書の刊行に際しては，株式会社筑波書房の鶴見治彦社長に大変お世話になった。記して感謝申し上げる。

澤田　守

執筆者一覧（執筆順）

堀口　健治（早稲田大学政経学術院　名誉教授）
　（第1章，第10章，第11章，第14章，第19章，第20章，第21章，第22章）
　東京大学大学院中退。農学博士（東京大学）。鹿児島大学，東京農業大学を経て1991年早稲田大学政治経済学部教授，2013年退職。2002〜04年日本農業経済学会会長。2014〜22年日本農業経営大学校校長。堀口編『日本の労働市場開放の現況と課題』筑波書房2017年，堀口「ヒラから幹部にも広がる外国人労働力」日本農業経済学会『農業経済研究』91巻3号19年。

澤田　守（農業・食品産業技術総合研究機構中日本農業研究センター　グループ長補佐）
　（第2章，第8章，第17章）
　筑波大学大学院農学研究科博士課程修了。博士（農学）。農林水産省農業研究センター，農研機構東北農業研究センターなどを経て現職。著書に『就農ルート多様化の展開論理』農林統計協会2003年，『家族農業経営の変容と展望』（共著）農林統計出版2018年，『農業労働力の変容と人材育成』農林統計出版2023年など。

堀部　篤（東京農業大学国際食料情報学部　教授）
　（第3章，第9章，第12章，第13章，第15章）
　北海道大学大学院農学研究科生物資源生産学専攻修了。博士（農学）。全国農業会議所を経て，現職。農業政策論，農地制度論，地方財政論。著書に堀口健治・堀部篤編著『就農への道』農山漁村文化協会など。

今野　聖士（名寄市立大学保健福祉学部　准教授）
　（第4章）
　北海道大学大学院農学院修了。博士（農学）。主な著書に『農業雇用の地域的調整システム　農業雇用労働力の外部化・常雇化に向かう野菜産地』筑波書房2012年。

高畑　裕樹（富士大学経済学部　准教授）
　（第5章）
　北海道大学大学院農学院共生基盤学専攻博士後期課程修了。博士（農学）。著書に『農業における派遣労働力利用の成立条件〜派遣労働力は農業を救うのか〜』筑波書房2019年。

軍司　聖詞（福知山公立大学地域経営学部　准教授）
　（第6章，第20章，第21章，第22章）
　　早稲田大学大学院経済学研究科博士後期課程単位取得退学。博士（人間科学）。農業
　栄養専門学校嘱託准教授等を経て現職。「タイプ別地域別にみた外国人技能実習生の
　受入れと農業との結合」『日本の労働市場開放の現況と課題』筑波書房2017年。

入来院　重宏（キリン社会保険労務士事務所　特定社会保険労務士）
　（第7章）
　　武蔵大学経済学部経済学科卒業，損害保険会社勤務を経て，2002年キリン社会保険労
　務士事務所を開業，現在に至る。主な著書に『農業の労務管理と労働・社会保険百問
　百答』全国農業会議所2005年，『農業の従業員採用・育成マニュアル』全国農業会議
　所2008年

田口　光弘（農業・食品産業技術総合研究機構企画戦略本部　上級研究員）
　（第8章）
　　筑波大学生命環境科学研究科修士課程修了。博士（農学）。農研機構北海道農業研究
　センターなどを経て現職。著書に『大豆フードシステムの新展開』農林統計協会2017
　年など。

飯田　拓詩（東京農業大学大学院）
　（第12章，第13章，第15章）
　　東京農業大学国際食料情報学部食料環境経済学科卒。同大学大学院国際食料農業科学
　研究科農業経済学専攻博士後期課程在籍。「農業法人における従業員評価制度の設計
　と運用―エージェンシー理論による事例分析―」『農業経営研究』60（4），2023年など。

鈴村　源太郎（東京農業大学国際食料情報学部　教授）
　（第16章，第18章）
　　東京大学大学院農学生命科学研究科農業・資源経済学専攻修士課程修了。博士（農学）。
　農林水産省農林水産政策研究所を経て，現職。専門は農業経営学，農業構造論，都市
　農村交流論。著書に『現代農業経営者の経営者能力―我が国の認定農業者を対象とし
　て―』農山漁村文化協会2008年など。

大原　梨紗子（株式会社やまびこ）
　（第18章）
　　東京農業大学国際食料情報学部国際バイオビジネス学科卒業。株式会社やまびこ勤務。
　国内マーケティング業務に携わる。

増加する雇用労働と日本農業の構造

2023年2月24日　　第1版第1刷発行

編著者　　堀口　健治・澤田　守
発行者　　鶴見 治彦
発行所　　筑波書房
　　　　　東京都新宿区神楽坂2－16－5
　　　　　〒162－0825
　　　　　電話03（3267）8599
　　　　　郵便振替00150－3－39715
　　　　　http://www.tsukuba-shobo.co.jp

定価はカバーに示してあります

印刷／製本　中央精版印刷株式会社
© 2023 Printed in Japan
ISBN978-4-8119-0644-7 C3061